AutoCAD
辅助设计与制作 案例实战

玄子玉　张立铭　薛佳楣　主编

清华大学出版社
北　京

内 容 简 介

本书由浅入深、循序渐进地介绍了 AutoCAD 2020 的使用方法和操作技巧。书中的内容涵盖了 AutoCAD 2020 的各种常见应用,并且通过大量实例将制图设计与软件操作相结合,以帮助读者全面深入地掌握 AutoCAD 2020 软件。全书共分 12 章,前 11 章分别介绍了双人床——AutoCAD 2020 基础入门、拔叉轮——二维图形的绘制、向心轴承——二维图形的编辑、客厅平面图——填充二维图形、卧室立面图——图层与图块、天花剖面图——尺寸标注、变速器题栏——文字与表格、齿轮轴——辅助工具、法兰盘——三维实体绘制、连接盘——三维对象的编辑、室内立面图——打印与输出等基础内容。第 12 章提供了三个综合案例,可以通过前面的内容进行综合练习,以增强读者或学生的就业实践能力。本书通过大量的小实例和上机练习,突出了对实际操作技能的培养。

本书内容翔实,结构清晰,语言流畅,实例分析透彻,操作步骤简洁实用,适合广大初学 AutoCAD 2020 的用户使用,也可作为各类高等院校相关专业的教材。

图书在版编目(CIP)数据

AutoCAD 辅助设计与制作案例实战 / 玄子玉,张立铭,薛佳楣主编. —北京:清华大学出版社,2021.9(2023. 8 重印)

ISBN 978-7-302-58964-8

Ⅰ. ①A… Ⅱ. ①玄… ②张… ③薛… Ⅲ. ①计算机辅助设计—AutoCAD软件—高等学校—教材 Ⅳ. ①TP391.72

中国版本图书馆CIP数据核字(2021)第176372号

责任编辑:李玉茹
封面设计:李 坤
责任校对:鲁海涛
责任印制:宋 林

出版发行:清华大学出版社
    网   址:http://www.tup.com.cn, http://www.wqbook.com
    地   址:北京清华大学学研大厦A座   邮   编:100084
    社 总 机:010- 83470000   邮   购:010-62786544
    投稿与读者服务:010-62776969,c-service@tup.tsinghua.edu.cn
    质量反馈:010-62772015,zhiliang@tup.tsinghua.edu.cn

印 装 者:三河市龙大印装有限公司
经   销:全国新华书店
开   本:185mm×260mm   印   张:17.75   插   页:3   字   数:436千字
版   次:2021年9月第1版   印   次:2023年8月第2次印刷
定   价:79.00 元

产品编号:091618-01

前言

AutoCAD 是国内最流行，也是应用最广泛的计算机绘图和设计软件之一，其丰富的绘图功能、强大的设计能力和友好的用户界面深受广大设计人员的喜爱与欢迎。AutoCAD 2020 与以前的版本相比有了较大的改进和提高，让设计人员使用起来更加人性化、更加方便。

目前，AutoCAD 不仅在机械、电子和建筑等工程设计领域得到了大规模的应用，而且在地理、气象、航海等特殊领域，甚至在乐谱、灯光和广告等领域也得到了广泛的应用。AutoCAD 已成为 CAD 系统中应用最为广泛和普及的图形设计软件之一。

本书内容

全书共分 12 章，分别讲解了双人床——AutoCAD 2020 基础入门、拔叉轮——二维图形的绘制、向心轴承——二维图形的编辑、客厅平面图——填充二维图形、卧室立面图——图层与图块、天花剖面图——尺寸标注、变速器标题栏——文字与表格、齿轮轴——辅助工具、法兰盘——三维实体绘制、连接盘——三维对象的编辑、室内立面图——打印与输出以及三个综合实例等内容。

本书特色

本书内容实用，步骤详细，书中以实例与基础的形式来讲解 AutoCAD 2020 的知识点。这些实例按知识点的应用和难易程度进行安排，从易到难，从入门到提高，循序渐进地介绍了各种平面图、立面图、剖面图、机械图的制作。在部分实例操作过程中还为读者介绍了日常需要注意的提示等知识，使读者能在制作过程中勤于思考和总结。

海量的电子学习资源和素材

本书附带大量的学习资料和视频教程，下面截图给出部分概览。

本书附带所有的素材文件、场景文件、多媒体有声视频教学录像，读者在读完本书内容以后，可以调用这些资源进行深入学习。

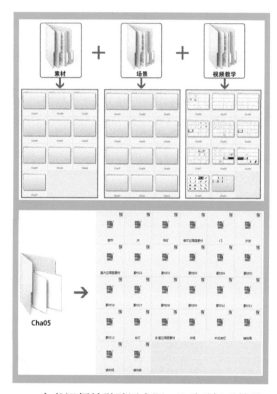

本书视频教学贴近实际，几乎手把手教学。

本书约定

为便于阅读理解，本书的写作风格遵从如下约定。

本书中出现的中文菜单和命令将用"【】"括起来，以示区分。此外，为了使语句更简洁易懂，书中所有的菜单和命令之间以竖线(|)分隔，例如，单击【编辑】菜单，再选择【复制】命令，就用【编辑】|【复制】来表示。

用加号（+）连接的两个或 3 个键表示组合键，在操作时表示同时按下这两个或三个键。例如，Ctrl+V 是指在按下 Ctrl 键的同时，按下 V 字母键；Ctrl+Alt+F10 是指在按下 Ctrl 和 Alt 键的同时，按下功能键 F10。

在没有特殊指定时，单击、双击和拖动是指用鼠标左键单击、双击和拖动，右击是指用鼠标右键单击。

读者对象

（1）AutoCAD 初学者。

（2）适用于作为大中专院校和社会培训班及其相关专业的教材。

（3）适合室内设计与机械制图从业人员。

衷心感谢在本书出版过程中给予我们帮助的编辑老师，以及为这本书付出辛勤劳动的出版社老师们。

致谢

本书由玄子玉、张立铭、薛佳楣编写。其中玄子玉编写第 1～6 章，张立铭编写第 7～10 章，薛佳楣编写第 11～12 章。由于作者水平有限，书中疏漏之处在所难免，望广大读者批评、指正。

编　者

AutoCAD 辅助设计与制作案例实战 - 视频教学

AutoCAD 辅助设计与制作案例实战 - 配送资源

AutoCAD 辅助设计与制作案例实战 -PPT

目 录

第 03 章　向心轴承——二维图形的编辑

第 04 章　客厅平面图——填充二维图形

第 05 章 卧室立面图——图层与图块

第 06 章 天花剖面图——尺寸标注

第07章　变速器标题栏——文字与表格

第08章　齿轮轴——辅助工具

第09章　法兰盘——三维实体绘制

第 10 章 连接盘——三维对象的编辑

第 11 章 室内立面图——打印与输出

第 12 章　课程设计

附　录　AutoCAD 常用快捷键

参考文献

第 01 章

双人床——AutoCAD 2020 基础入门

本章导读：

　　在学习 AutoCAD 之前，首先要掌握一些基础知识，包括界面、命令、坐标等，只有掌握了这些基础知识，在后面的学习中才可以做到应用自如。

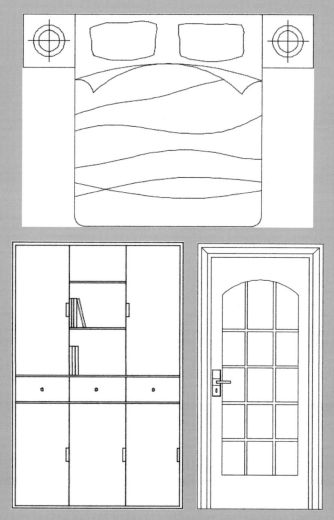

【案例精讲】
双人床

为了更好地完成本设计案例，现对制作要求及设计内容做如下规划，效果如图 1-1 所示。

作品名称	双人床
设计创意	（1）使用【矩形】和【圆角】制作床的部分 （2）使用【矩形】【圆】【偏移】【直线】【镜像】制作两个床头柜及台灯 （3）使用【样条曲线控制点】【圆弧】制作被子 （4）使用【样条曲线】【圆弧】制作枕头，完成最终效果
主要元素	（1）双人床 （2）床头柜 （3）台灯 （4）被子 （5）枕头
应用软件	AutoCAD 2020
素材：	无
场景：	场景 \Cha01\【案例精讲】双人床 .dwg
视频：	视频教学 \Cha01\【案例精讲】双人床 .mp4
双人床效果欣赏	图 1-1
备注	

01 在命令行中输入 RECTANG 命令，指定矩形的第一角点，输入 @1800,2000，如图 1-2 所示。

02 在命令行中输入 FILLET 命令，在命令行中输入 R，将【圆角半径】设置为 100，在命令行中输入 M，对矩形的左下角和右下角进行圆角处理，效果如图 1-3 所示。

图 1-2

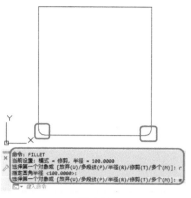

图 1-3

03 在命令行中输入 RECTANG 命令，指定矩形的第一点，在命令行中输入 D，指定矩形的长度为 500，指定矩形的宽度为 500，绘制如图 1-4 所示的矩形。

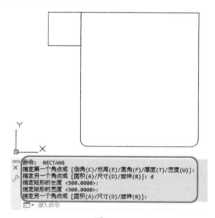

图 1-4

04 在命令行中输入 CIRCLE 命令，指定圆的中心点，将圆的半径设置为 150，如图 1-5所示。

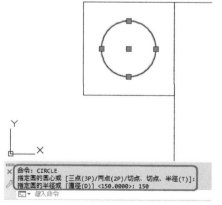

图 1-5

05 在命令行中输入 OFFSET 命令，向内引导鼠标，在命令行中输入 50，按回车键（即 Enter 键）进行确认，如图 1-6 所示。

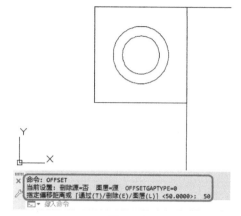

图 1-6

06 在命令行中输入 LINE 命令，绘制水平和垂直的线段，如图 1-7 所示。

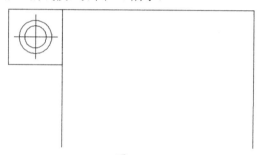

图 1-7

07 选择左侧绘制的图形，在命令行中输入 MIRROR 命令，指定镜像的第一点和第二点，如图 1-8 所示。

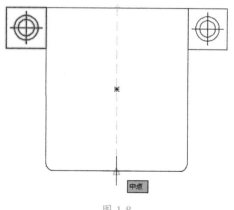

图 1-8

08 输入 n 命令，如图 1-9 所示，按回车键确认，即可镜像对象。

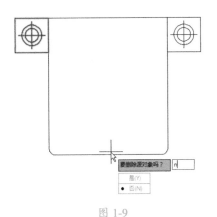

图 1-9

09 在命令行中输入 ARC 命令，绘制被子，如图 1-10 所示。

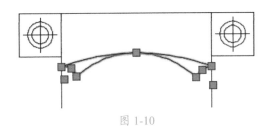

图 1-10

10 在命令行中输入 SPLINE 命令，绘制如图 1-11 所示的样条曲线。

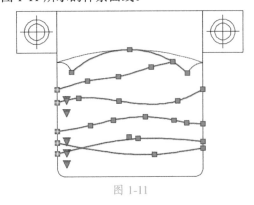

图 1-11

11 通过 SPLINE 和 ARC 命令，绘制枕头，如图 1-12 所示。

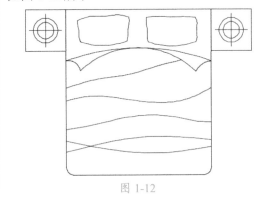

图 1-12

1.1 AutoCAD 2020 的基本操作

在了解基本操作后就可以更灵活地使用 AutoCAD 2020，绘制图形会更加方便、快捷。

1.1.1 AutoCAD 2020 的启动与退出

在使用 AutoCAD 2020 软件时，首先要启动该软件，完成操作后，应该退出该软件，这是软件操作的首要步骤。启动和退出 AutoCAD 2020 的方式有多种，下面将详细讲解。

安装 AutoCAD 2020 后，即可启动并使用该软件。启动 AutoCAD 的方法主要有如下 3 种。

1. 通过桌面快捷图标启动

安装 AutoCAD 2020 后，系统会自动在计算机桌面上添加快捷图标，如图 1-13 所示。此时双击该图标即可启动 AutoCAD 2020。这是最直接也是最常用的启动该软件的方法。

2. 通过快速启动区启动

在安装 AutoCAD 2020 软件的过程中，软件会提示用户是否创建快速启动方式，如果创建了快速启动方式，那么在任务栏的快速启动区中会显示 AutoCAD 2020 图标，如图 1-14 所示。此时单击该图标即可启动 AutoCAD 2020。

图 1-13

图 1-14

3. 通过【开始】菜单启动

与其他多数应用软件类似，安装
AutoCAD后，系统会自动在【开始】菜单的
【所有程序】子菜单中创建一个名为
Autodesk的程序组，选择该程序组中的
【AutoCAD 2020-简体中文（Simplified
Chinese）】|【AutoCAD 2020-简体中文
（Simplified Chinese）】命令，即可启动
AutoCAD 2020，如图1-15所示。

在 AutoCAD 2020 中完成绘图后，若需退
出，可以通过以下4种方式进行。

◎ 单击 AutoCAD 主窗口右上角的【关闭】
按钮×。
◎ 单击【菜单浏览器】按钮，在弹出的
菜单中单击 退出 Autodesk AutoCAD 2020 按钮，如
图1-16所示。
◎ 在 AutoCAD 工作界面的标题栏上右击，
在弹出的快捷菜单中选择【关闭】命令。
◎ 直接按 Alt+F4 组合键或 Ctrl+Q 组合键。

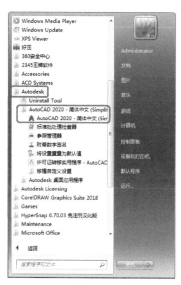

图 1-15

图 1-16

1.1.2 AutoCAD 2020 的工作空间

在 AutoCAD 中选择不同的空间可以进行
不同的操作，例如，在【三维基础】工作空
间下，可以方便地进行简单的三维建模操作。

1. 草图与注释

AutoCAD 2020 默认的工作空间为【草图
与注释】。其界面主要由【应用程序】按钮、
功能区选项板、快速访问工具栏、绘图区、
命令行窗口和状态栏等元素组成。在该空间
中，可以方便地使用【默认】选项卡中的【绘

图】【修改】【图层】【注释】【块】和【特性】等面板绘制和编辑二维图形,【草图与注释】工作空间如图 1-17 所示。

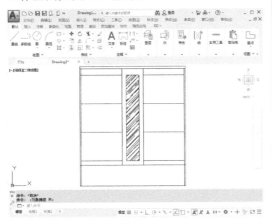

图 1-17

2. 三维基础

在【三维基础】空间中,能够非常简单方便地创建基本的三维模型,其功能区选项板中提供了各种常用的三维建模、布尔运算以及三维编辑工具按钮。如图 1-18 所示为【三维基础】工作空间。

图 1-18

3. 三维建模

【三维建模】空间界面与【草图与注释】空间界面相似。其功能区选项板中集中了三维建模、视觉样式、光源、材质、渲染和导航等面板,为绘制和观察三维图形、附加材质、创建动画、设置光源等操作提供了非常便利的环境,如图 1-19 所示。

图 1-19

■ 1.1.3 AutoCAD 2020 的工作界面

启动 AutoCAD 2020 后,将打开其工作界面,并自动新建一个名称为 Drawing1.dwg 的图形文件,如图 1-20 所示。其工作界面主要由菜单栏、标题栏、选项卡、绘图区、十字光标、坐标系图标、命令行和状态栏等部分组成。下面根据 AutoCAD 2020 工作界面各组成部分的位置,依次介绍其功能。

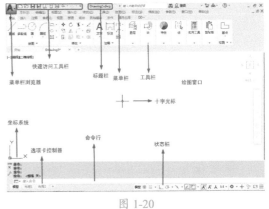

图 1-20

1. 标题栏

标题栏位于工作界面的最上方，如图 1-21 所示。

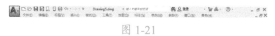

图 1-21

◎ 【菜单浏览器】按钮 ▲：单击该按钮可以打开相应的操作菜单，如图 1-22 所示。

图 1-22

◎ 快速访问区：默认情况下显示 7 个按钮，包括【新建】按钮 □、【打开】按钮 ▷、【保存】按钮 ▤、【另存为】按钮 ▤、【打印】按钮 ▤、【放弃】按钮 ↩ 和【重做】按钮 ↪。

◎ Drawing1.dwg ：代表软件文件名称。

◎ 搜索栏 ▭：在文本框中输入要查找的内容后单击 ▭ 按钮即可进行搜索。

◎ ▣登录 ：单击该按钮，将弹出【AutoCAD 账户】对话框，用于账户登录。

◎ 【帮助】按钮 ⑦ ：单击该按钮将弹出

【Autodesk AutoCAD 2020- 帮助】对话框，此时默认显示帮助主页，在页面中输入相应的帮助信息并进行搜索后，可查看到相应的帮助信息。

◎ 【最小化】按钮 ▬：单击该按钮可将窗口最小化到 Windows 任务栏中，只显示图形文件的名称。

◎ 【最大化】按钮 □：单击该按钮可将窗口放大充满整个屏幕，即全屏显示，同时该控制按钮变为 ▣ 形状，即【还原】按钮，单击该按钮可将窗口还原到原有状态。

◎ 【关闭】按钮 ×：单击该按钮可退出 AutoCAD 2020 应用程序。

2. 菜单栏

在自定义快速访问工具栏的弹出菜单中选择【显示菜单栏】命令，AutoCAD 2020 中文版的菜单栏就会出现在功能区选项板的上方，如图 1-23 所示。

文件(F) 编辑(E) 视图(V) 插入(I) 格式(O) 工具(T) 绘图(D) 标注(N) 修改(M) 参数(P) 窗口(W) 帮助(H)

图 1-23

菜单栏由【文件】【编辑】【视图】等命令组成，几乎包括了 AutoCAD 中全部的功能和命令。图 1-24 所示即为 AutoCAD 2020 的【工具】菜单，从中可以看到，某些菜单命令后有 ▸、…、Ctrl+0、（W）之类的符号或组合键，用户在使用它们时应遵循以下规定。

◎ 命令后跟有 ▸ 符号，表示该命令下还有子命令。

◎ 命令后跟有快捷键，如（K），表示打开该菜单时，按下快捷键即可执行相应命令。

◎ 命令后跟有组合键，如 Ctrl+0，表示直接按组合键即可执行相应命令。

◎ 命令后跟有…符号，表示执行该命令可打开一个对话框，以提供进一步的选择和设置。

◎ 命令呈现灰色，表示该命令在当前状态下不可用。

图 1-24

3. 功能区选项卡

选项卡类似于老版本 AutoCAD 的菜单命令，AutoCAD 2020 根据其用途做了规划，在默认情况下，工作界面中包括【默认】【插入】【注释】【参数化】【视图】【管理】【输出】【附加模块】【协作】【精选应用】选项卡，如图 1-25 所示。

图 1-25

单击某个选项卡将打开其相应的编辑按钮；选择选项卡右侧的【显示完整的功能区】按钮 ▣ ▾ 下拉列表中的【最小化为面板按钮】命令，可收缩选项卡中的编辑按钮，只显示各组名称，如图 1-26 所示。

图 1-26

此时选择选项卡右侧的【显示完整的功能区】按钮 ▣ ▾ 下拉列表中的【最小化为面板

标题】命令，可将其收缩为如图 1-27 所示的样式，再次单击 ▣ ▾ 按钮将展开选项卡。

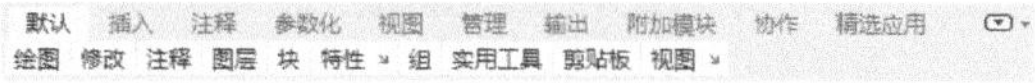

图 1-27

4. 绘图区

AutoCAD 2020 版本的绘图区很大，如图 1-28 所示，可以方便用户更好地绘制图形对象。此外，在绘图区的右上角还动态显示坐标和常用工具栏，这是该软件人性化的一面，可为绘图节省不少时间。

图 1-28

5. 十字光标

在绘图区中，光标变为十字形状，即十字光标，它的交点显示了当前点在坐标系中的位置，十字光标与当前用户坐标系的 X、Y 坐标轴平行，如图 1-29 所示。系统默认的十字光标大小为 5，该大小可根据实际情况进行相应的更改。

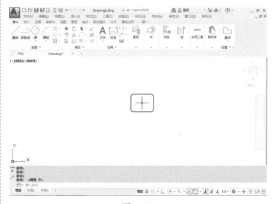

图 1-29

6. 坐标系图标

坐标系图标位于绘图区的左下角，如图 1-30 所示，主要用于显示当前使用的坐标系以及坐标方向等。在不同的视图模式下，该坐标系所指的方向也不同。

图 1-30

7. 命令行

命令行是 AutoCAD 与用户对话的区域，位于绘图区的下方。在使用软件的过程中应密切关注命令行中出现的信息，然后按照信息提示进行相应的操作。在默认情况下，命令行有 3 行。

在绘图过程中，命令行一般有两种情况。

等待命令输入状态：表示系统等待用户输入命令，以绘制或编辑图形，如图 1-31 所示。

图 1-31

正在执行命令的状态：在执行命令的过程中，命令行中将显示该命令的操作提示，以方便用户快速确定下一步操作，如图 1-32 所示。

图 1-32

> 提示：在当前命令提示行中输入内容后，可以按 F2 键打开文本窗口，如图 1-33 所示，最大化显示命令行的信息，AutoCAD 文本窗口和命令提示行相似。

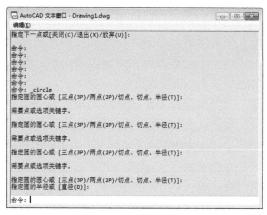

图 1-33

8. 状态栏

状态栏位于 AutoCAD 操作界面的最下方，主要由当前光标的坐标值和辅助工具按钮组两部分组成，如图 1-34 所示。

图 1-34

◎ 当前光标的坐标值：位于左侧，分别显示（X,Y,Z）坐标值，方便用户快速查看当前光标的位置。移动光标，坐标值也将随之变化。单击该坐标值区域，可关闭显示该功能。

◎ 辅助工具按钮组：用于设置 AutoCAD 的辅助绘图功能，均属于开关型按钮，即单击某个按钮，使其呈蓝底显示时表示启用该功能，再次单击该按钮使其呈灰底显示时，则表示关闭该功能。

◎ 【捕捉模式】按钮：用于捕捉设定间距倍数点和栅格点。

◎ 【显示图形格栅】按钮：用于显示栅格，默认为启用，即绘图区中出现的小方框。

◎ 【推断约束】按钮：用于推断几何约束。

◎ 【动态输入】按钮：用于使用动态输入。当开启此功能并输入命令时，在十字光标附近将显示线段的长度及角度，按 Tab 键可在长度及角度值间进行切换，并可

- ◎ 【正交模式】按钮▭：用于绘制二维平面图形的水平和垂直线段以及正等轴测图中的线段。启用该功能后，光标只能在水平或垂直方向上确定位置，从而快速绘制水平线和垂直线。

- ◎ 【极轴追踪】按钮∠：用于捕捉和绘制与起点水平线成一定角度的线段。

- ◎ 【对象捕捉追踪】按钮∠：该功能和对象捕捉功能一起使用，用于追踪捕捉点在线性方向上与其他对象特殊点的交点。

- ◎ 【对象捕捉】按钮▭和【三维对象捕捉】按钮▱：用于捕捉二维对象和三维对象中的特殊点，如圆心、中点等，相关内容将在后面章节中进行详细讲解，这里不再赘述。

- ◎ 【显示/隐藏线宽】按钮▤：用于在绘图区显示绘图对象的线宽。

- ◎ 【显示/隐藏透明度】按钮▨：用于显示绘图对象的透明度。

- ◎ 【快捷特性】按钮▤：用于禁止和开启快捷特性选项板。显示对象的快捷特性选项板，能帮助用户快捷地编辑对象的一般特性。

- ◎ 【选择循环】按钮▤：该按钮可以允许用户选择重叠的对象。

- ◎ 【模型】按钮 模型：用于转换到模型空间。

- ◎ 【快速查看布局】按钮 布局1 ：用于快速转换和查看布局空间。

- ◎ 【注释比例】按钮 ▲ 1:1▾：用于更改可注释对象的注释比例，默认为 1：1。

- ◎ 【注释可见性】按钮▨：用于显示所有比例的注释性对象。

- ◎ 【自动缩放】按钮▨：在注释比例发生变化时，将比例添加到注释性对象。

- ◎ 【切换工作空间】按钮 ⚙▾：可以快速切换和设置绘图空间。

- ◎ 【硬件加速】按钮◉：用于性能调节，检查图形卡和三维显示驱动程序，并对支持

软件实现和硬件实现的功能进行选择。简而言之，就是使用该功能可对当前的硬件进行加速，以优化 AutoCAD 在系统中的运行。在该按钮上右击，在弹出的快捷菜单中还可选择相应的命令并进行相应的设置。

- ◎ 【隔离对象】按钮▫：可通过隔离或隐藏选择集来控制对象的显示。

- ◎ 【自定义】按钮≡：用于改变状态栏的相应组成部分。

- ◎ 【全屏显示】按钮▫：用于隐藏 AutoCAD 窗口中的功能区选项板等界面元素，使 AutoCAD 的绘图窗口全屏显示。

■ 1.1.4 管理图形文件

在绘制图形之前，首先需要熟悉图形文件的新建、打开、保存和关闭等操作。

1. 新建图形文件

AutoCAD 默认新建了一个以 acadiso.dwt 为样板的 Drawing1 图形文件，为了更好地完成更多的绘图操作，用户可以自行新建图形文件。新建图形文件有以下 4 种方法。

- ◎ 单击快速访问区中的【新建】按钮▯。

- ◎ 单击【菜单浏览器】按钮Ａ，在弹出的菜单中选择【新建】|【图形】命令，如图1-35所示。

图 1-35

◎ 在命令行中执行 NEW 命令。

◎ 按 Ctrl+N 组合键。

使用以上任意一种新建方式，都将弹出如图 1-36 所示的【选择样板】对话框，若要创建基于默认样板的图形文件，单击【打开】按钮 打开(O) 即可。用户也可以在【名称】列表框中选择其他样板文件。

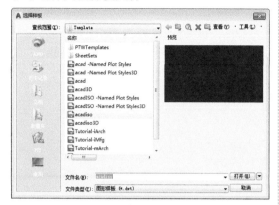

图 1-36

单击【打开】按钮 打开(O) 右侧的 按钮，可弹出如图 1-37 所示的菜单，在其中可选择图形文件的绘制单位，若选择【无样板打开 – 英制】命令，将以英制单位为计量标准绘制图形；若选择【无样板打开 – 公制】命令，将以公制单位为计量标准绘制图形。

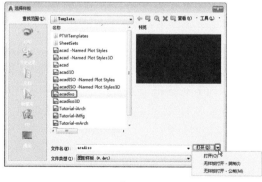

图 1-37

2. 打开图形文件

若计算机中有保存过的 AutoCAD 图形文件，用户可以将其打开，进行查看和编辑。

打开图形文件有以下 4 种方法。

◎ 单击快速访问区中的【打开】按钮 。

◎ 单击【菜单浏览器】按钮 ，在弹出的菜单中选择【打开】命令。

◎ 在命令行中输入 OPEN 命令。

◎ 按 Ctrl+O 组合键。

执行以上任意一种操作后，系统都将自动弹出【选择文件】对话框，在【查找范围】下拉列表中选择要打开文件的路径，在中间的列表框中选择要打开的文件，单击【打开】按钮 打开(O) 将打开该图形文件，如图 1-38 所示。

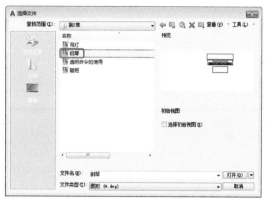

图 1-38

单击【打开】按钮 打开(O) 右侧的 按钮，系统将弹出如图 1-39 所示的菜单，在该菜单中可以选择图形文件的打开方式。

图 1-39

该菜单为用户提供了以下 4 种打开图形文件的方式。

◎ 打开：选择该命令将直接打开图形文件。

◎ 以只读方式打开：选择该命令，文件将以只读方式打开。用户可以对以此方式打开的文件进行编辑操作，但保存时不能覆盖原文件。

◎ 局部打开：选择该命令，将弹出【局部打开】对话框。如果图形中的图层较多，可采用【局部打开】方式只打开其中某些图层。

◎ 以只读方式局部打开：以只读方式打开图形的部分图层。

3. 保存图形文件

为防止计算机出现异常情况，丢失图形文件，在绘制图形文件的过程中应随时保存。保存图形文件主要包括保存新图形文件、另存为其他图形文件两种。

1）保存新图形文件

保存新图形文件也就是保存从未保存过的图形文件，主要有以下 4 种方法。

◎ 单击快速访问区中的【保存】按钮 📙。

◎ 单击【菜单浏览器】按钮 ，在弹出的菜单中选择【保存】命令。

◎ 在命令行中执行 SAVE 命令。

◎ 按 Ctrl+S 组合键。

执行上述任意操作后，都将弹出如图 1-40 所示的【图形另存为】对话框，在该对话框的【保存于】下拉列表中选择要保存到的位置，在【文件名】下拉列表框中输入文件名，然后单击【保存】按钮，保存文件并关闭对话框。返回工作界面，即可在标题栏显示文件的保存路径和名称。

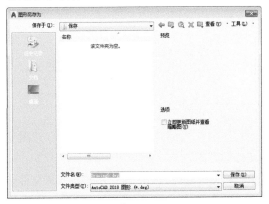

图 1-40

在 AutoCAD 2020 中，用户可以将图形文件保存为如图 1-41 所示的 4 种不同扩展名的图形文件，各扩展名的含义如下。

◎ .dwg：AutoCAD 默认的图形文件类型。

◎ .dxf：包含图形信息的文本文件或二进制文件，可供其他 CAD 程序读取该图形文件的信息。

◎ .dws：二维矢量文件，使用该种格式可以在网络上发布 AutoCAD 图形。

◎ .dwt：AutoCAD 样板文件，新建图形文件时，可以基于样板文件进行创建。

图 1-41

2）另存为其他图形文件

将修改后的文件另存为一个其他名称的图形文件，以便于区别。

◎ 单击【菜单浏览器】按钮 ，在弹出的菜单中选择【另存为】命令。

◎ 在命令行中执行 SAVEAS 命令。

执行以上任意一个操作，都将弹出【图形另存为】对话框，然后按照前面学习的保存新图形文件的方法保存即可，用户可在其基础上任意改动，而不影响原文件。

> 提示：如果另存为的文件与原文件保存在同一目录中，将不能使用相同的文件名称。

4. 关闭图形文件

编辑完当前图形文件后，应将其关闭，主要有以下 4 种方法。

◎ 单击标题栏中的【关闭】按钮 ×。

◎ 在标题栏上右击，在弹出的快捷菜单中
执行【关闭】命令，如图 1-42 所示。

◎ 在命令行中执行 CLOSE 命令。

◎ 按 Ctrl+F4 组合键。

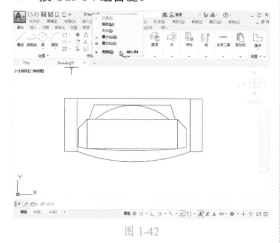

图 1-42

1.2 设置绘图环境

为了方便绘图，可以根据直接绘图的习惯对绘图环境进行设置。设置绘图环境包括设置绘图界限、绘图单位、绘图区颜色、十字光标大小、命令行的显示行数与字体，以及工作空间菜单栏的显示、保存和选择。

■ 1.2.1　设置绘图界限

绘图界限相当于手工绘图时规定的图纸大小，在 AutoCAD 中默认的绘图界限为无限大，如果开启了绘图界限检查功能，那么输入或拾取的点若超出绘图界限，操作将无法进行。如果关闭了绘图界限检查功能，则绘制图形时将不受绘图范围的限制。设置绘图界限的命令是 LIMITS，用户可以根据以下步骤进行操作。

01 在命令行中执行 LIMITS 命令，根据命令行的提示设置绘图区域左下角的坐标，这里保持默认，直接按 Enter 键，表示左下角点的

坐标位置为（0,0），如图 1-43 所示。

```
命令: LIMITS
重新设置模型空间界限:
LIMITS 指定左下角点或 [开(ON) 关(OFF)] <0.0000,0.0000>:
```

图 1-43

02 设置绘图区域右上角的坐标，用户可根据需要进行输入，命令行提示如图 1-44 所示。

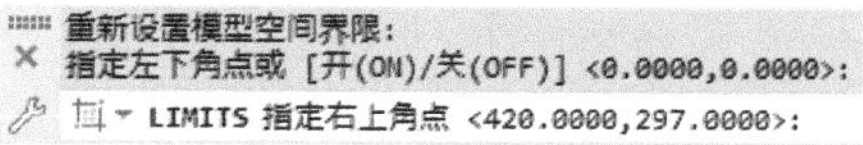

```
重新设置模型空间界限:
指定左下角点或 [开(ON)/关(OFF)] <0.0000,0.0000>:
LIMITS 指定右上角点 <420.0000,297.0000>:
```

图 1-44

在执行命令的过程中各选项的含义如下。

◎ 开 (ON)：选择该选项，表示开启图形界限功能。

◎ 关 (OFF)：选择该选项，表示关闭图形界限功能。

> 提示：在用户开启或关闭图形界限功能后，执行 REGEN 命令重新生成视图（或在 AutoCAD 2020 的菜单栏中选择【视图】|【重生成】命令），设置才能生效。

■ 1.2.2　设置绘图单位

绘图单位直接影响绘制图形的大小，设置绘图单位的方法有以下两种。

◎ 显示 AutoCAD 2020 菜单栏，选择【格式】|【单位】命令。

◎ 在命令行中执行 UNITS、DDUNITS 或 UN 命令。

执行以上操作后，都将弹出如图 1-45 所示的【图形单位】对话框，通过该对话框可以设置长度和角度的单位与精度，其中各选项的含义如下。

◎ 【长度】选项组：在【类型】下拉列表中可选择长度单位的类型，如分数、工程、建筑、科学和小数等；在【精度】下拉列表中可选择长度单位的精度。

◎ 【角度】选项组：在【类型】下拉列表
中可选择角度单位的类型，如百分度、
度/分/秒、弧度、勘测单位和十进制度
数等；在【精度】下拉列表中可选择角
度单位的精度；□顺时针Ⓒ复选框，系统
默认取消选择该复选框，即以逆时针方
向旋转的角度为正方向；若选择该复选
框，则以顺时针方向为正方向。

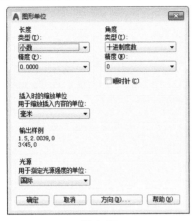

图 1-45

◎ 【插入时的缩放单位】选项组：在【用
于缩放插入内容的单位】下拉列表中可
选择插入图块时的单位，这也是当前绘
图环境的尺寸单位。

◎ 【方向】按钮 方向(D)... ：单击该按钮将
弹出【方向控制】对话框，如图 1-46 所示。
在其中可设置基准角度，例如，设置角
度为 0，若在【基准角度】选项组中选中
【西】单选按钮，那么绘图时的 0° 实际
在 180° 方向上。

图 1-46

1.2.3　设置十字光标大小

用户可根据实际需要设置十字光标的大
小，具体操作过程如下。

01 在绘图区中右击，从弹出的快捷菜单
中选择【选项】命令，弹出【选项】对
话框。

02 切换至【显示】选项卡，在【十字光标大小】
文本框中输入需要的大小，或拖动文本框右
侧的滑块到合适的位置，这里在文本框中输
入 50，如图 1-47 所示。

图 1-47

03 切换至【选择集】选项卡，在【拾取框大小】
选项组中向右拖动滑块至如图 1-48 所示的
位置。

图 1-48

04 单击【确定】按钮，返回 AutoCAD 2020
工作界面，即可看到十字光标与原来相比更
长，拾取框更大。

【实战】 切换工作空间及改变背景颜色

同以前版本的 AutoCAD 一样，用户可以根据自己的绘图习惯自行更改绘图区的颜色，具体操作过程如下。

素材:	无
场景:	无
视频:	视频教学 \Cha01\【实战】切换工作空间及改变背景颜色 .mp4

01 在绘图区中右击，在弹出的快捷菜单中执行【选项】命令，如图 1-49 所示。

图 1-49

02 弹出【选项】对话框，切换至【显示】选项卡，在【窗口元素】选项组中单击【颜色】按钮 颜色(C)... ，如图 1-50 所示。

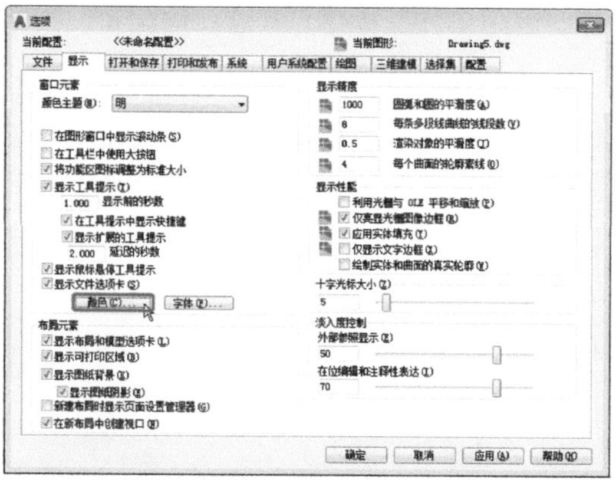

图 1-50

03 弹出【图形窗口颜色】对话框，在【颜色】下拉列表中选择需要的颜色即可。若在软件提供的颜色中没有需要的颜色，可选择【选择颜色】选项，如图 1-51 所示。

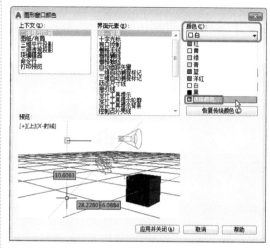

图 1-51

04 弹出【选择颜色】对话框，选择需要的颜色，这里在【颜色】文本框中输入新的数值（150,150,150），如图 1-52 所示，然后单击 确定 按钮。

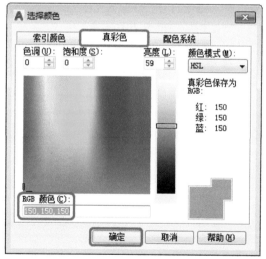

图 1-52

05 返回【图形窗口颜色】对话框，单击【应用并关闭】按钮 应用并关闭(A) ，再返回【选项】对话框，单击【确定】按钮 确定 ，即可看到绘图区的颜色已改为所设置的颜色，如图 1-53 所示。

图 1-53

中。三个绘图工作空间在默认情况下没有菜单栏，需要用户自己调出。例如，若需要在菜单栏中使用【圆】命令，执行【绘图】|【圆】命令即可，如图 1-54 所示。

图 1-54

1.3 命令的使用

在 AutoCAD 2020 中，命令的基本调用方法有多种，如输入、取消、重复执行和透明等，用户可以根据需要进行调用。

1.3.1 使用键盘输入命令

如果要执行某个命令，必须先输入该命令，输入命令的方法有以下几种。

◎ 菜单和快捷键输入与其他软件的输入方法大致相同，这是所有软件的共同点。

◎ 在命令行的"命令："文本后输入命令的全名或简称，并按下 Enter 键或 Space 键。

◎ 在绘图过程中右击，在弹出的快捷菜单中选择需要的命令。

◎ 在选项卡中单击需要执行的命令按钮。

> 提示：用户在命令行中输入的命令不用区分大小写。

1.3.2 使用菜单栏命令

菜单栏调用是 AutoCAD 2020 提供的功能最全、最强大的命令调用方法。AutoCAD 绝大多数常用命令都分门别类地放置在菜单栏

1.3.3 使用工具栏命令

与菜单栏一样，工具栏不显示于三个工作空间，需要通过【工具】|【工具栏】|AutoCAD 菜单命令调出。单击工具栏中的按钮，即可执行相应的命令。用户在其他工作空间绘图时，也可以根据实际需要调出工具栏。

1.3.4 使用功能区命令

功能区使得绘图界面无须显示多个工具栏，系统会自动显示与当前绘图操作相应的面板，从而使得应用程序窗口更加简洁。因此，可以将进行操作的区域最大化，使用单个界面来加快和简化工作。例如，若需要在功能区中使用【圆】工具，单击【绘图】面板中的【圆】按钮即可，如图 1-55 所示。

图 1-55

1.3.5 使用透明命令

在执行其他命令的过程中仍可以执行的命令称为透明命令。在执行透明命令之前，需要在输入命令前输入单引号（'）。在执行透明命令时，其命令行中的提示前有一个双折号（>>）。

> 💡 提示：当命令处于活动状态时，执行 UNDO 命令可以取消其他任何已执行的透明命令。

1.4 坐标系

要在 AutoCAD 2020 中准确、高效地绘制图形对象，必须掌握坐标系的概念、使用方法，以及如何输入坐标，因为物体在空间中的位置都是通过坐标系来体现的。

在 AutoCAD 2020 进行绘图的过程中，用户可以通过坐标系来定位某个图形对象，以便定位点的位置。坐标系分为世界坐标系和用户坐标系两种。

1. 世界坐标系

世界坐标系的英文缩写为 WCS，它是进入 AutoCAD 2020 绘图区时系统默认的坐标系。该坐标系是由 X 轴、Y 轴和 Z 轴组成的，WCS 坐标轴的交汇处显示"口"形标记，但坐标原点并不在坐标系的交汇点，而位于图形窗口的左下角，所有的位移都是相对于原点来计算的，并且规定沿 X 轴正向及 Y 轴正向的位移为正方向。世界坐标系分为二维坐标系和三维坐标系，图 1-56 所示为二维坐标系；图 1-57 所示为三维坐标系。

图 1-56   图 1-57

2. 用户坐标系

用户坐标系的英文缩写为 UCS，它指的是在 AutoCAD 2020 中进行绘图时，为了更好地绘制图形对象，经常需要修改坐标系的原点和方向，此时世界坐标系将转变成用户坐标系。它是一种可自定义的坐标系，X 轴、Y 轴和 Z 轴方向都可以移动及旋转，在绘制三维平面图时非常有用，且在绘制二维平面图时，可不输入 Z 轴，如输入的坐标点与输入的效果不相同，应在英文状态下输入逗号","，在输入完一点的坐标参数后，必须按 Enter 键确认输入完毕，其命令的调用方法如下。

◎ 在【可视化】选项卡的【坐标】组中单击 UCS 按钮 。

◎ 在命令行中执行 UCS 命令。

执行上述操作后，命令行提示：指定 UCS 的原点或 [面 (F)/ 命名 (NA)/ 对象 (OB)/ 上一个 (P)/ 视图 (V)/ 世界 (W)/X/Y/Z/Z 轴 (ZA)]< 世界 >:，在该提示下可以选择相应的坐标系进行操作。

用户坐标系包括绝对直角坐标、相对直角坐标、绝对极坐标和相对极坐标 4 种。

◎ 绝对直角坐标：绝对直角坐标是以原点为基础定位所有的点。输入点的（x, y, z）坐标，在二维图形中，z=0 可忽略，它与数学中表示点的方法一样。当系统提示用户输入点的位置时，即可输入，例如可输入（10,20,18）。

◎ 相对直角坐标：相对直角坐标与绝对直角坐标的表示方法大致一样，只是在表示相对直角坐标时，要在坐标点前加上 @。

◎ 绝对极坐标：绝对极坐标表现距原点的距离和角度，在距离与角度之间需用"<"隔开。

◎ 相对极坐标：相对极坐标与绝对极坐标的表示方法大致一样，只是在表示相对极坐标时，要在坐标前加上"@"。

在 AutoCAD 2020 中，切换至【可视化】选项卡，利用如图 1-58 所示的【坐标】组，可以帮助用户自定义需要的用户坐标系。

图 1-58

其中各项的含义如下。

◎ UCS 按钮：启动 UCS 图标。

◎ 【UCS 命名】按钮：管理已定义的用户坐标系。

◎ 【UCS 世界】按钮：将当前用户坐标系设置为世界坐标系。

◎ 【原点】按钮：移动原点来定义新的UCS。

◎ X 按钮：绕 X 轴旋转用户坐标系。

◎ Y 按钮：绕 Y 轴旋转用户坐标系。

◎ Z 按钮：绕 Z 轴旋转用户坐标系。

◎ 【Z 轴矢量】按钮：将用户坐标系与指定的正向 Z 轴对齐。

◎ 【在原点处显示 UCS 图标】按钮：在原点处显示 UCS 图标。

◎ 【视图】按钮：将用户坐标系的 XY 平面与屏幕对齐。

◎ 【对象】按钮：将用户坐标系与选定的对象对齐。

◎ 【面】按钮：将用户坐标系与三维实体的面对齐。

◎ 【三点】按钮：使用三个点定义新的用户坐标系。

◎ 【UCS 上一个】按钮：恢复上一个用户坐标系。

◎ 【UCS 图标，特性】按钮：控制 UCS 图标的样式、大小和颜色。

课后项目 练习

1. 绘制书柜

本案例讲解如何绘制书柜，绘制的效果

如图 1-59 所示。

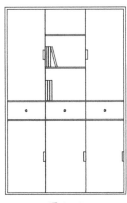

图 1-59

课后项目练习过程概要如下。

（1）使用【矩形】【偏移】【修剪】工具绘制书柜外框。

（2）使用【圆】工具绘制抽屉把手。

（3）使用【矩形】和【旋转】工具绘制书与柜门把手。

素材：	无
场景：	场景 \Cha01\ 绘制书柜 .dwg
视频：	视频教学 \Cha01\ 绘制书柜 .mp4

01 在命令行中输入 RECTANG 命令，指定矩形的第一角点，输入 @1300,2000，按回车键确认，如图 1-60 所示。

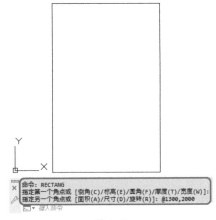

图 1-60

02 在命令行中输入 OFFSET 命令，指定偏移距离为 20，选择矩形，按回车键确认，向内移动鼠标，单击确认，按回车键完成偏移，如图 1-61 所示。

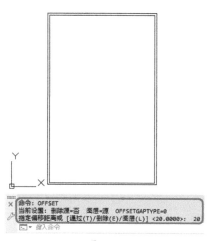

图 1-61

03 在命令行中输入 EXPLODE 命令，选择偏移后的矩形，按回车键分解矩形，如图 1-62 所示。

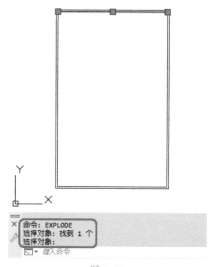

图 1-62

04 在命令行中输入 OFFSET 命令，将偏移距离指定为 274，选择分解后的顶层线段，向下单击，继续选择分解后的线段，将偏移距离分别设置为 284、622、632、980、990、1180、1190，按回车键完成偏移，如图 1-63 所示。

05 按空格键继续执行 OFFSET 命令，将偏移距离设置为 410，选择左侧线段向右单击，选择偏移后的线段，将偏移距离分别设置为 415、845、850，按回车键完成偏移，如图 1-64 所示。

图 1-63

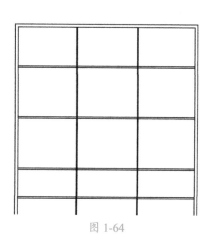

图 1-64

06 在命令行中输入 TRIM 命令，选择偏移后的所有线段，按回车键完成选择，修剪线段，修剪后的效果如图 1-65 所示。

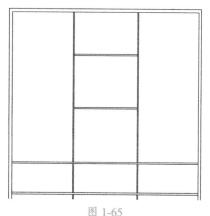

图 1-65

07 在命令行中输入 CIRCLE 命令，指定圆心，将半径设置为 10，如图 1-66 所示。

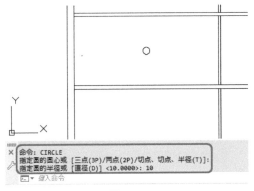

图 1-66

08 继续执行 CIRCLE 命令，绘制其他把手，如图 1-67 所示。

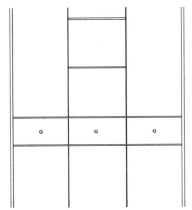

图 1-67

09 在命令行中输入 RECTANG 命令，单击第三个格子左下方，作为第一角点，输入 @23,220，如图 1-68 所示。

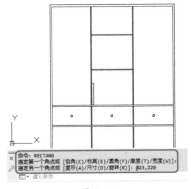

图 1-68

10 在命令行中输入 COPY 命令，选择上一步绘制的矩形，复制两个图形，按回车键完成复制，如图 1-69 所示。

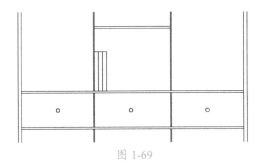

图 1-69

11 在命令行中输入 RECTANG 命令，单击第二个格子的左下方，作为第一角点，输入 @18,220，如图 1-70 所示。

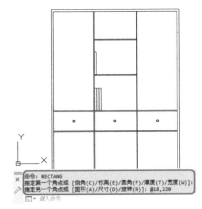

图 1-70

12 通过 COPY 命令复制三个矩形，如图 1-71 所示。

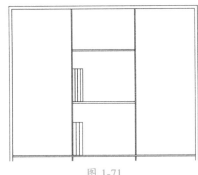

图 1-71

13 在命令行中输入 ROTATE 命令，选择第四个矩形，将旋转角度设置为 15，然后在命令行中输入 MOVE 命令，将旋转后的矩形移动至合适的位置，如图 1-72 所示。

14 在命令行中输入 RECTANG 命令，指定第一角点，输入 @20,100，并通过 MOVE 命令移动矩形至合适的位置，如图 1-73 所示。

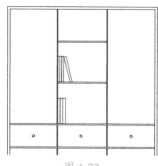

图 1-72

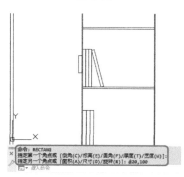

图 1-73

15 继续通过 RECTANG 命令绘制其他矩形，完成后的效果如图 1-74 所示。

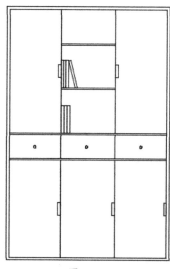

图 1-74

2. 绘制门

下面将通过实例讲解如何绘制门，其效果如图 1-75 所示。

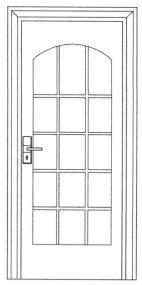

图 1-75

课后项目练习过程概要如下。

（1）使用【矩形】【分解】【偏移】【直线】工具绘制门框。

（2）使用【偏移】【修剪】【圆弧】工具绘制门板。

（3）使用【矩形】【分解】【偏移】工具绘制门把手。

素材：	无
场景：	场景 \Cha01\ 绘制门 .dwg
视频：	视频教学 \Cha01\ 绘制门 .mp4

01 启动 AutoCAD 2020，新建一个空白文档，按 F7 键关闭图形栅格，在【默认】选项卡的【绘图】组中单击【矩形】按钮 ，指定第一角点，输入 @1020,2110，如图 1-76 所示。

02 单击【修改】组中的【分解】按钮 ，选择矩形对象，按回车键确认，分解矩形后的效果如图 1-77 所示。

03 单击【修改】组中的【偏移】按钮 ，将偏移距离指定为 30，选择分解后矩形的上方、左侧、右侧的线段对象进行偏移，按回车键完成偏移，偏移后的效果如图 1-78 所示。

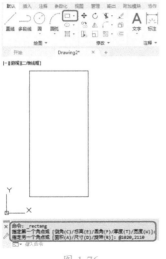

图 1-76

图 1-77

图 1-78

04 单击【修改】组中的【修剪】按钮，根据命令行的提示修剪多余线段，如图 1-79 所示。

图 1-79

05 继续使用【偏移】与【修剪】工具绘制门框其他部分，将【偏移】距离分别指定为 50、30，如图 1-80 所示。

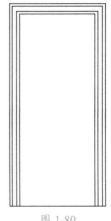

图 1-80

06 单击【绘图】组中的【直线】按钮，绘制两条斜线，将第二个和第三个的左右端点分别连接，如图 1-81 所示。

图 1-81

07 单击【偏移】按钮，将最短的线段向下偏移 300，如图 1-82 所示。

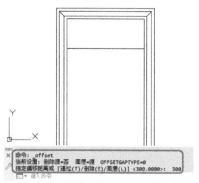

图 1-82

08 继续将偏移后的线段向下分别偏移 270、20，进行多次偏移，将左侧线段向右侧分别偏移 88、188、20，将右侧线段向左侧分别偏移 88、188、20，如图 1-83 所示。

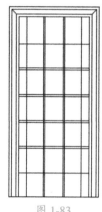

图 1-83

09 单击【修剪】按钮，修剪多余线段，并选择偏移距离为 300 的线段，按 Delete 键将其删除，如图 1-84 所示。

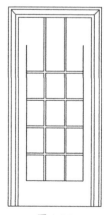

图 1-84

10 单击【绘图】组中的【圆弧】按钮，绘制一个弧形，并修剪弧形外的线段，如图 1-85 所示。

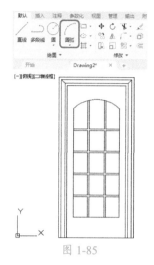

图 1-85

11 单击【矩形】按钮，指定第一个角点，输入 @65,210，并单击【修改】组中的【移动】按钮➕，将图形移动至合适的位置，如图 1-86 所示。

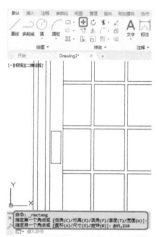

图 1-86

12 单击【偏移】按钮，将偏移距离指定为 3，选中上一步绘制的矩形，向内移动，左键单击，按回车键完成偏移，如图 1-87 所示。

13 单击【绘图】组中的【圆心】按钮，指定椭圆的中心点，指定轴的右侧长度为 5，指定另一条半轴长度为 15，并单击【移动】按钮将椭圆移动至合适位置，如图 1-88 所示。

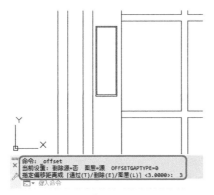

图 1-87

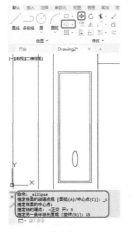

图 1-88

14 通过【分解】【矩形】【偏移】工具，绘制其他部分，矩形输入为 @115,15，偏移分别指定为 68、52、2，绘制完成后修剪多余线段，效果如图 1-89 所示。

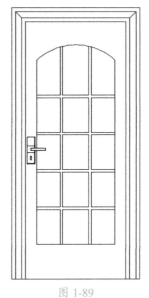

图 1-89

第 02 章
拔叉轮——二维图形的绘制

本章导读:

在软件中提供了一系列基本的绘图工具,可通过绘图工具绘制简单图形,本章讲解绘图工具的使用方法。

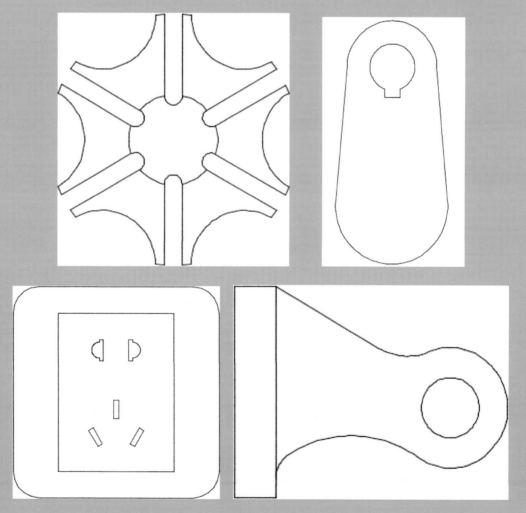

【案例精讲】
拔叉轮

为了更好地完成本设计案例，现对制作要求及设计内容做如下规划，效果如图 2-1 所示。

作品名称	绘制拔叉轮
设计创意	通过【圆】【环形阵列】【分解】【构造线】【修剪】工具绘制拔叉轮
主要元素	拔叉轮
应用软件	AutoCAD 2020
素材：	无
场景：	场景\Cha02\【案例精讲】拔叉轮 .dwg
视频：	视频教学\Cha02\【案例精讲】拔叉轮 .mp4
拔叉轮欣赏	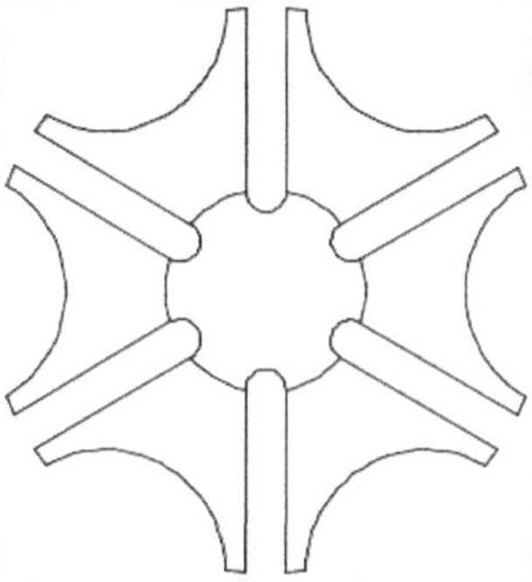 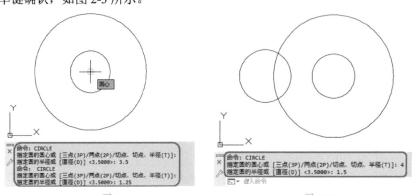图 2-1
备注	

01 在命令行中输入 CIRCLE 命令，指定任意一点为圆心，输入 3.5，按空格键继续执行 CIRCLE 命令，指定第二个圆的圆心与第一个在同一位置，输入 1.25，可使用状态栏中的【对象捕捉】按钮⬚查找圆心，如图 2-2 所示。

02 继续通过 CIRCLE 命令绘制圆形，在圆心处向左移动鼠标，输入 4，按回车键确认，输入 1.5，按回车键确认，如图 2-3 所示。

图 2-2   图 2-3

03 在命令行中输入 ARRAYPOLAR 命令，选择上一步绘制的圆形，按回车键确认，将半径为 1.25 的圆形指定为阵列的中心点，此时将自动切换至【阵列创建】选项卡，在【项目】组中将【项目数】设置为 6，【填充】设置为 360，如图 2-4 所示，按回车键完成阵列。

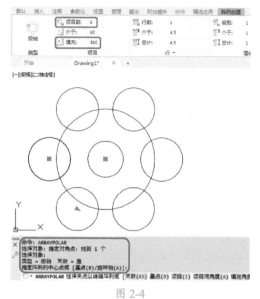

图 2-4

04 在命令行中输入 EXPLODE 命令，选择阵列的对象，按回车键确认，即可完成分解，如图 2-5 所示。

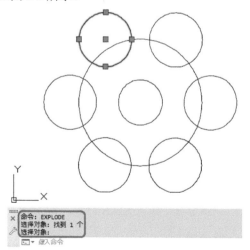

图 2-5

05 在命令行中输入 TRIM 命令，选择所有对象，修剪出图 2-6 所示的图形。

06 在命令行中输入 XLINE 命令，单击圆的圆心，垂直移动鼠标并单击，绘制一条构造线，如图 2-7 所示。

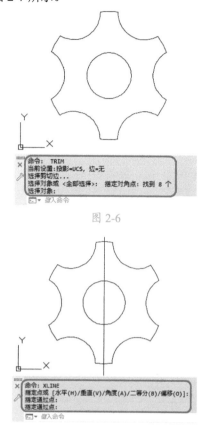

图 2-6

图 2-7

07 在命令行中输入 OFFSET 命令，将偏移距离指定为 0.25，将构造线分别向左、右偏移，按回车键完成偏移，如图 2-8 所示。

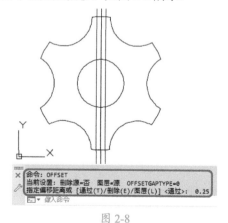

图 2-8

08 在命令行中输入 TRIM 命令，修剪线段，使用 Delete 键删除多余线段，修剪后的效果如图 2-9 所示。

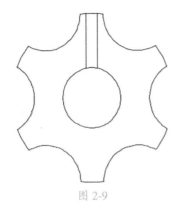

图 2-9

09 在命令行中输入 FILLET 命令，先选择左边的线段，再选择右边的线段，为对象添加圆角，如图 2-10 所示。

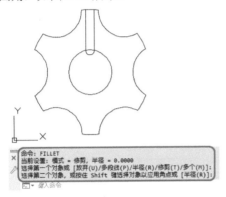

图 2-10

10 在命令行中输入 ARRAYPOLAR 命令，选择添加圆角后的线段对象，按回车键确认，将圆形的圆心作为阵列的中心点，将【项目数】设置为 6，【填充】设置为 360，如图 2-11 所示，按回车键完成阵列。

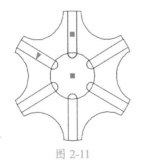

图 2-11

11 在命令行中输入 TRIM 命令，修剪线段，修剪后的效果如图 2-12 所示。

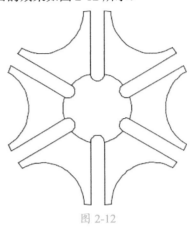

图 2-12

2.1 线类操作

线类工具是绘图时的常用工具之一，本节讲解关于线类工具的具体操作。

2.1.1 绘制直线和射线

直线和射线都是 AutoCAD 中比较简单的对象。

1. 绘制直线

当绘制一条线段后，可继续以该线段的终点作为起点，然后指定另一终点，从而绘制首尾相连的封闭图形。

在 AutoCAD 2020 中执行【直线】命令的方法有以下三种。

◎ 在菜单栏中执行【绘图】|【直线】命令。

◎ 在【默认】选项卡的【绘图】组中单击【直线】按钮 ╱。

◎ 在命令行中输入 LINE 命令。

2. 绘制射线

射线是只有起点和方向没有终点的直线，即射线为一端固定，另一端无限延伸的直线。射线一般作为辅助线，绘制射线后按 Esc 键即可退出绘制状态。

在 AutoCAD 2020 中执行【射线】命令的方法有以下三种。

◎ 在菜单栏中执行【绘图】|【射线】命令。

◎ 在【默认】选项卡的【绘图】组中单击【绘图】按钮 绘图▼ ，然后在弹出的下拉列表中单击【射线】按钮 。

◎ 在命令行中输入 RAY 命令。

 【实战】绘制凸轮

下面将讲解如何绘制凸轮，如图 2-13 所示。

素材:	无
场景:	场景 \Cha02\【实战】绘制凸轮 .dwg
视频:	视频教学 \Cha02\【实战】绘制凸轮 .mp4

图 2-13

01 在命令行中输入 CIRCLE 命令，在绘图区中任意位置指定圆心，分别输入 10、20，绘制两个圆形，如图 2-14 所示。

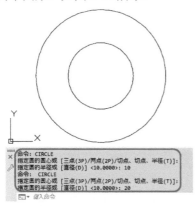

图 2-14

02 在命令行中输入 CIRCLE 命令，从圆心位置垂直移动鼠标，输入 60，再输入 25，绘制圆形，如图 2-15 所示。

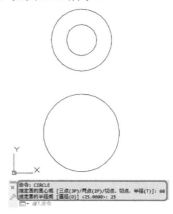

图 2-15

03 在命令行中输入 LINE 命令，分别连接半径为 20 和 25 的左右点，可以通过【象限点】与【切点】捕捉对象，连接后的效果如图 2-16 所示。

04 选择所有对象，在命令行中输入 TRIM 命令，对对象进行修剪，修剪完成后按回车键，修剪后的效果如图 2-17 所示。

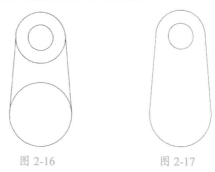

图 2-16　　　　图 2-17

05 在命令行中输入 XLINE 命令，在圆心处单击，分别绘制水平与垂直的构造线，按回车键确认，如图 2-18 所示。

图 2-18

06 在命令行中输入 OFFSET 命令，指定偏移距离为 3.5，选中垂直的构造线，分别向左、右侧偏移，如图 2-19 所示。

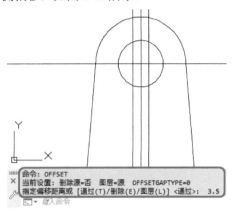

图 2-19

07 使用同样的方法向下偏移水平构造线，将偏移距离指定为 13，如图 2-20 所示。

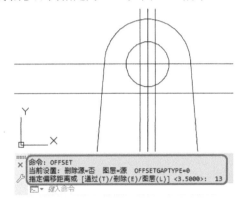

图 2-20

08 在命令行中输入 TRIM 命令，修剪线段并通过 Delete 键删除线段，如图 2-21 所示。

图 2-21

2.1.2　绘制构造线

构造线为两端可以无限延伸的直线，没有起点和终点。在 AutoCAD 2020 中，构造线主要被当作辅助线来使用，单独执行【构造线】命令绘制不出任何东西来。

在 AutoCAD 2020 中执行【构造线】命令的方法有以下几种。

◎ 在菜单栏中执行【绘图】|【构造线】命令。
◎ 在【绘图】工具栏中单击【构造线】按钮 。
◎ 在命令行中输入 XLINE 命令，并按 Enter 键。

执行以上任意一种命令后，AutoCAD 2020 命令行将依次出现如下提示。

指定点或 [水平 (H)/ 垂直 (V)/ 角度 (A)/ 二等分 (B)/ 偏移 (O)]:

命令行中主要选项的解释如下。

◎ 指定点：是构造线的默认项，可以使用鼠标直接在绘图区域中单击来指定点 1，也可以通过键盘输入点的坐标来指定点。指定通过点，用户移动鼠标在绘图区域中任意单击一点就给出构造线的通过点，可以绘制出一条通过线上点 A 的直线。不断地移动鼠标方向并在绘图区域单击，即可绘制出相交于 A 点的多条构造线，如图 2-22 所示。

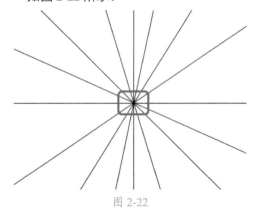

图 2-22

◎ 水平（H）：如果要绘制水平的构造线，可在命令行的【方向】提示中输入 H，或在右键快捷菜单中选择【水平】命令，来绘制通过线上点 A 并平行于当前坐标系 X 轴的水平构造线。在该提示下，可以不断地指定水平构造线的位置来绘制多条间距不等的水平构造线，如图 2-23 所示。使用同样的方法，在命令行的【方向】提示中输入 V 命令，可以绘制多条间距不等的垂直构造线。

◎ 角度（A）：如果要绘制带有指定角度的构造线，可在命令行提示中输入 A，或在右键快捷菜单中选择【角度】命令，来绘制与指定直线呈一定角度的构造线。

图 2-23

① 构造线可以使用【修剪】命令而变成线段或射线。

② 构造线一般作为辅助绘图线，在绘图时可将其置于单独一层，并赋予一种特殊颜色。

2.1.3 绘制多段线

多段线是由等宽或不等宽的直线或圆弧等多条线段构成的特殊线段，所构成的图形是一个整体，用户可对其进行整体编辑，调用该命令的方法有以下三种。

◎ 在菜单栏中执行【绘图】|【多段线】命令。

◎ 在【默认】选项卡的【绘图】组中单击【多段线】按钮。

◎ 在命令行中输入 PLINE 命令。

2.1.4 绘制样条曲线

AutoCAD 2020 使用的样条曲线是一种特殊的曲线。通过指定一系列控制点，AutoCAD 2020 可以在指定的允差（Fit Tolerance）范围内把控制点拟合成光滑的 NURBS 曲线，效果如图 2-24 所示。所谓允差，是指样条曲线与指定拟合点之间的接近程度。允差越小，样条曲线与拟合点越接近。允差为 0，样条曲线将通过拟合点。使用样条曲线可以生成拟合光滑曲线，使绘制的曲线更加真实、美观，常用来设计某些曲线形工艺品的轮廓线。

图 2-24

在 AutoCAD 2020 中执行【样条曲线】命令的方法有以下三种。

◎ 在菜单栏中执行【绘图】|【样条曲线】命令。

◎ 在【默认】选项卡的【绘图】组中单击【绘图】按钮 绘图 ▼ ，然后在弹出的下拉列表中单击【样条曲线拟合】按钮 。

◎ 在命令行中输入 SPLINE 命令。

2.1.5 绘制多线

多线是由多条平行线构成的线段，具有起点和终点，绘制多线后的效果如图 2-25 所示。多线是 AutoCAD 中最复杂的直线段对象。它同绘制点的方法一样，在绘制多线之前应先设置多线样式。

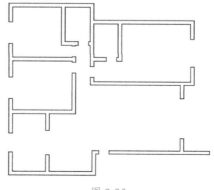

图 2-25

1. 绘制多线

在 AutoCAD 2020 中执行【多线】命令的方法有以下两种。

◎ 在菜单栏中执行【绘图】|【多线】命令。
◎ 在命令行中输入 MLINE 命令。

2. 编辑多线

编辑多线是为了处理多种类型的多线交叉点，如十字交叉点和 T 形交叉点等。

在 AutoCAD 2020 中执行【编辑多线】命令有以下两种方法。

◎ 在菜单栏中执行【修改】|【对象】|【多线】命令。
◎ 在命令行中输入 MLEDIT 命令。

执行以上任意命令，都将弹出【多线编辑工具】对话框，如图 2-26 所示。

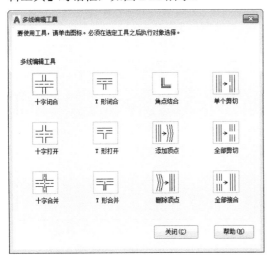

图 2-26

在该对话框中，各个图形按钮形象地说明了该对话框具有编辑功能，其中提供了 12 种修改工具，可分别用于处理十字交叉的多线（第 1 列）、T 形相交的多线（第 2 列）、处理角点结合和顶点（第 3 列）、处理多线的剪切或接合（第 4 列）。

在处理 T 形交叉点时，多线的选择顺序将直接影响交叉点修整后的效果。

2.2 圆类操作

圆类工具是绘制圆形相关图形的常用工具，本节讲解圆类工具的具体操作。

2.2.1 绘制圆

AutoCAD 提供了多种绘制圆的方式供用户选择，系统默认通过指定圆心和半径进行绘制。调用该命令的方法有以下三种。

◎ 在菜单栏中执行【绘图】|【圆】命令，在其子菜单中选择合适的命令绘制圆图形，如图 2-27 所示。

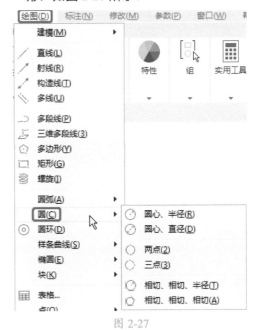

图 2-27

◎ 在【默认】选项卡的【绘图】组中单击【圆】按钮下方的按钮，然后在弹出的下拉列表中选择相应的命令绘制圆，如图 2-28 所示。
◎ 在命令行中输入 CIRCLE 命令。

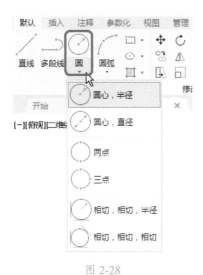

图 2-28

在子菜单中选择相应的命令绘制圆的效果如图 2-29 所示。

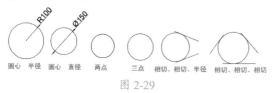

图 2-29

■ 2.2.2 绘制圆弧

圆弧是包含一定角度的圆周线，调用该命令的方法有以下三种。

◎ 在菜单栏中执行【绘图】|【圆弧】命令，在其子菜单中选择合适的选项，即可绘制圆弧，如图 2-30 所示。

图 2-30

◎ 在【默认】选项卡的【绘图】组中单击【圆弧】按钮 下方的 按钮，然后在弹出的下拉列表中选择相应的选项，也可以绘制圆弧，如图 2-31 所示。

◎ 在命令行中输入 ARC 命令。

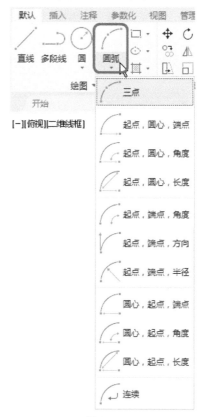

图 2-31

子菜单中各选项的解释如下。

◎ 三点：以指定 3 个点的方式绘制圆弧，如图 2-32 所示。

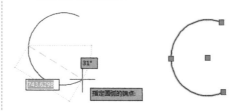

图 2-32

◎ 起点，圆心，端点：以圆弧的起点、圆心、端点方式绘制圆弧，如图 2-33 所示。

图 2-33

◎ 起点，圆心，角度：以圆弧的起点、圆心、圆心角方式绘制圆弧，如图 2-34 所示。

图 2-34

◎ 起点，圆心，长度：以圆弧的起点、圆心、弦长方式绘制圆弧，如图 2-35 所示。

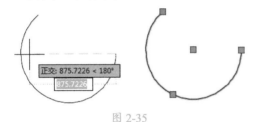

图 2-35

◎ 起点，端点，角度：以圆弧的起点、端点、圆心角方式绘制圆弧，如图 2-36 所示。

图 2-36

◎ 起点，端点，方向：以圆弧的起点、端点、起点的切线方向方式绘制圆弧，如图 2-37 所示。

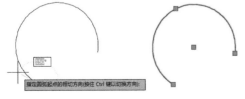

图 2-37

◎ 起点，端点，半径：以圆弧的起点、端点、半径方式绘制圆弧，如图 2-38 所示。

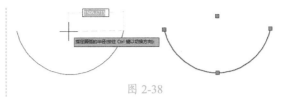

图 2-38

◎ 圆心，起点，端点：以圆弧的圆心、起点、终点方式绘制圆弧，如图 2-39 所示。

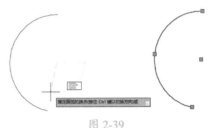

图 2-39

◎ 圆心，起点，角度：以圆弧的圆心、起点、圆心角方式绘制圆弧，如图 2-40 所示。

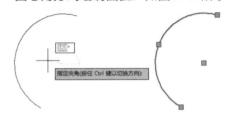

图 2-40

◎ 圆心，起点，长度：以圆弧的圆心、起点、弦长方式绘制圆弧，如图 2-41 所示。

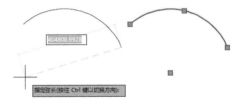

图 2-41

◎ 连续：在绘制其他直线或非封闭曲线后，选择【绘图】|【圆弧】|【连续】命令，系统将自动以刚才绘制的对象的终点作为即将绘制的圆弧起点。

2.2.3 绘制圆环

在绘制圆环时，需要用户指定圆环的内径和外径，调用该命令的方法有以下三种。

◎ 在菜单栏中执行【绘图】|【圆环】命令。

◎ 在【默认】选项卡的【绘图】组中单击【绘图】按钮 ，然后在弹出的下拉列表中单击【圆环】按钮◎。

◎ 在命令行中输入 DONUT 命令。

> 提示：在绘制圆环时，若内径值为 0，外径值为大于 0 的任意数值，绘制出的圆环就是一个实心圆。

■ 2.2.4　绘制椭圆与椭圆弧

绘制椭圆弧与绘制椭圆的方法类似。在 AutoCAD 2020 中，椭圆弧与椭圆执行的英文命令相同，都是 ELLIPSE，但是命令行里的提示不同。

1. 绘制椭圆

绘制椭圆时，系统默认须指定椭圆长轴与短轴的尺寸，可以通过轴端点、轴距离、绕轴线、旋转的角度或中心点几种不同的组合来绘制。

在 AutoCAD 2020 中，执行【椭圆】命令的方法有以下三种。

◎ 在菜单栏中执行【绘图】|【椭圆】命令。

◎ 在【默认】选项卡的【绘图】组中单击【圆心】按钮◎·右侧的·按钮，然后在弹出的菜单中选择相应的命令。

◎ 在命令行中输入 ELLIPSE 命令。

2. 绘制椭圆弧

绘制椭圆弧与绘制椭圆的方法类似，在 AutoCAD 2020 中，执行【椭圆弧】命令的方法有以下三种。

◎ 在菜单栏中执行【绘图】|【椭圆】|【椭圆弧】命令。

◎ 在【默认】选项卡的【绘图】组中单击【圆心】按钮◎·右侧的·按钮，然后在弹出的菜单中选择【椭圆弧】命令。

◎ 在命令行中输入 ELLIPSE 命令。

2.3　平面图形

本节将要讲解关于矩形与点的绘制。

■ 2.3.1　绘制矩形

在 AutoCAD 中不仅可以绘制常见的矩形，还可以绘制具有倒角、圆角等特殊效果的矩形。

在 AutoCAD 2020 中，执行【矩形】命令的方法有以下三种。

◎ 在菜单栏中执行【绘图】|【矩形】命令。

◎ 在【默认】选项卡的【绘图】组中单击【矩形】按钮 □·。

◎ 在命令行中输入 RECTANG 命令。

【实战】绘制电源插座

下面将要讲解如何绘制电源插座，如图 2-42 所示。

素材：	无
场景：	场景 \Cha02\【实战】绘制电源插座 .dwg
视频：	视频教学 \Cha02\【实战】绘制电源插座 .mp4

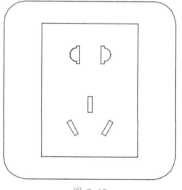

图 2-42

01 在命令行中输入 RECTANG 命令，输入 F，指定圆角半径为 10，指定第一个角点，输

入 @80,80，如图 2-43 所示。

图 2-43

为 3，如图 2-47 所示。

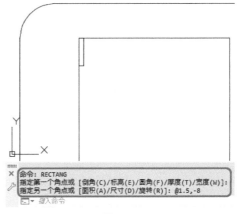

图 2-45

02 按空格键继续执行 RECTANG 命令，输入 F，指定圆角半径为 0，指定第一个角点，输入 @45,65，通过 MOVE 命令移动新绘制的矩形，将几何中心与上一步绘制的圆角矩形对齐，如图 2-44 所示。

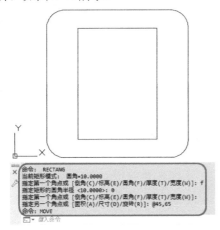

图 2-44

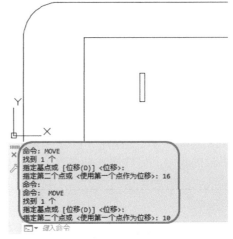

图 2-46

图 2-47

03 在命令行中输入 RECTANG 命令，将直角矩形的左上角指定为第一个角点，输入 @1.5,-8，如图 2-45 所示。

04 选择上一步绘制的矩形，在命令行中输入 MOVE 命令，选择左上角的端点，向右移动鼠标，输入 16，使用同样的方法将矩形向下移动，输入 10，如图 2-46 所示。

05 在命令行中输入 CIRCLE 命令，选择移动后矩形左侧中点作为圆心，指定圆角半径

06 选择圆形与矩形，在命令行中输入 TRIM 命令，对对象进行修剪，按回车键完成修剪，修剪后的效果如图 2-48 所示。

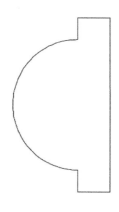

图 2-48

07 在命令行中输入 RECTANG 命令，指定第一个角点，输入 @2,7，通过 MOVE 命令将矩形的上侧边的中点与直角矩形的上侧边对齐并向下移动，输入 33，如图 2-49所示。

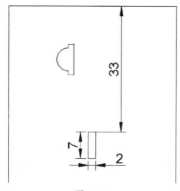

图 2-49

08 在命令行中输入 COPY 命令，选择上一步绘制的矩形，选择左下角的端点，向左水平延伸，输入 6.2，按回车键确认，选择复制后的矩形，通过 MOVE 命令将矩形向下移动，输入 10.5，如图 2-50 所示。

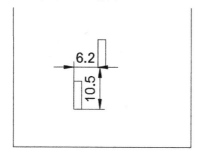

图 2-50

09 在命令行中输入 ROTATE 命令，选择上一步复制并移动的矩形，按回车键确认，指定矩形左下角为基点，输入 30，如图 2-51所示。

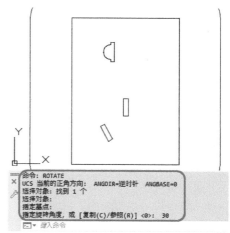

图 2-51

10 在命令行中输入 MIRROR 命令，选择修剪后与旋转后的对象，按回车键确认，将直角矩形的上侧边中点指定为镜像线的第一点，将下侧边中点指定为镜像线的第二点，如图 2-52 所示。

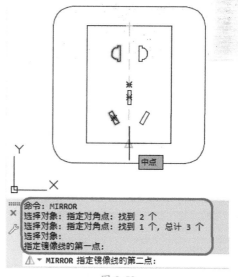

图 2-52

11 根据命令行的提示输入 N，按回车键确认，如图 2-53 所示。

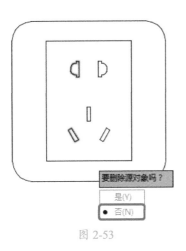

图 2-53

2.3.2 绘制点

点是 AutoCAD 中组成图形对象最基本的元素，默认情况下点是没有长度和大小的，因此在绘制点之前可以对其样式进行设置，以便更好地显示点。

1. 设置点的样式和大小

AutoCAD 提供了多种点样式供用户选择使用，用户可以根据不同需要进行选择，具体操作过程如下。

01 在命令行中输入 DDPTYPE 命令，弹出【点样式】对话框，选择需要的点样式，这里选择⊞点样式。

02 在【点大小】文本框中输入点的大小，然后单击 确定 按钮，保存设置并关闭该对话框，如图 2-54 所示。

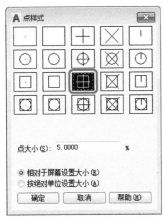

图 2-54

提示：在【点样式】对话框中，选中【相对于屏幕设置大小】单选按钮，表示按屏幕尺寸的百分比设置点的大小，当缩放视图时，点的大小并不改变；选中【按绝对单位设置大小】单选按钮，表示按在【点大小】文本框中指定的实际单位设置点的大小，在进行缩放时，显示的点的大小会随之改变。

2. 单点的绘制

绘制单点就是在执行命令后只能绘制一个点。

在 AutoCAD 2020 中，执行【单点】命令的方法有以下两种。

◎ 在菜单栏中执行【绘图】|【点】|【单点】命令。

◎ 在命令行中输入 POINT 命令。

在命令行中输入 POINT 命令时，具体操作过程如下。

命令：PO// 执行 POINT 命令

当前点模式：PDMODE=0 PDSIZE= 0.0000 // 系统提示当前的点模式

在执行命令的过程中，各选项的含义如下。

◎ PDMODE：控制点的样式，与【点样式】对话框中的第 1 行和第 4 行点样式相对应，不同的值对应不同的点样式，其数值为 0 ～ 4、32 ～ 36、64 ～ 68、96 ～ 100。其中值为 0 时，显示为 1 个小圆点；值为 1 时不显示任何图形，但可以捕捉到该点，系统默认为 0。

◎ PDSIZE：控制点的大小，当该值为 0 时，点的大小为系统默认值，即为屏幕大小的 5%；当该值为负值时，表示点的相对尺寸大小，相当于选中【点样式】对话框中的【相对于屏幕设置大小】单选按钮；当该值为正值时，表示点的绝对尺寸大小，相当于选中【点样式】对话框中的【按绝对单位设置大小】单选按钮。

提示：在命令行中分别输入
PDMODE 和 PDSIZE 后，可以重新指定
点的样式和大小，这与在【点样式】对话
框中设置的点样式效果是一样的。

3. 多点的绘制

绘制多点就是在输入命令后一次能绘制
多个点，直到按 Esc 键手动结束命令为止。

在 AutoCAD 2020 中，执行【多点】命令
的方法有以下三种。

◎ 在【默认】选项卡的【绘图】组中单击【绘图】
按钮   绘图 ▼   ，然后在弹
出的下拉列表中单击【多点】按钮 ∵∴。

◎ 在菜单栏中执行【绘图】|【点】|【多点】
命令。

◎ 在命令行中输入 POINT 命令，然后按
Enter 键，在绘图区的任意位置单击，按
Enter 键，再在绘图区的任意位置单击，
以此类推。

4. 定数等分点的绘制

绘制定数等分点，即在指定的对象上绘
制等分点。

在 AutoCAD 2020 中，执行【定数等分】
命令的方法有以下两种。

◎ 在菜单栏中执行【绘图】|【点】|【定数等分】
命令。

◎ 在【默认】选项卡的【绘图】组中单击【绘
图】按钮   绘图 ▼   ，
然后在弹出的下拉列表中单击【定数等
分】按钮 ⚮。

提示：每次只能对一个对象操作，而
不能对一组对象操作。输入的是等分数，
而不是放置点的个数，如果将所选对象分
成 m 份，则实际上只生成 m-1 个等分点。

5. 定距等分点的绘制

绘制定距等分点是指在选定的对象上按
指定的长度绘制多个点对象，即该操作是先
指定所要创建的点与点之间的距离，然后系
统按照该间距值分割所选对象（并不是将对
象断开，而是在相应的位置上放置点对象，
以辅助绘制其他图形），绘制定距等分点有
以下三种方法。

◎ 在菜单栏中执行【绘图】|【点】|【定矩等分】
命令。

◎ 在【默认】选项卡的【绘图】组中单击【绘
图】按钮   绘图 ▼   ，
然后在弹出的下拉列表中单击【定距等
分】按钮 ⚭。

◎ 在命令行中输入 MEASURE 命令。

课后项目
练习

绘制支撑轴

下面将通过实例讲解如何绘制支撑轴，
如图 2-55 所示。

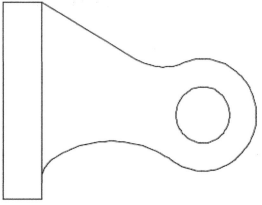

图 2-55

课后项目练习过程概要如下。

（1）使用【矩形】【分解】【偏移】工
具绘制矩形与辅助线段。

（2）使用【圆】【删除】【直线】【旋转】【修剪】工具绘制其余部分。

素材：	无
场景：	场景 \Cha02\ 绘制支撑轴 .dwg
视频：	视频教学 \Cha02\ 绘制支撑轴 .mp4

01 在命令行中输入 RECTANG 命令，指定第一个角点，输入 @7,-35，绘制出如图 2-56 所示的矩形。

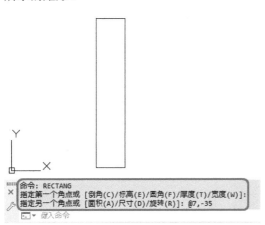

图 2-56

02 在命令行中输入 EXPLODE 命令，选择上一步绘制的矩形，按回车键确认，分解矩形，如图 2-57 所示。

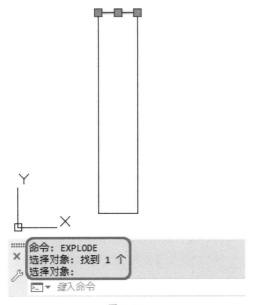

图 2-57

03 在命令行中输入 OFFSET 命令，选择下方的线段，将对象向上分别偏移 3、15，将右侧的线段，向右侧分别偏移 5、30，如图 2-58 所示，按回车键完成偏移。

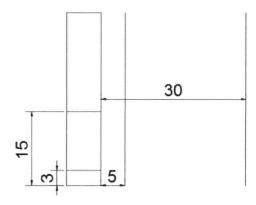

图 2-58

04 单击偏移 15 的水平线段，选择右侧夹点，在弹出的列表中，单击如图2-59所示的【拉长】按钮，输入 30，按回车键确认，按 Esc 键退出选择。

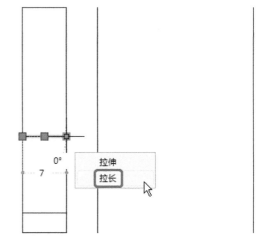

图 2-59

05 使用同样的方法拉长偏移3的水平线段，输入 5，如图 2-60 所示。

06 在命令行中输入 CIRCLE 命令，将拉长后的夹点指定为圆心，绘制两个半径为 5 的圆形，在拉长 30 的夹点处继续绘制半径为 10 的圆形，选择多余线段，按 Delete 键进行删除，如图 2-61 所示。

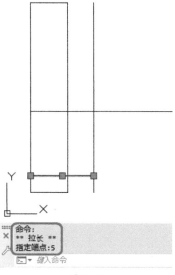

图 2-60

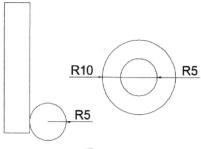

图 2-61

07 在命令行中输入 LINE 命令，单击矩形的右上角，输入 30，按两次回车键完成绘制，如图 2-62 所示。

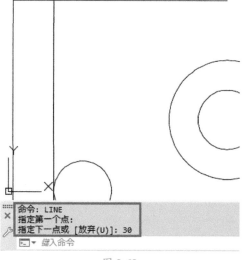

图 2-62

08 在命令行中输入 ROTATE 命令，选择上一步绘制的线段，按回车键确认，将矩形的右上角指定为基点，输入 -30，按回车键确认，如图 2-63 所示。

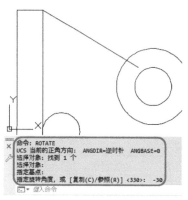

图 2-63

09 在命令行中输入 CIRCLE 命令，输入 T，选择半径为 10 的圆形与旋转的线段，输入 10，按回车键确认，如图 2-64 所示。

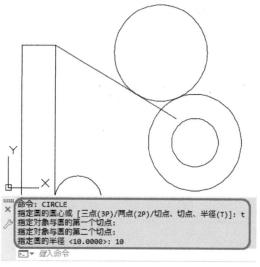

图 2-64

10 使用同样的方法，选择半径为 10 的圆形左下部分的切点与左下角的圆形的左上部分的切点，输入 20，如图 2-65 所示。

11 选择所有对象，在命令行中输入 TRIM 命令，修剪对象，修剪后的效果如图 2-66 所示。

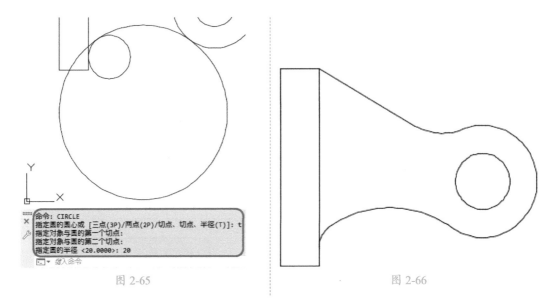

命令: CIRCLE
指定圆的圆心或 [三点(3P)/两点(2P)/切点、切点、半径(T)]: t
指定对象与圆的第一个切点:
指定对象与圆的第二个切点:
指定圆的半径 <20.0000>: 20

图 2-65

图 2-66

第03章
向心轴承 —— 二维图形的编辑

本章导读:

绘制图形后,可通过编辑工具对图形进行修改,使图形更加完善、美观,本章讲解二维图形编辑工具的用法。

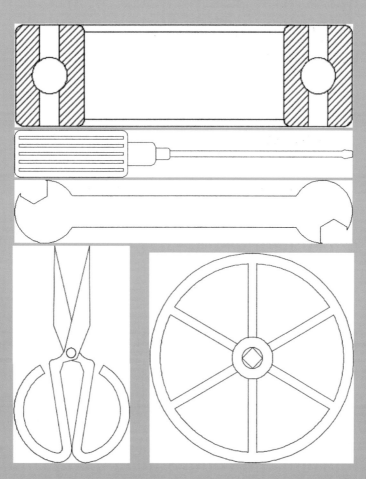

【案例精讲】
向心轴承

为了更好地完成本设计案例，现对制作要求及设计内容做如下规划，效果如图 3-1 所示。

作品名称	绘制向心轴承
设计创意	（1）使用矩形工具绘制轮廓 （2）使用圆角工具对矩形进行圆角处理 （3）使用分解、偏移、圆、修剪、镜像工具绘制其余部分 （4）使用图案填充工具填充图形
主要元素	向心轴承
应用软件	AutoCAD 2020
素材：	无
场景：	场景 \Cha03\【案例精讲】向心轴承 .dwg
视频：	视频教学 \Cha03\【案例精讲】向心轴承 .mp4
向心轴承 欣赏	 图 3-1
备注	

01 在命令行中输入 RECTANG 命令，指定第一个角点，输入 @240,70，绘制一个矩形，如图 3-2 所示。

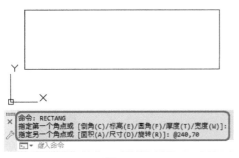

图 3-2

02 在命令行中输入 FILLET 命令，输入 R，指定圆角半径为 6，输入 M，选择矩形的边，对矩形进行圆角处理，如图 3-3 所示。

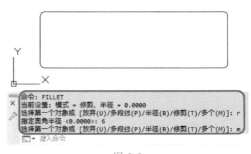

图 3-3

03 在命令行中输入 EXPLODE 命令，选择圆角矩形，按回车键确认，即可分解圆角矩形，如图 3-4 所示。

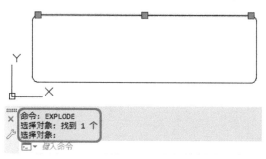

图 3-4

04 在命令行中输入 OFFSET 命令，指定偏移距离为 5，选择两条水平直线向内偏移，按回车键完成偏移，如图 3-5 所示。

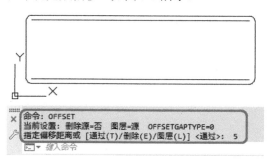

图 3-5

05 使用同样的方法，将左侧垂直线段向右侧分别偏移 17.5、31.5、49，如图 3-6 所示。

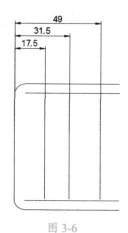

图 3-6

06 在命令行中输入 CIRCLE 命令，输入 t，将偏移距离为 49 的垂直线段上合适一点指定为第一切点，将偏移前的上侧水平线段上合适一点指定为第二切点，将圆的半径指定为 5，如图 3-7 所示。

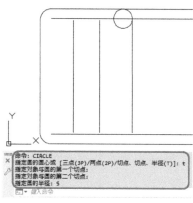

图 3-7

07 使用同样的方法，在同一条垂直线段与偏移前的下侧水平线段处绘制一个相切的圆，如图 3-8 所示。

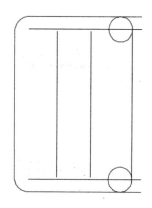

图 3-8

08 在命令行中输入 CIRCLE 命令，在最左侧的垂直线段中点处向右移动，输入 24.5，指定圆的半径为 12.5，如图 3-9 所示。

图 3-9

09 在命令行中输入 TRIM 命令，选择对象，修剪多余线段，修剪后的效果如图 3-10 所示。

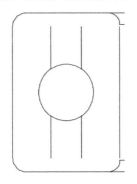

图 3-10

10 在命令行中输入 EXTEND 命令，按回车键确认，选择需要延伸的线段部分，左键单击，按回车键完成延伸，如图 3-11 所示。

图 3-11

11 选择除圆角矩形与水平线段外的对象，在命令行中输入 MIRROR 命令，选择圆角矩形上下两侧的中点作为镜像线的第一点与第二点，根据命令行的提示输入 N，按回车键确认，如图 3-12 所示。

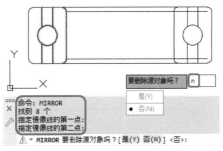

图 3-12

12 在命令行中输入 TRIM 命令，选择镜像后的对象，按回车键确认，对对象进行修剪，修剪后的效果如图 3-13 所示。

图 3-13

13 在命令行中输入 HATCH 命令，此时功能区自动切换至【图案填充创建】选项卡，将【图案填充图案】设置为 ANSI31，单击需填充的区域，填充完成后单击【关闭图案填充创建】按钮，如图 3-14 所示。

图 3-14

3.1　快速选择对象

选择对象的方式有多种，针对不同的情况采用不同的选择方式，可以提升编辑图形的效率。

3.1.1　选择单个对象的方式

选择单个图形对象可以使用点选的方式，即直接在绘图区中单击选中该图形对象。图 3-15 所示为选择一条直线。如果连续单击其他对象，则可同时选中多个对象，如图 3-16 所示。

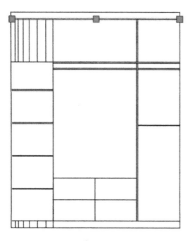

图 3-15

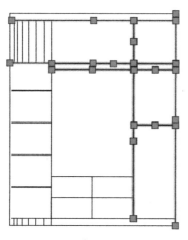

图 3-16

> 提示：在默认情况下，被选择的对象以蓝色线状态显示，并呈现出一些蓝色小实体方块，这些蓝色的小实体方块被称为夹点。

3.1.2 矩形框选

矩形框选是指按住鼠标左键不放，将光标向右上方或右下方进行拖动，此时在绘图区中将出现一个矩形方框，如图 3-17 所示，释放鼠标后，被方框完全包围的对象将被选中，如图 3-18 所示。

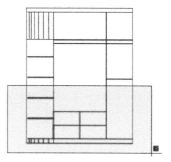

图 3-17

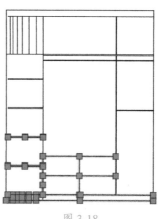

图 3-18

3.1.3 交叉框选

交叉框选的方法与矩形框选类似，两者的区别在于选择图形对象的方向不同。

交叉框选是将光标移至图形对象的右侧，按住鼠标左键不放，将光标向左上方或左下方拖动，此时在绘图区中将出现一个以虚线显示的方框，如图 3-19 所示。释放鼠标后，与方框相交和被方框完全包围的对象都将被选中，如图 3-20 所示。

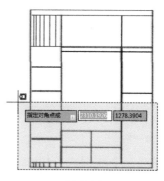

图 3-19

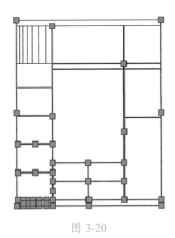

图 3-20

3.1.4 圈围方式

圈围对象相对于其他选择方式来说更实用，它是一种多边形窗口的选择方式，可以构造任意形状的多边形，并且多边形框呈实线显示，完全包含在多边形区域内的对象均会被选中。圈围对象，如图 3-21 所示，即可将对象选中，选择对象后的效果如图 3-22 所示。

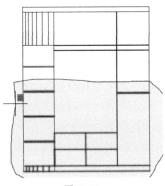

图 3-21

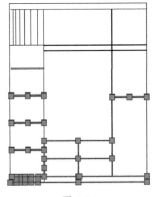

图 3-22

3.1.5 圈交方式

圈交方式类似于交叉框选，不同的是，圈交对象是绘制一个任意闭合但不能与选择框自身相交或相切的多边形，多边形框呈虚线显示，选择完毕后与多边形框相交或被其完全包围的对象都会被选中。

3.1.6 栏选方式

在选择连续性图形对象时，可以使用栏选对象的方式，该方式是通过绘制任意折线来选择对象，凡是与折线相交的图形对象都会被选中。执行 SELECT 命令，在命令行中输入 F，使用栏选方法，栏选如图 3-23 所示的对象，即可将对象选中，选择对象后的效果如图 3-24 所示。

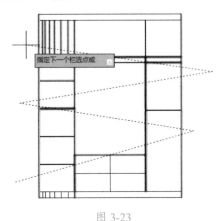

图 3-23

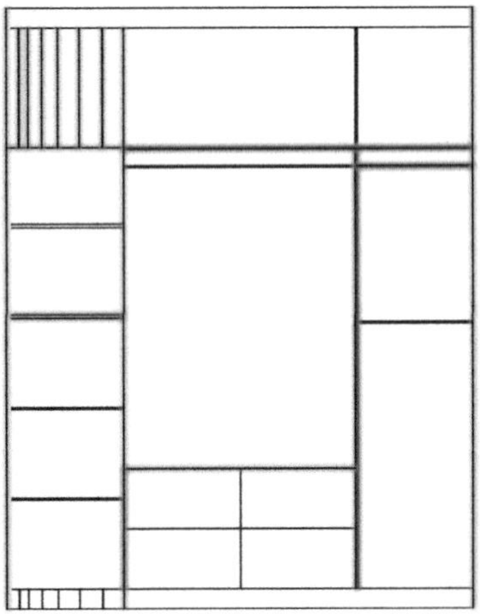

图 3-24

■ 3.1.7　快速选择对象

快速选择是指一次性选择图中所有具有相同属性的图形对象，调用该命令的方法有以下三种。

◎ 在【默认】选项卡的【实用工具】组中单击【快速选择】按钮。

◎ 在绘图区中右击，在弹出的快捷菜单中选择【快速选择】命令。

◎ 在命令行中执行 QSELECT 命令。

执行上述任意一种命令后，都将弹出如图 3-25 所示的【快速选择】对话框，使用该对话框可以对图形对象进行快速选择。

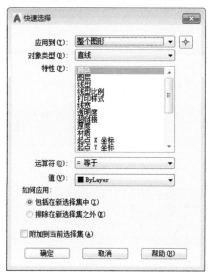

图 3-25

3.2　复制类编辑命令

在绘制图形时，经常需要绘制相同的图形，调整图形的摆放位置及角度，本节讲解图形复制类的编辑命令。

■ 3.2.1　【复制】命令

通过【复制】命令可以复制单个或多个已有图形对象到指定的位置，调用该命令的方法有以下三种。

◎ 在【默认】选项卡的【修改】组中单击【复制】按钮。

◎ 显示菜单栏，选择【修改】|【复制】命令。

◎ 在命令行中执行 COPY 或 CO 命令。

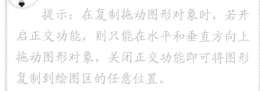

提示：在复制拖动图形对象时，若开启正交功能，则只能在水平和垂直方向上拖动图形对象，关闭正交功能即可将图形复制到绘图区的任意位置。

■ 3.2.2　【镜像】命令

镜像命令可以生成与所选对象相对称的图形，调用该命令的方法有以下三种。

◎ 在【默认】选项卡的【修改】组中单击【镜像】按钮。

◎ 显示菜单栏，选择【修改】|【镜像】命令。

◎ 在命令行中执行 MIRROR 或 MI 命令。

提示：在命令行询问是否删除源对象时，默认情况下选择【否】选项，表示不删除源对象；选择【是】选项，表示删除源对象。

■ 3.2.3　【偏移】命令

偏移与复制类似，不同的是偏移要输入新旧两个图形的具体距离，即偏移值，偏移对象可以是直线、圆弧、圆、椭圆、椭圆弧、二维多段线、构造线、射线和样条曲线等。调用该命令的方法有以下三种。

◎ 在【默认】选项卡的【修改】组中单击【偏移】按钮。

◎ 显示菜单栏，选择【修改】|【偏移】命令。

◎ 在命令行中执行 OFFSET 或 O 命令。

在执行命令的过程中，各选项的含义如下。

◎ 通过：指定通过一个已知点的方法偏移图形对象。

◎ 删除：指定是否在执行偏移操作后删除源图形对象，当前是什么状态可以通过执行 OFFSET 命令时命令行的提示来判断：如果选择【删除源 = 否】，不删除源对象；如果选择【删除源 = 是】，则会在执行偏移操作后只保留偏移图形而删除源对象。

◎ 图层：指定是在源对象所在的图层执行偏移操作还是在当前图层执行偏移操作：如果选择【图层 = 源】，表示在源对象所在图层执行偏移操作；如果选择【图层 = 当前】，则表示在当前图层执行偏移操作。

◎ OFFSETGAPTYPE：控制偏移闭合多段线时处理线段之间潜在间隙方式的系统变量，其值有 0、1 和 2 三个：0 表示通过延伸多段线填充间隙，1 表示用圆角弧线段填充间隙（每个弧线段半径等于偏移距离），2 表示用倒角直线段填充间隙（到每个倒角的垂直距离等于偏移距离）。

 【实战】绘制螺丝刀

下面讲解通过【复制】【镜像】【偏移】命令制作出螺丝刀，效果如图 3-26 所示。

素材：	无
场景：	场景 \Cha03\【实战】绘制螺丝刀 .dwg
视频：	视频教学 \Cha03\【实战】绘制螺丝刀 .mp4

图 3-26

01 新建一个空白文档，在命令行中输入 RECTANG 命令，在绘图区中的任意位置处指定起点，根据命令行的提示输入 @40,-16，矩形效果如图 3-27 所示。

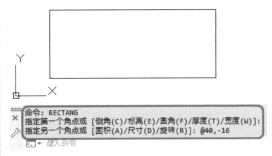

图 3-27

02 在命令行中输入 RECTANG 命令，在绘图区中的任意位置处指定矩形的第一个角点，根据命令行的提示输入 @10,-8，通过 MOVE 命令捕捉矩形左侧中点，调整对象的位置，如图 3-28 所示。

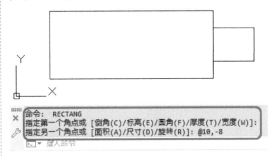

图 3-28

03 在命令行中输入 RECTANG 命令，在绘图区中的任意位置处指定矩形的第一个角点，根据命令行的提示输入 @5,-4，调整对象位置，如图 3-29 所示。

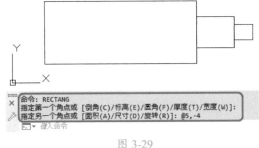

图 3-29

04 在命令行中输入 RECTANG 命令，在绘图区中的任意位置处指定矩形的第一个角点，根据命令行的提示输入 @65,2，调整对象位置，如图 3-30 所示。

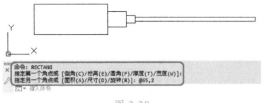

图 3-30

05 在命令行中输入 EXPLODE 命令，分解所有矩形对象，在命令行输入 FILLET 命令，根据命令行的提示输入 R，将圆角半径设置为 2，然后输入 M，对矩形进行圆角处理，如图 3-31 所示。

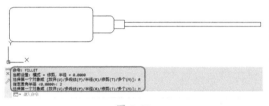

图 3-31

06 输入 R，将圆角半径设置为 1，对矩形进行圆角处理，如图 3-32 所示。

图 3-32

07 在命令行中输入 OFFSET 命令，选择最右侧上下两条水平线段，向外侧偏移 0.5，如图 3-33 所示。

图 3-33

08 选择最右侧的垂直线段，分别向左偏移3、4，如图 3-34 所示。

图 3-34

09 在命令行中输入 EXTEND 命令，延长线段，如图 3-35 所示。

图 3-35

10 在命令行中输入 LINE 命令，分别连接延伸的交点与最右侧矩形的右上、右下角点，如图 3-36 所示。

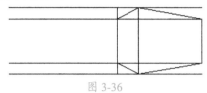

图 3-36

11 在命令行中输入 TRIM 命令，修剪多余的线段，并将多余的线段删除，如图 3-37 所示。

图 3-37

12 在命令行中输入 OFFSET 命令，拾取最左侧上方的水平直线，分别向下偏移 2、3，如图 3-38 所示。

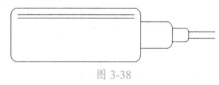

图 3-38

13 拾取最左侧矩形的两条垂直边，向矩形内部偏移 1.5，如图 3-39 所示。

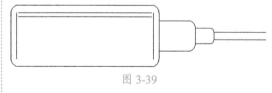

图 3-39

14 在命令行中输入 EXTEND 命令，延长线段，在命令行中输入 TRIM 命令，修剪多余的线段，如图 3-40 所示。

图 3-40

15 在命令行中输入 COPY 命令,选择如图 3-41 所示的对象,指定对象的基点。

图 3-41

16 向下引导鼠标输入 2.75,复制出如图 3-42 所示的对象。

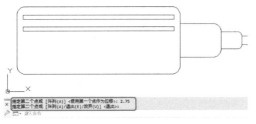

图 3-42

17 使用同样的方法将复制后的图形向下复制 2.75 的距离,在命令行中输入 MIRROR 命令,选择如图 3-43 所示的对象。

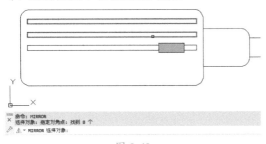

图 3-43

18 指定镜像的第一点和第二点,如图 3-44 所示,根据命令行的提示输入 N,按 Enter 键完成操作。

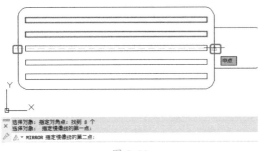

图 3-44

3.2.4 【移动】命令

【移动】命令也就是把单个对象或多个对象从一个位置移动到另一个位置,但不会改变对象的方位和大小,调用该命令的方法有以下三种。

◎ 在【默认】选项卡的【修改】组中单击【移动】按钮 ✛ 。

◎ 在命令行中执行 MOVE 或 M 命令。

◎ 选择图形对象后右击,在弹出的快捷菜单中选择【移动】命令。

3.2.5 【旋转】命令

使用【旋转】命令可以将图形对象调整到合适的位置,可以指定一个中心点,然后通过这个中心点旋转对象到指定的角度,调用该命令的方法有以下三种。

◎ 在【默认】选项卡的【修改】组中单击【旋转】按钮 ↻ 。

◎ 在命令行中执行 ROTATE 或 RO 命令。

◎ 选择图形对象后右击,在弹出的快捷菜单中选择【旋转】命令。

3.2.6 【阵列】命令

【阵列】命令可以将被阵列的源对象按一定的规则复制多个并进行阵列排列。阵列后可以对其中的一个或者几个图形对象分别进行编辑而不影响其他对象。阵列分为矩形阵列和环形阵列两种,无论哪种阵列方式都需要在【阵列】对话框中进行,打开【阵列】对话框的方法如下。

◎ 在菜单栏中执行【修改】|【阵列】命令,在弹出的菜单中选择相应的阵列命令。

◎ 在【默认】选项卡的【修改】组中单击 按钮右侧的下拉按钮 ,然后在弹出的菜单中选择相应的阵列命令。

◎ 在命令行中执行 ARRAY 或 AR 命令后,选择相应的阵列选项,或执行相应的阵列命令。

【实战】绘制双头扳手

下面讲解通过【移动】【旋转】【阵列】命令制作出双头扳手，效果如图 3-45 所示。

素材：	无
场景：	场景 \Cha03\【实战】绘制双头扳手 .dwg
视频：	视频教学 \Cha03\【实战】绘制双头扳手 .mp4

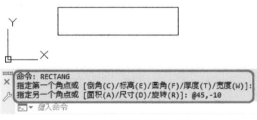

图 3-45

01 在命令行中输入 RECTANG 命令，在绘图区中的任意位置处指定起点，根据命令行的提示输入 @45,-10，如图 3-46 所示。

图 3-46

02 在命令行中输入 CIRCLE 命令，捕捉矩形左侧中点为圆心，输入 10，所绘制圆的效果如图 3-47 所示。

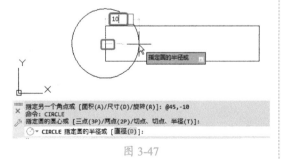

图 3-47

03 在命令行中输入 POLYGON 命令，根据命令行的提示输入 6，拾取矩形左侧中点为正多边形的中心点，输入 I，指定圆的半径为 5，按 Enter 键完成操作，如图 3-48 所示。

04 在命令行中输入 ROTATE 命令，拾取正多边形，以矩形左侧中点为指定基点，输入角度为 90，旋转效果如图 3-49 所示。

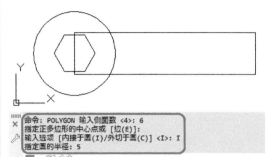

图 3-48

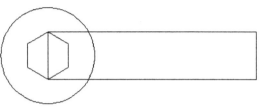

图 3-49

05 在命令行中输入 MOVE 命令，拾取正多边形，以矩形左侧中点为指定基点，沿左上方移动至合适的位置，如图 3-50 所示。

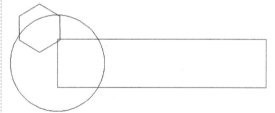

图 3-50

06 在命令行中输入 TRIM 命令，修剪绘图区中多余的线段，如图 3-51 所示。

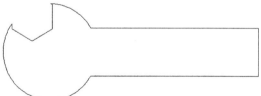

图 3-51

07 在命令行中输入 ARRAYPOLAR 命令，选择如图 3-52 所示的对象。

08 指定右侧矩形的中点为阵列的中心点，如图 3-53 所示。

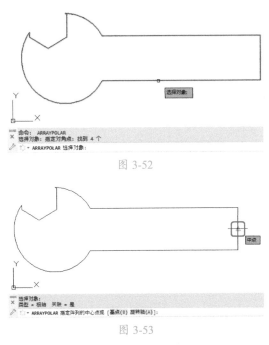

图 3-52

图 3-53

09 在【项目】组中将【项目数】设置为 2，根据命令行的提示输入 ROT，按 3 次 Enter 键完成阵列，如图 3-54 所示。

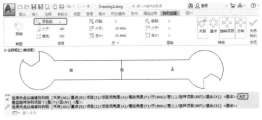

图 3-54

10 在命令行中输入 EXPLODE 命令，分解所有对象，在命令行中输入 TRIM 命令，修剪多余线段，效果如图 3-55 所示。

图 3-55

3.2.7 【比例缩放】命令

【比例缩放】命令是将指定对象按指定比例相对于基点放大或缩小，调用该命令的方法有以下三种。

在菜单栏中执行【修改】|【缩放】命令。

◎ 在【默认】选项卡的【修改】组中单击【比例】按钮。

◎ 在命令行中执行 SCALE 或 SC 命令。

3.3 修改几何体命令

通过修改几何体的命令可以对图形的大小、长度、线段进行修剪、延伸、圆角等操作。

■ 3.3.1 【修剪】命令

为了使绘图区中的图形显示得更标准，可以将多余的线段进行修剪，被修剪的对象可以是直线、圆、弧、多段线、样条曲线和射线等，调用该命令的方法有以下三种。

◎ 在菜单栏中执行【修改】|【修剪】命令。

◎ 在【默认】选项卡的【修改】组中单击【修剪】按钮。

◎ 在命令行中执行 TRIM 或 TR 命令。
在执行命令的过程中，各选项的含义如下。

◎ 全部选择：按 Space 键可快速选择所有可见的几何图形，用作剪切边或边界边。

◎ 栏选：使用栏选方式可一次性选择多个需进行修剪的对象。

◎ 窗交：使用框选方式一次性选择多个需进行修剪的对象。

◎ 投影：指定修剪对象时 AutoCAD 使用的投影模式，该选项常在三维绘图中应用。

◎ 边：确定是在另一对象的隐含边处修剪对象，还是仅修剪对象到与它在三维空间中相交的对象处。

◎ 删除：直接删除选择的对象。

◎ 放弃：撤销上一步的修剪操作。

> 提示：在命令行中执行 TRIM 命令的过程中，按住 Shift 键可转换为执行延伸（EXTEND）命令；如在选择要修剪的对

象时，某线段未与修剪边界相交，则按住
Shift 键后单击该线段，可将其延伸到最
近的边界。

3.3.2 【延伸】命令

【延伸】命令用于将延伸对象的端点延
伸到指定的边界，这些边界可以是直线、圆
弧等。调用该命令的方法有以下两种。

◎ 在【默认】选项卡的【修改】组中单击【修
剪】按钮旁边的·按钮，然后单击 →延伸按钮。

◎ 在命令行中执行 EXTEND 或 EX 命令。

3.3.3 【圆角】命令

【圆角】命令是将两条相交的直线通过
一个圆弧连接起来，调用该命令的方法有以下
三种。

◎ 在【默认】选项卡的【修改】组中单击【圆
角】按钮 。

◎ 显示菜单栏，选择【修改】|【圆角】命令。

◎ 在命令行中执行 FILLET 或 F 命令。
在执行命令的过程中，各选项的含义如下。

◎ 放弃：选择该选项，可以放弃圆角的设置。

◎ 多段线：选择该选项，可对由多段线组
成的图形的所有角同时进行圆角。

◎ 半径：以指定一个半径设置圆角的半径。

◎ 修剪：设置修剪模式，控制圆角处理后
是否删除原角的组成对象，默认为删除。

◎ 多个：选择该选项，可连续对多组对象
进行圆角处理，直到结束命令为止。

3.3.4 【倒角】命令

【倒角】命令用于将两条非平行直线或
多段线做出有斜度的倒角，调用该命令的方
法有以下三种。

◎ 在【默认】选项卡的【修改】组中单击【圆
角】按钮 右侧的·按钮，然后在弹出

的下拉列表中选择【倒角】命令。

◎ 显示菜单栏，选择【修改】|【倒角】命令。

◎ 在命令行中执行 CHAMFER 或 CHA 命令。
在执行命令的过程中，各选项的含义如下。

◎ 多段线：选择该选项，可对由多段线组
成的图形的所有角同时进行倒角。

◎ 角度：以指定一个角度和一段距离的方
法来设置倒角的距离。

◎ 修剪：设置修剪模式，控制倒角处理后
是否删除原角的组成对象，默认为删除。

◎ 多个：选择该选项，可连续对多组对象
进行倒角处理，直到结束命令为止。

3.3.5 【拉伸】命令

使用【拉伸】命令可以将所选择的图形
对象按照规定的方向和角度进行拉伸或缩短，
并且被选对象的形状会发生变化。调用该命
令的方法有以下两种。

◎ 在【默认】选项卡的【修改】组中单击【拉
伸】按钮 。

◎ 在命令行中执行 S 或 STRETCH 命令。

3.3.6 【拉长】命令

【拉长】命令在编辑直线、圆弧、多段线、
椭圆弧和样条曲线时经常使用，它可以拉长
或缩短线段，以及改变弧的角度。调用该命
令的方法有以下两种。

◎ 在【默认】选项卡的【修改】组中单击【拉
长】按钮 。

◎ 在命令行中执行 LENGTHEN 命令。
在执行命令的过程中，部分选项的含义
如下。

◎ 百分数：通过输入百分比来改变对象的
长度或圆心角大小。

◎ 全部：通过输入对象的总长度来改变对
象的长度。

◎ 动态：用动态模式拖动对象的一个端点
来改变对象的长度或角度。

■ 3.3.7 【打断】命令

【打断】命令可以将实体的某一部分打断，或者删除该实体的某一部分。被分离的线段只能是单独的线条，不能是任何组合形体，如图块等。打断操作可通过指定两点和选择物体后再指定两点两种方式断开对象。

1. 将对象打断于一点

将对象打断于一点是指将整条线段分离成两条独立的线段，但线段之间没有空隙。调用该命令的方法有以下两种。

◎ 在【默认】选项卡的【修改】组中单击 修改 ▼ 按钮，然后在弹出的下拉列表中单击【打断于点】按钮 □ 。

◎ 在命令行中执行 BREAK 或 BR 命令。

2. 以两点方式打断对象

以两点方式打断对象是指在对象上创建两个打断点，使对象以一定的距离断开。调用该命令的方法有以下两种。

◎ 在【默认】选项卡的【修改】组中单击 修改 ▼ 按钮，然后在弹出的下拉列表中单击【打断】按钮 □ 。

◎ 在命令行中执行 BREAK 或 BR 命令。

 【实战】 绘制剪刀

下面讲解如何通过前面所学的知识绘制剪刀，效果如图 3-56 所示。

素材：	无
场景：	场景\Cha03\【实战】绘制剪刀 .dwg
视频：	视频教学 \Cha03\【实战】绘制剪刀 .mp4

01 在命令行中输入 PLINE 命令，指定起点，依次输入 A、S、@-9,-12,7、@12,7,-9、L、@-3,19，按回车键完成输入，如图 3-57 所示。

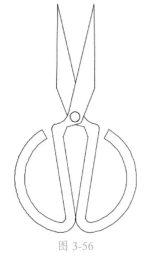

图 3-56

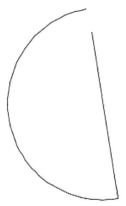

图 3-57

02 在命令行中输入 EXPLODE 命令，选择上一步绘制的图形，按回车键确认，即可分解图形，如图 3-58 所示。

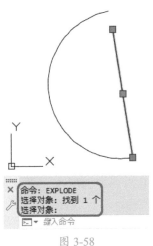

图 3-58

03 在命令行中输入 FILLET 命令，输入 r，指定圆角半径为 3，按回车键确认，对直线线段与圆弧的连接处进行圆角处理，如图 3-59 所示。

图 3-59

04 在命令行中输入 LINE 命令，选择线段的上端点，依次输入（@0.8,2）、（@2.8,0.7）、（@2.8,7）、（@-0.1,16.7）、（@-6,-25），按回车键完成绘制，如图 3-60 所示。

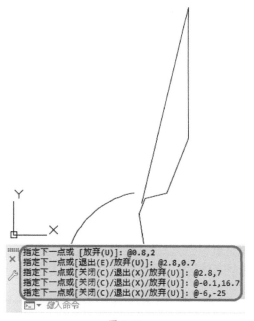

图 3-60

05 在命令行中输入 FILLET 命令，输入 R，指定圆角半径为 3，将直线下端点与圆弧上端点进行圆角处理，如图 3-61 所示。

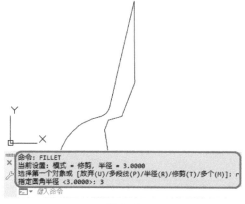

图 3-61

06 在命令行中输入 BREAK 命令，在最左侧圆弧的合适一点单击作为打断的第一点，将圆弧的上端点作为打断的第二点，如图 3-62 所示。

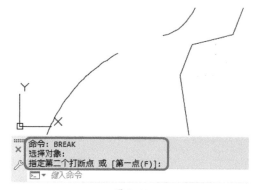

图 3-62

07 在命令行中输入 OFFSET 命令，指定偏移距离为 2，按回车键确认，将左侧圆弧、下侧圆弧、右侧线段均向内偏移，按回车键完成偏移，如图 3-63 所示。

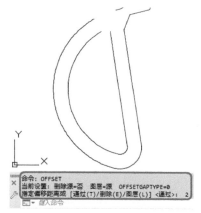

图 3-63

08 在命令行中输入 FILLET 命令，输入 R，指定圆角半径为 1，将偏移后的直线与圆弧连接，如图 3-64 所示。

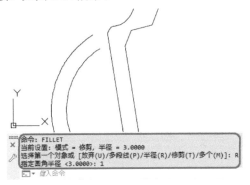

图 3-64

09 在命令行中输入 LINE 命令，将偏移的圆弧端点连接，如图 3-65 所示。

图 3-65

10 在命令行中输入 MIRROR 命令，选择所有对象，将最右侧的圆弧象限点指定为镜像线的第一点，垂直移动，指定为镜像线的第二点，根据命令行的提示输入 N，如图 3-66 所示。

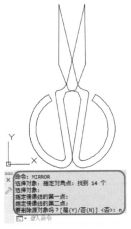

图 3-66

11 选择所有对象，在命令行中输入 TRIM 命令，修剪线段，如图 3-67 所示。

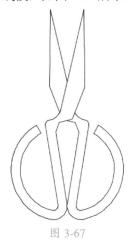

图 3-67

12 在命令行中输入 CIRCLE 命令，在合适位置指定圆心，指定圆心半径为 1，如图 3-68 所示。

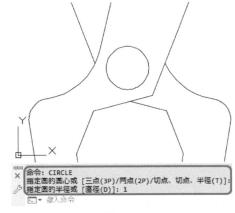

图 3-68

3.3.8 【光顺曲线】命令

【光顺曲线】命令是指在两条开放曲线的端点之间创建相切或平滑的样条曲线，有效对象包括直线、圆弧、椭圆弧、螺线、开放的多段线和开放的样条曲线。

在 AutoCAD 2020 中，启动【光顺曲线】命令的常用方法有以下三种。

◎ 在菜单栏中执行【修改】|【光顺曲线】命令。

◎ 在【默认】选项卡中，单击【修改】面板中的【光顺曲线】按钮。

◎ 在命令行中输入 BLEND 命令。

■ 3.3.9 【分解】命令

【分解】命令的调用方法有以下三种。

◎ 在【默认】选项卡的【修改】组中单击【分解】按钮 🔗。

◎ 显示菜单栏，选择【修改】|【分解】命令。

◎ 在命令行中执行 EXPLODE 命令。

■ 3.3.10 【合并】命令

合并图形是指将相似的图形对象合并为一个对象，可以合并的对象包括圆弧、椭圆弧、直线、多段线和样条曲线等。调用该命令的方法有以下三种。

◎ 在【默认】选项卡的【修改】组中单击 修改 ▼ 按钮，然后在弹出的下拉列表中单击【合并】按钮 ⊶。

◎ 显示菜单栏，选择【修改】|【合并】命令。

◎ 在命令行中执行 JOIN 或 J 命令。

3.4 使用夹点编辑对象

夹点编辑指的是通过图形上的控制点对图形进行编辑，可以对图形进行拉伸、移动、旋转等操作。

■ 3.4.1 夹点

在 AutoCAD 2020 中，系统默认状态下，夹点有三种显示形式。

◎ 末选中夹点：当在非命令执行过程中直接选择图形时，图形的每个顶点会以蓝色小实心方块显示出来，如图 3-69 所示。这些蓝色的小实心方块即夹点。

◎ 选中夹点：选择图形对象，在图形对象中显示夹点后，再次单击夹点，夹点将呈红色小实心方块显示，此时，即可通过夹点对图形进行编辑操作，如图 3-70 所示。

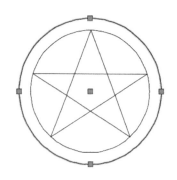

图 3-69

图 3-70

◎ 悬停夹点：移动光标到蓝色的夹点上，夹点即可变为粉红色，如图 3-71 所示。

图 3-71

当选中夹点后，夹点会显示相关的提示信息，此时，用户可对这些夹点进行拉伸、移动、旋转、缩放或镜像等操作。

■ 3.4.2 使用夹点拉伸对象

拉伸夹点是指将选择的夹点移动到另一个位置来拉伸图形对象。

在执行【拉伸】命令的过程中，命令行提示信息中各选项的含义如下。

◎ 基点：提示用户输入一点作为拉伸的基点。

◎ 复制：在拉伸实体时同时复制实体。

◎ 放弃：放弃刚刚进行的编辑操作。

◎ 退出：退出夹点编辑方式。

3.4.3 使用夹点移动对象

移动夹点与移动对象没有什么区别，只是移动夹点可以对图形对象进行复制等操作，具体调用方法有以下两种。

◎ 选择某个夹点后，在绘图区中右击，在弹出的快捷菜单中选择【移动】命令。

◎ 选择某个夹点后，在命令行中执行 M命令。

3.4.4 使用夹点旋转对象

夹点旋转也就是将选择的图形对象围绕选中的夹点按照指定的角度进行旋转的操作，调用该命令的方法有以下两种。

◎ 选择某个夹点并右击，在弹出的快捷菜单中选择【旋转】命令。

◎ 选择某个夹点后，在命令行中执行 RO命令。

3.4.5 使用夹点缩放图形

夹点缩放方式是指在 X、Y 轴方向等比例缩放图形对象的尺寸，可以进行比例缩放、基点缩放、复制缩放等编辑操作，调用该命令的方法有以下两种。

◎ 选择某个夹点，在该夹点上右击，在弹出的快捷菜单中选择【缩放】命令。

◎ 选择某个夹点后，在命令行中执行 SC命令。

下面通过实例练习该命令的使用方法。

`01` 打开素材 \Cha03\【利用夹点缩放图形素材 .dwg】图形文件，选择如图 3-72 所示的夹点。

`02` 在命令行中执行 SC 命令，输入比例因子为 0.6，按回车键确认并退出该命令，完成后的效果如图 3-73 所示。

图 3-72

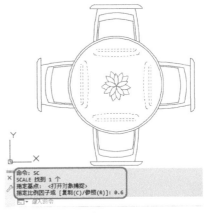

图 3-73

3.4.6 使用夹点镜像图形

夹点镜像用于镜像图形对象，它通过夹点指定基点和第二点的镜像线来镜像图形对象，该命令的调用方法是选择某个夹点后，在命令行中执行 MI 命令。

课后项目
练习

绘制手轮

下面将通过实例讲解如何绘制手轮，其效果如图 3-74 所示。

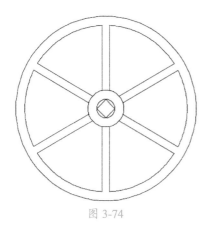

图 3-74

课后项目练习过程概要如下。

（1）使用【圆】【直线】【偏移】【环形阵列】【分解】命令绘制图形。

（2）使用修剪、多边形工具完善图形。

素材：	无
场景：	场景 \Cha03\ 绘制手轮 .dwg
视频：	视频教学 \Cha03\ 绘制手轮 .mp4

01 在命令行输入 CIRCLE 命令，指定圆心，分别绘制半径为 5、10、45、50 的圆形，如图 3-75 所示。

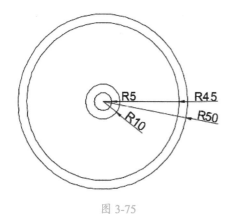

图 3-75

02 在命令行中输入 LINE 命令，将圆心与半径为 50 的上象限点连接，如图 3-76 所示。

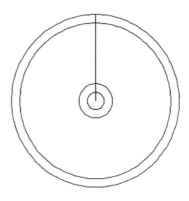

图 3-76

03 在命令行中输入 OFFSET 命令，输入 2，将垂直线段向左、右分别偏移，偏移完成后按回车键确认，并删除偏移前的线段，如图 3-77 所示。

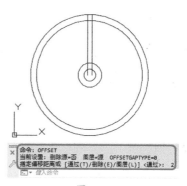

图 3-77

04 在命令行中输入 ARRAYPOLAR 命令，选择垂直线段，按回车键确认，将圆心指定为阵列的中心点，此时功能区中将自动切换至【阵列创建】选项卡，在【项目】组中将【项目数】设置为 6，【填充】设置为 360，如图 3-78 所示，设置完成后单击【关闭阵列】按钮。

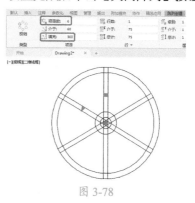

图 3-78

05 在命令行中输入 EXPLODE 命令，选择
阵列后的对象，按回车键确认，即可分解对象，
如图 3-79 所示。

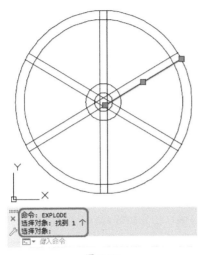

图 3-79

06 在命令行中输入 TRIM 命令，选择所有
对象，按回车键确认，修剪多余线段，并通
过 Delete 键删除线段，如图 3-80 所示。

07 在命令行中输入 POLYGON 命令，输入
4，按回车键确认，将圆心指定为多正边形的
中心点，根据命令行的提示输入 I，指定半径
为 5 的圆的象限点为圆的半径，如图 3-81 所示。

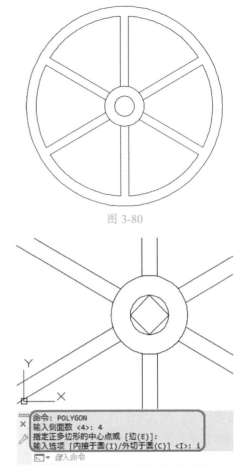

图 3-80

图 3-81

第 04 章

客厅平面图——填充二维图形

本章导读：

    图案填充是指利用图案去填充图形的某个区域，利用图案来表达对象所表示的内容。图案填充在设计中的应用是非常广泛的，本章将重点讲解图案填充工具的使用方法。

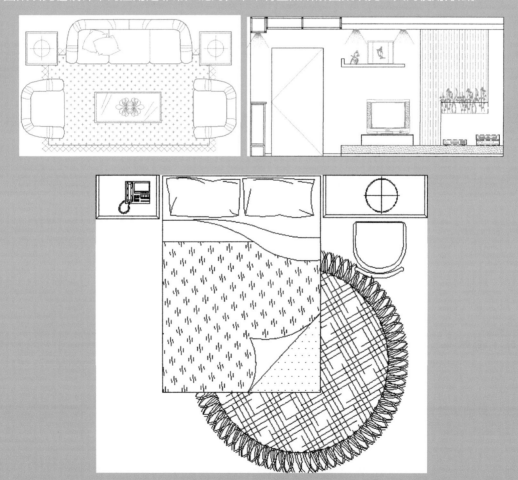

【案例精讲】
填充客厅平面图

为了更好地完成本设计案例，现对制作要求及设计内容做如下规划，效果如图 4-1 所示。

作品名称	填充客厅平面图
设计创意	通过设置填充图案为客厅进行地面填充
主要元素	客厅沙发
应用软件	AutoCAD 2020
素材：	素材 \Cha04\ 客厅平面图素材 .dwg
场景：	场景 \Cha04\【案例精讲】填充客厅平面图 .dwg
视频：	视频教学 \Cha04\【案例精讲】填充客厅平面图 .mp4
客厅平面图 欣赏	图 4-1
备注	

01 按 Ctrl+O 组合键，打开【素材 \Cha04\ 客厅平面图素材 .dwg】素材文件，如图 4-2 所示。

02 在命令行中输入 HATCH 命令，此时功能区自动切换至【图案填充创建】选项卡，将【图案填充图案】设置为 CROSS，在【特性】组中将【填充图案比例】设置为 10，如图 4-3 所示。

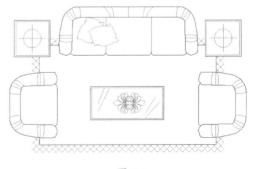

图 4-2

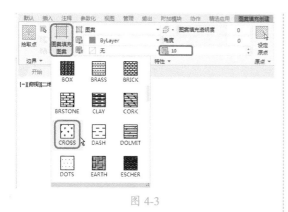

图 4-3

03 在绘图区中拾取填充区域，填充完成后，单击【关闭图案填充创建】按钮，效果如图 4-4 所示。

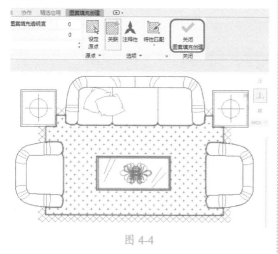

图 4-4

4.1 填充图案

本节讲解如何创建填充边界以及使用拾取对象填充图案。

■ 4.1.1 创建填充边界

在为图形进行图案填充前，首先需要创建填充边界，图案填充边界可以是圆形、矩形等单个封闭对象，也可以是由直线、多段线、圆弧等对象首尾相连而形成的封闭区域。

创建填充边界后，可以有效地避免填充到不需要填充的图形区域。调用该命令的方法有以下四种。

◎ 在菜单栏中执行【绘图】|【图案填充】（或渐变色）命令。

◎ 在【默认】选项卡的【绘图】组中单击【图案填充】按钮。

◎ 在【默认】选项卡的【绘图】组中单击【图案填充】按钮 右侧的·按钮，在弹出的下拉列表中选择【渐变色】选项。

◎ 在命令行中输入 BHATCH 命令。

执行上述任意命令并在命令行中输入【设置】命令后，弹出【图案填充和渐变色】对话框，如图 4-5 所示。单击该对话框右下角的【更多选项】按钮 ，将展开【孤岛】选项组，如图 4-6 所示。

图 4-5

图 4-6

在创建填充边界时，相关选项一般都保持默认设置，如果对填充方式有特殊要求，可以对相应选项进行设置，其中各选项的含义如下。

◎ 【孤岛检测】复选框：指定是否把在内部边界中的对象包括为边界对象。这些内部对象称为孤岛。

◎ 孤岛显示样式：用于设置孤岛的填充方式。当指定填充边界的拾取点位于多重封闭区域内部时，需要在此选择一种填充方式。

◎ 【对象类型】下拉列表：用于控制新边界对象的类型。如果选择【保留边界】复选框，则在创建填充边界时系统会将边界创建为面域或多段线，同时保留源对象。可以在其下拉列表中选择将边界创建为多段线还是面域。如果取消选择该复选框，则系统在填充指定的区域后将删除这些边界。

◎ 【边界集】选项区域：指定使用当前视口中的对象还是使用现有选择集中的对象作为边界集，单击【选择新边界集】按钮⊞，可以返回绘图区选择作为边界集的对象。

◎ 【允许的间隙】选项区域：将几乎封闭一个区域的一组对象视为一个闭合的图案填充边界。默认值为 0，指定对象封闭以后该区域无间隙。

■ 4.1.2 使用拾取对象填充图案

拾取的填充对象可以是一个封闭对象，如矩形、圆、椭圆和多边形等，也可以是多个非封闭对象，但是这些非封闭对象必须互相交叉或相交，围成一个或多个封闭区域。

01 按 Ctrl+O 组合键，打开【素材 \Cha04\ 拾取对象填充图案素材 .dwg】素材文件，如图 4-7 所示。

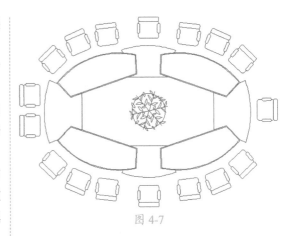

图 4-7

02 在命令行中输入 BHATCH 命令，根据命令行的提示输入 T，弹出【图案填充和渐变色】对话框，在该对话框中将【图案】设置为 DOTS，将【比例】设置为 20，如图 4-8 所示。

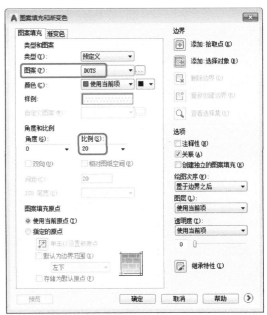

图 4-8

03 在【边界】选项组中单击【添加: 选择对象】按钮，返回到绘图区中，选择如图 4-9 所示的对象。

> 提示：拾取的多个封闭区域呈嵌套状，则系统默认填充外围图形与内部图形之间进行布尔相减后的区域。此外，执行 BHATCH 命令后，系统会打开【图案填

充创建】选项卡，在其中可进行相应的设置，大致与【图案填充和渐变色】对话框中的设置方法相同。

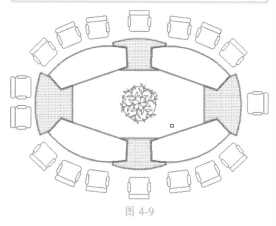

图 4-9

04 拾取完成后，将会对选中的图形进行填充，填充完成后按 Enter 键确定即可。

 【实战】为立面图填充图案

下面通过为立面图填充图案来巩固前面所学的知识，效果如图 4-10 所示。

素材:	素材 \Cha04\ 立面图素材 .dwg
场景:	场景 \Cha04\【实战】为立面图填充图案 .dwg
视频:	视频教学 \Cha04\【实战】为立面图填充图案 .mp4

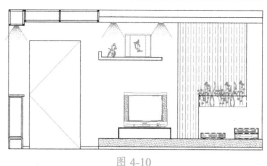

图 4-10

01 按 Ctrl+O 组合键，打开【素材 \Cha04\ 立面图素材 .dwg】素材文件，如图 4-11 所示。

02 在命令行中输入 BHATCH 命令，根据命令行的提示输入 T，弹出【图案填充和渐变色】对话框，在该对话框中将【图案】设置

为 ANSI35，将【角度】设置为 45，将【比例】设置为 16，单击【添加：拾取点】按钮囷，如图 4-12 所示。

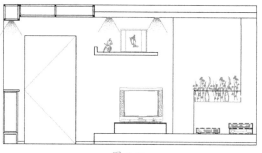

图 4-11

图 4-12

03 在如图 4-13 所示的位置处单击鼠标，填充图案后按 Enter 键确认。

图 4-13

04 在命令行中输入 BHATCH 命令，根据命令行的提示输入 T，弹出【图案填充和渐变色】对话框，在该对话框中将【图案】设置

为 AR-SAND，将【角度】设置为 0，将【比例】设置为 0.6，单击【添加：拾取点】按钮，如图 4-14 所示。

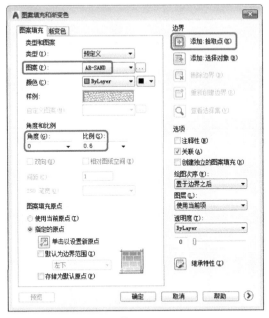

图 4-14

05 在如图 4-15 所示的位置处单击鼠标，填充图案后按 Enter 键确认。

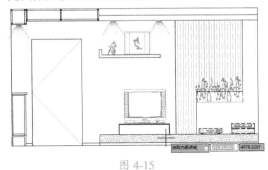

图 4-15

4.2 修剪填充图案

本节讲解如何编辑填充图案、分解填充图案、设置填充图案的可见性。

4.2.1 编辑填充图案

有时在填充完图案后，需要对填充的图案进行编辑，快速编辑填充图案可以有效地提高绘图效果。下面将介绍如何编辑填充图案。

在 AutoCAD 2020 中，执行编辑填充图案功能的方法有以下三种。

◎ 直接在填充的图案上双击。

◎ 在命令行中输入 HATCHEDIT 命令。

◎ 选中图案后右击鼠标，在弹出的快捷菜单中选择【图案填充编辑】命令。

下面通过实例来讲解如何快速编辑填充图案。

01 按 Ctrl+O 组合键，打开【素材 \Cha04\ 编辑图案 .dwg】素材文件，如图 4-16 所示。

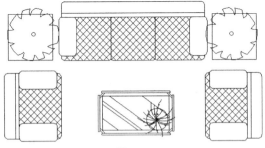

图 4-16

02 选中要进行编辑的图案，右击鼠标，在弹出的快捷菜单中选择【图案填充编辑】命令，如图 4-17 所示。

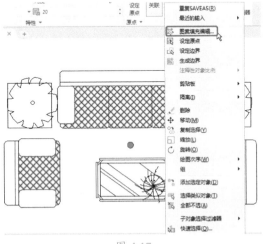

图 4-17

03 选择填充的图案后，系统将自动弹出【图案填充编辑】对话框，单击【类型和图案】选项组中【图案】右侧的 按钮，弹出【填充图案选项板】对话框。切换至 ANSI 选项卡，在列表框中选择 ANSI33 选项，如图 4-18 所示。

图 4-18

04 单击【确定】按钮，返回【图案填充编辑】对话框中，将【比例】设置为 30，如图 4-19 所示。

图 4-19

05 设置完成后，单击【确定】按钮，返回绘图区即可看到编辑后的填充效果，如图 4-20 所示。

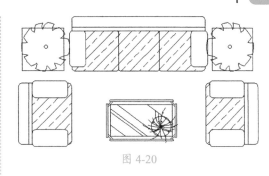

图 4-20

4.2.2 分解填充图案

有时为了满足编辑要求，需要将整个填充图案进行分解。调用【分解】命令的方法有以下两种。

◎ 选择要分解的图案，在【常用】选项卡的【修改】组中单击【分解】按钮。

◎ 在命令行中输入 EXPLODE 命令。

01 按 Ctrl+O 组合键，打开【素材 \Cha04\ 分解图案 .dwg】素材文件，选中填充图案，如图 4-21 所示。

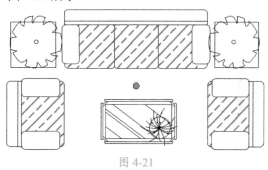

图 4-21

02 在命令行中输入 EXPLODE 命令，按 Enter 键确认选择，选择刚分解的图案，即可发现原来的整体对象变成了单独的线条，如图 4-22 所示。

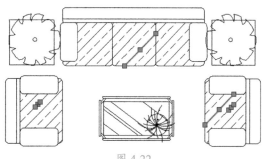

图 4-22

提示：被分解后的图案失去与图形的关联性，不能再使用【图案填充编辑】命令对其进行编辑。

■ 4.2.3 设置填充图案的可见性

在绘制较大的图形时，需要花费较长的时间来等待图形中的填充图案生成，此时可关闭【填充】模式，暂时将图案的可见性关闭，从而提高显示速度。

下面将通过实例讲解如何设置填充图案的可见性，具体操作步骤如下。

`01` 按 Ctrl+O 组合键，打开【素材 \Cha04\ 设置填充图案的可见性 .dwg】素材文件，如图 4-23 所示。

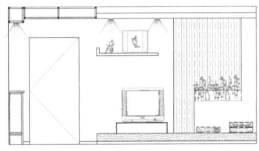

图 4-23

`02` 在命令行中输入 FILL 命令，在命令行中输入 OFF。然后在命令行中输入 REGEN 命令并按 Enter 键确定，即可将填充图案隐藏，效果如图 4-24 所示。

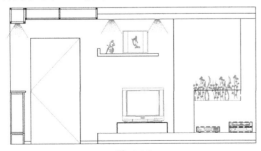

图 4-24

提示：如果用户想将隐藏的图案显示出来，在命令行中输入 FILL 命令，在命令行中输入 ON，然后在命令行中输入 REGEN 命令并按 Enter 键确定即可。

4.3 填充渐变色

除了可以为图形对象填充图案外，还可以为图形对象填充渐变色。

■ 4.3.1 添加单色渐变

下面将通过实例讲解如何为图形添加单色渐变，具体操作步骤如下。

`01` 按 Ctrl+O 组合键，打开【素材 \Cha04\ 添加单色渐变 .dwg】素材文件，如图 4-25 所示。

图 4-25

`02` 在命令行中输入 GRADIENT 命令，根据命令提示输入 T，按 Enter 键确认，在弹出的【图案填充和渐变色】对话框中选中【单色】单选按钮，单击颜色条右侧的 按钮，在弹出的对话框中选择颜色 240，如图 4-26 所示。

`03` 选择完成后，单击【确定】按钮，将滑块拖曳至【明】方向处，返回到【图案填充和渐变色】对话框，选择如图 4-27 所示的填充样式，然后单击【添加：拾取点】按钮，如图 4-27 所示。

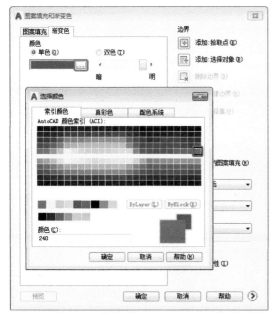

图 4-26

图 4-28

4.3.2 填充渐变色的方法

在 AutoCAD 2020 中，执行渐变色填充功能的方法有以下三种。

◎ 在菜单栏中执行【绘图】|【渐变色】命令。

◎ 在【默认】选项卡的【绘图】组中单击【图案填充】按钮 右侧的 · 按钮，在弹出的下拉列表中选择【渐变色】。

◎ 在命令行中输入 GRADIENT 命令。

执行以上任意命令都将打开【图案填充和渐变色】对话框，在【渐变色】选项卡中为用户提供了两种颜色模式，分别为单色和双色，如图 4-29 所示。

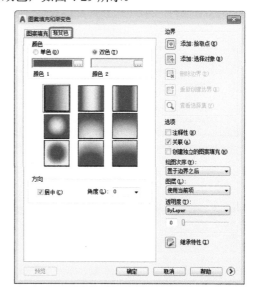

图 4-29

图 4-27

04 返回到绘图区中选择合适的区域，单击鼠标左键进行渐变填充，选择完成后按 Enter 键确定，完成的渐变效果如图 4-28 所示。

单色渐变填充是指从一种颜色渐变到白色或黑色的过渡渐变。双色渐变就是使用两种颜色对图形对象进行填充。

4.3.3　使用双色填充

下面将通过实例讲解如何使用双色填充，具体操作步骤如下。

01 按 Ctrl+O 组合键，打开【素材 \Cha04\ 双色填充 .dwg】素材文件，如图 4-30 所示。

图 4-30

02 在命令行中输入 GRADIENT 命令，根据命令行的提示输入 T，按 Enter 键确认，弹出【图案填充和渐变色】对话框，在【颜色】选项组中选中【双色】单选按钮，将【颜色 1】设置为颜色 140，将【颜色 2】设置为黄，选择第一个填充样式，然后单击【添加：拾取点】按钮，如图 4-31 所示。

图 4-31

03 返回到绘图区中，在合适的区域单击鼠标左键进行渐变填充，最终完成效果如图 4-32 所示。

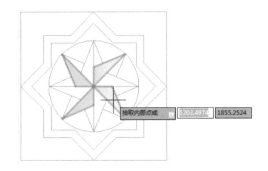

图 4-32

【实战】 填充地面拼花

下面将讲解通过单色填充、双色填充为地面拼花进行填充，效果如图 4-33 所示。

素材：	素材 \Cha04\ 填充地面拼花 .dwg
场景：	场景 \Cha04\【实战】填充地面拼花 .dwg
视频：	视频教学 \Cha04\【实战】填充地面拼花 .mp4

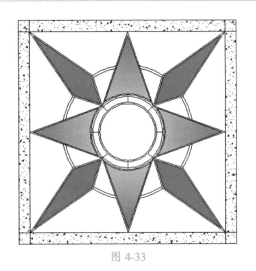

图 4-33

01 按 Ctrl+O 组合键，打开【素材 \Cha04\ 填充地面拼花 .dwg】素材文件，如图 4-34 所示。

图 4-34

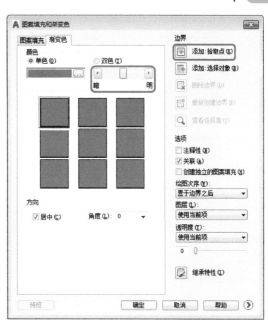

图 4-36

02 在命令行中输入 GRADIENT 命令,根据命令提示输入 T,按 Enter 键确认,弹出【图案填充和渐变色】对话框,在该对话框中选中【单色】单选按钮,单击颜色条右侧的 按钮,在弹出的对话框中选择颜色 20,如图 4-35 所示。

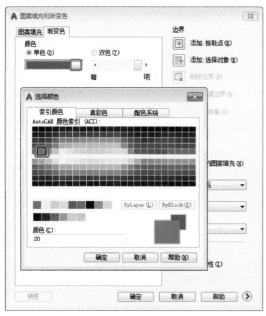

图 4-35

03 选择完成后,单击【确定】按钮,将明暗控制滑块调整至中间位置,单击【添加:拾取点】按钮,如图 4-36 所示。

04 返回绘图区,选择合适区域单击鼠标左键进行填充,效果如图 4-37 所示。

图 4-37

05 填充完成后,按 Enter 键完成填充,在命令行中输入 GRADIENT 命令,根据命令提示输入 T,按 Enter 键确认,在弹出的对话框中选中【双色】单选按钮,将【颜色 1】设置为颜色 20,将【颜色 2】设置为颜色 40,选择渐变类型,如图 4-38 所示。

图 4-38

06 设置完成后，单击【添加：拾取点】按钮，返回绘图区，选择要进行填充的区域并单击，填充效果如图 4-39 所示，按 Enter 键完成填充。

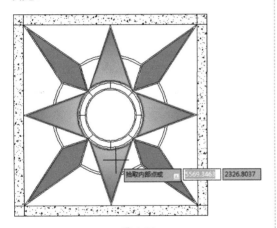

图 4-39

课后项目练习

为双人床填充图案

下面将通过实例讲解如何为双人床填充图案，其效果如图 4-40 所示。

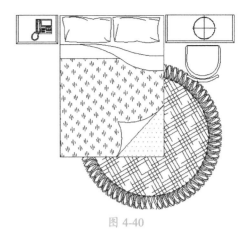

图 4-40

课后项目练习过程概要如下。

（1）打开双人床素材文件。

（2）通过图案填充命令分别为床、被以及地毯进行填充。

素材：	素材 \Cha04\ 双人床素材 .dwg
场景：	场景 \Cha04\ 为双人床填充图案 .dwg
视频：	视频教学 \Cha04\ 为双人床填充图案 .mp4

01 按 Ctrl+O 组合键，打开【素材 \Cha04\ 双人床素材 .dwg】素材文件，如图 4-41 所示。

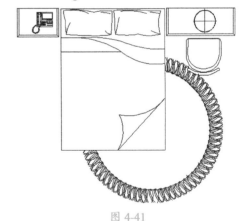

图 4-41

02 在命令行中输入 HATCH 命令，根据命令提示输入 T，按 Enter 键确认，在弹出的对话框中将【图案】设置为 GOST-GLASS，将【角度】设置为 50，将【比例】设置为 15，如图 4-42 所示。

确认，效果如图 4-45 所示。

图 4-42

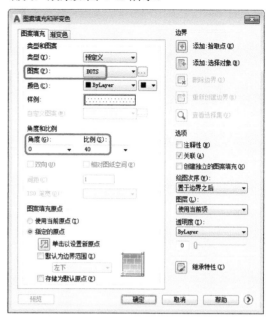

图 4-44

03 设置完成后，单击【确定】按钮，在绘图区中拾取填充区域，填充完成后按 Enter 键确认，效果如图 4-43 所示。

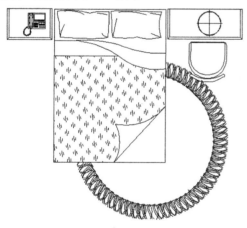

图 4-43

04 再在命令行中输入 HATCH 命令，根据命令提示输入 T，按 Enter 键确认，在弹出的对话框中将【图案】设置为 DOTS，将【角度】设置为 0，将【比例】设置为 40，如图 4-44 所示。

05 设置完成后，单击【确定】按钮，在绘图区中拾取填充区域，填充完成后按 Enter 键

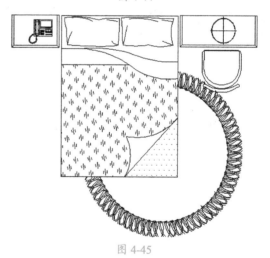

图 4-45

06 在命令行中输入 HATCH 命令，根据命令提示输入 T，按 Enter 键确认，在弹出的对话框中将【图案】设置为 HOUND，将【角度】和【比例】都设置为 30，如图 4-46 所示。

07 设置完成后，单击【确定】按钮，在绘图区中拾取填充区域，填充完成后按 Enter 键确认，效果如图 4-47 所示。

图 4-46

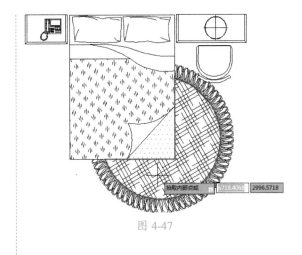

图 4-47

第 05 章

卧室立面图——图层与图块

本章导读：

　　图层是 AutoCAD 中非常有用的工具，对于图形文件中各类对象的分类管理和综合控制起着重要的作用。除了图层外，在 CAD 中还提供了图块功能，在绘图过程中如果需要重复使用某种图形，可以将该图形创建成图块，在需要时可以直接将图块插入到图形中，从而提高绘图效率。

【案例精讲】
卧室立面图

为了更好地完成本设计案例，现对制作要求及设计内容做如下规划，效果如图 5-1 所示。

作品名称	卧室立面图
设计创意	（1）为了便于管理，首先创建一个【装饰】图层 （2）置入相应的图块，并填充图案 （3）清除多余的图块内容，并显示标注图层
主要元素	（1）吊灯 （2）装饰框 （3）床
应用软件	AutoCAD 2020
素材：	素材 \Cha05\ 卧室立面图素材 .dwg
场景：	场景 \Cha05\【案例精讲】卧室立面图 .dwg
视频：	视频教学 \Cha05\【案例精讲】卧室立面图 .mp4
卧室立面图 效果欣赏	1 25MM瓦坑板扫白 2 9厘夹板打底（扫白） 3 半圆线及阴角线扫白 4 镂空雕花 5 欧式壁灯　　　1 欧式艺术吊灯 2 半圆线及阴角线扫白 3 液体幻彩漆印花 4 浅咖网大理石地脚线　　　1 窗帘盒位 图 5-1
备注	

01 打开【卧室立面图素材 .dwg】素材文件，如图 5-2 所示。

02 在命令行中输入 LAYER 命令，在弹出的【图层特性管理器】选项板中单击【新建图层】按钮，将新建的图层命名为【装饰】，如图 5-3 所示。

图 5-2

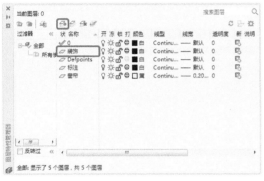

图 5-3

03 设置完成后，双击该图层，将该图层置为当前图层，在命令行中输入 INSERT 命令，在弹出的【块】选项板中单击【浏览】按钮…，如图 5-4 所示。

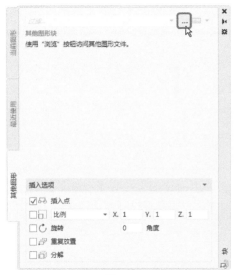

图 5-4

04 执行该操作后，在弹出的对话框中选择【素材\Cha05\吊灯 .dwg】素材文件，如图 5-5 所示。

图 5-5

05 单击【打开】按钮，在返回的【其他图形】选项板中单击选择【吊灯】图块，在绘图区捕捉顶层蓝色直线的中点，插入选中的图块，如图 5-6 所示。

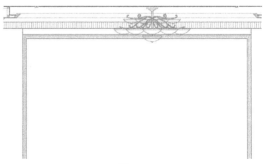

图 5-6

06 再在【其他图形】选项板中单击【浏览】按钮，在弹出的对话框中选择【装饰框 .dwg】素材文件，单击【打开】按钮，在【块】选项板中单击选择【装饰】图块，并在绘图区中指定插入点，效果如图 5-7 所示。

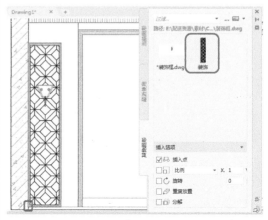

图 5-7

07 在绘图区中选中新插入的【装饰】图块，在命令行中输入 MOVE 命令，指定图块左下角端点为基点，输入 @120,180，如图 5-8 所示。

08 选中移动后的图块，在命令行中输入 COPY 命令，指定图块的左下角端点为基点，输入 @4470,0，按 Enter 键完成复制，效果如图 5-9 所示。

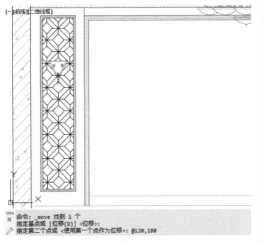

图 5-8

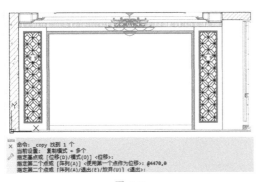

图 5-9

09 使用同样的方法将【床】图块插入至绘图区中，如图 5-10 所示。

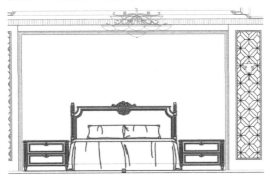

图 5-10

10 选中插入的【床】图块，在命令行中输入 EXPLODE 命令，将选中的图块进行分解，如图 5-11 所示。

11 在绘图区中选择分解后的图块与踢脚线，在命令行中输入 TRIM 命令，对选中的踢脚线进行修剪，修剪完成后按 Enter 键，效果如图 5-12 所示。

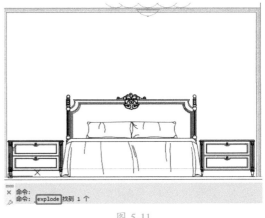

图 5-11

图 5-12

12 使用同样的方法将【台灯】图块插入至绘图区中，并对台灯对象进行复制，如图 5-13 所示。

图 5-13

13 在绘图区中选择台灯与床图块，在命令行中输入 BLOCK 命令，在弹出的对话框中将【名称】设置为【家具】，单击【拾取点】按钮，如图 5-14 所示。

图 5-14

14 在绘图区中拾取点，在返回的【块定义】对话框中单击【确定】按钮，完成块的创建，如图 5-15 所示。

图 5-15

15 在命令行中输入 HATCH 命令，在床与灯中间的空白处单击，输入 T，按 Enter 键确认，在弹出的对话框中将【图案】设置为 CROSS，将【比例】设置为 15，如图 5-16 所示。

图 5-16

16 设置完成后，单击【确定】按钮，完成图案的填充，效果如图 5-17 所示。

图 5-17

17 在菜单栏中选择【文件】|【图形实用工具】|【清理】命令，如图 5-18 所示。

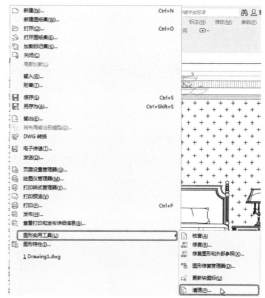

图 5-18

18 在弹出的【清理】对话框中勾选【块】复选框，如图 5-19 所示。

19 单击【清除选中的项目】按钮，在弹出的【清理 - 确认清理】对话框中单击【清理此项目】按钮，如图 5-20 所示。

20 清理完成后，关闭【清理】对话框即可，在命令行中输入 LAYER 命令，在弹出的【图层特性管理器】选项板中单击【标注】图层右侧的 💡 按钮，打开【标注】图层的显示，如图 5-21 所示。

图 5-19

图 5-20

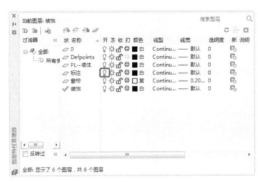

图 5-21

21 执行该操作后，即可将标注全部显示，效果如图 5-22 所示。

图 5-22

5.1 新建图纸集与图层

为了便于图形的管理，在 CAD 中提供了图纸集与图层，本节将介绍如何创建图纸集与图层。

■ 5.1.1 新建图纸集

图纸集是一个有序的命名集合，其中的图纸来自几个图形文件。

在 AutoCAD 2020 中，执行【新建图纸集】命令的方法有以下三种。

◎ 在菜单栏中执行【文件】|【新建图纸集】命令。

◎ 单击【菜单浏览器】按钮，在弹出的菜单中执行【新建】|【图纸集】命令。

◎ 在命令行中输入 NEWSHEETSET 命令。

在【图纸集管理器】选项板上右击，将弹出一个快捷菜单，如图 5-23 所示，其中部分选项的含义如下。

图 5-23

◎ 关闭图纸集：用于将图纸集关闭。

◎ 新建图纸：用于新建绘图的图纸。

◎ 新建子集：用于新建下一级图纸集。AutoCAD 2020 允许在图纸集下再建子图纸集。

◎ 将布局作为图纸输入：用于把已有的布局作为图纸输入、打开使用。

◎ 重新保存所有图纸：用于将现有的图纸进行重新保存。

◎ 归档：将图纸集进行归档。

◎ 发布：选择该选项，弹出下一级子菜单。选择其中的命令可对选择的图纸集进行相应的发布操作。

◎ 电子传递：用于把所选择的图纸集以电子格式传递给其他用户。

◎ 传递设置：用于修改传递设置。

◎ 插入图纸一览表：执行该操作后，即可插入图纸一览表。

◎ 特性：用于显示图纸集的特性信息。

■ 5.1.2 创建图层

要建立一个新的图层，先在【图层特性管理器】选项板中单击【新建图层】按钮，图层名（例如，图层 1）将自动添加到图层列表中。然后在图层名的文本框中输入新图层的名称，注意图层名最多可以包括 255 个字符，可以是字母、数字和特殊字符，如美元符号（$）、连字符（–）和下划线（_）。在其他特殊字符前使用反向引号（'），可使字符不被当作通配符，图层名不能包含空格。

通过创建新的图层，可以将类型相似的对象指定给同一个图层，使其相关联。例如，可以将构造线、文字、标注和标题栏分别置于不同的图层上，并为这些图层指定通用特性。通过将对象分类放到各自的图层中，可以快速有效地控制对象的显示，并对其进行更改。

新建的 AutoCAD 文档中只能自动创建一个名为 0 的特殊图层。默认情况下，图层 0 将被指定使用 7 号颜色、CONTINUOUS 线型、【默认】线宽，以及 NORMAL 打印样式。不能删除或重命名图层 0。

图形文件中所有的图层是通过【图层特性管理器】选项板进行管理的，所有的图层又是按名称的字母顺序来排列的。

提示：在图形中可以创建的图层数及在每个图层中可以创建的对象数实际上是没有限制的。

默认情况下创建的图层名称为【图层 1】，以后创建的图层名称以此类推。

在 AutoCAD 2020 中，新建图层的方法有以下三种。

◎ 在【默认】选项卡的【图层】组中单击【图层特性】按钮，打开【图层特性管理器】选项板，单击【新建图层】按钮。

◎ 在菜单栏中选择【格式】|【图层】命令，打开【图层特性管理器】选项板，单击【新建图层】按钮。

◎ 在命令行中输入 Layer 命令。

下面将通过实例讲解如何新建图层，具体操作步骤如下。

01 在命令行中输入 Layer 命令，打开【图层特性管理器】选项板，如图 5-24 所示。

图 5-24

02 单击【新建图层】按钮，即可新建图层，图层名默认为【图层 1】，如图 5-25 所示。

图 5-25

> 提示：建议创建几个新图层来组织图形，这样可以方便选择操作等，而不是将整个图形均创建在图层 0 上。

5.2 图层设置

图层的设置，应该在合理的前提下尽量精简，但是，如何精简，如何够用，每个绘图人员的体会都不尽相同。本节将简单介绍图层的设置。

■ 5.2.1 图层特性管理器

图层一般是通过图层特性管理器来管理的。图层特性管理器用于显示和管理图形中图层的列表及其特性。在图层特性管理器中，可以添加、删除和重命名图层，修改其特性或添加说明。

在中文版 AutoCAD 2020 中，开启图层特性管理器有以下三种方式。

◎ 在菜单栏中执行【格式】|【图层】命令。

◎ 在命令行中输入 LAYER 命令，并按 Enter 键确认。

◎ 单击【图层】组中的【图层特性】按钮。

命令执行后，打开【图层特性管理器】选项板，如图 5-26 所示。该选项板用于显示图形中的图层列表及其特性。可以添加、删

除和重命名图层，修改图层特性或添加说明。

【图层特性管理器】选项板用于控制在列表中显示哪些图层，还可用于同时对多个图层进行属性修改，如线型、线宽、颜色、冻结和关闭等。

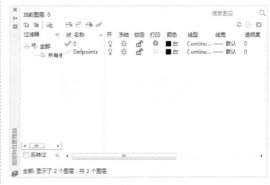

图 5-26

【图层特性管理器】选项板中包含【新建特性过滤器】【新建组过滤器】【新建图层】【删除图层】和【置为当前】等按钮。

◎ 【新建特性过滤器】按钮：单击该按钮，将弹出【图层过滤器特性】对话框，从中可以基于一个或多个图层特性创建图层过滤器。

◎ 【新建组过滤器】按钮：单击该按钮，将创建一个图层过滤器，其中包含用户选定并添加到该过滤器的图层。

◎ 【图层状态管理器】按钮：单击该按钮，将弹出【图层状态管理器】对话框，从中可以将图层的当前特性设置保存到命名图层状态中，以后可以再恢复这些设置。

◎ 【新建图层】按钮：单击该按钮，将创建一个新图层。在列表框中将显示名为【图层 1】的图层。该名称处于选中状态，从而用户可以直接输入一个新图层名。新图层将继承图层列表中当前选定图层的特性（颜色、开/关状态等）。

◎ 【在所有视口中都被冻结的新图层视口】按钮：单击该按钮，将创建一个新图层，然后在所有现有布局视口中将其冻结。

可以在【模型】选项卡或【布局】选项卡中访问此按钮。

◎ 【删除图层】按钮 ✖：单击该按钮，即可删除选中的图层（只能删除未被参照的图层）。

> ⚠️ 提示：参照图层包括 0 图层、Defpoints 图层、包含对象（包括块定义中的对象）的图层、当前图层和依赖外部参照的图层。

◎ 【置为当前】按钮 ✔：单击该按钮，将所选的图层设置为当前图层，用户创建的对象将被放置到当前图层中。

◎ 【刷新】按钮 ↻：通过扫描图形中的所有图元来刷新图层使用信息。

◎ 【设置】按钮 ⚙：单击该按钮，将弹出【图层设置】对话框，从中可以设置新图层通知设置、是否将图层过滤器更改应用于【图层】工具栏，以及更改图层特性替代的背景色。

■ 5.2.2 图层状态管理器

通过【图层状态管理器】对话框可以保存图层的状态和特性，一旦保存图层的状态和特性，就可以随时调用和恢复，还可以将图层的状态和特性输出到文件中，然后在另一幅图形中使用这些设置。

在 AutoCAD 2020 中，可以通过以下两种方法打开【图层状态管理器】对话框。

◎ 在命令行中输入 LAYERSTATE 命令。

◎ 在菜单栏中选择【格式】|【图层状态管理器】命令。

执行该命令后，弹出【图层状态管理器】对话框，如图 5-27 所示，其中显示图形中已保存的图层状态列表，也可以新建、重命名、编辑、保存和删除图层状态，各个选项功能如下。

图 5-27

◎ 图层状态：保存在图形中的命名图层的状态、保存它们的空间（模型空间、布局或外部参照）、图层列表是否与图形中的图层列表相同，以及说明。

◎ 不列出外部参照中的图层状态：控制是否显示外部参照中的图层状态。

◎ 新建：单击该按钮，将弹出【要保存的新图层状态】对话框，在其中可以定义要保存的新图层状态的名称和说明，如图 5-28 所示。

图 5-28

◎ 更新：更新图层的状态。

◎ 编辑：单击该按钮，将弹出【编辑图层状态】对话框，在其中可以修改选定的图层状态，如图 5-29 所示。单击【将图层添加到图层状态】按钮 ⊞，将弹出一个如图 5-30 所示的对话框，在列表框中显示选定的图层状态中没有包含（出现）

的图层，可以将这些图层添加到选定的图层状态中。

图 5-29

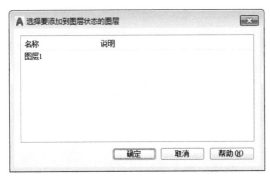

图 5-30

◎ 重命名：单击该按钮，可以编辑图层状态的名称，如图 5-31 所示。

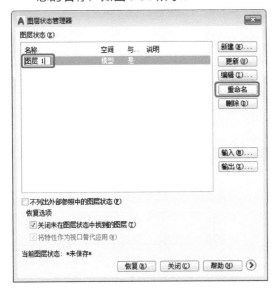

图 5-31

◎ 删除：删除选定的图层状态，单击该按钮后，将会弹出【图层 - 删除图层状态】

对话框，如图 5-32 所示，单击【是】按钮即可将选中的图层状态删除，单击【否】按钮将取消删除图层状态。

◎ 输入：将先前输出的图层状态 .las 文件加载到当前图形中。

◎ 输出：将选定的图层状态保存到图层状态 .las 文件中。

◎ 恢复：将图形中所有图层的状态和特性设置恢复为先前保存的设置，仅恢复使用复选框指定的图层状态和特性设置。

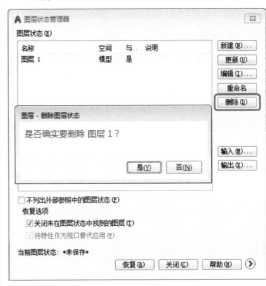

图 5-32

5.2.3 图层颜色

颜色对于绘图工作来说非常重要，它可以表示不同的组件、功能和区域。在用 AutoCAD 进行建筑制图时，常常将不同的建筑部件设置为不同的图层，而将各个图层设置为不同的颜色，这样在进行复杂的绘图时，可以很容易地将各个部分区分开。在默认情况下，新建图层被指定为 7 号颜色（白色或黑色，由绘图区域的背景色决定）。可以修改设定图层的颜色，在菜单栏中执行【格式】|【颜色】命令，弹出【选择颜色】对话框，该对话框中有3个选项卡，分别是【索引颜色】、【真彩色】和【配色系统】，如图 5-33 所示。

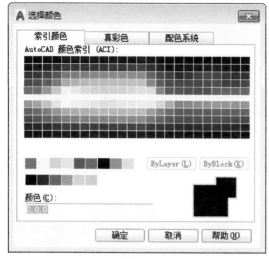

图 5-33

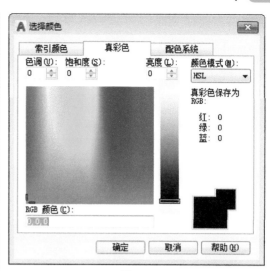

图 5-34

1. 索引颜色

在【AutoCAD 颜色索引（ACI）】颜色选项板中可以指定颜色。将光标悬停在某个颜色块上，该颜色的编号及其红、绿、蓝值将显示在调色板下面。单击一种颜色以选中它，或在【颜色】文本框中输入该颜色的编号或名称。大的调色板显示编号从 10～249 的颜色。第 2 个调色板显示编号从 1～9 的颜色，这些颜色既有编号，也有名称。第 3 个调色板显示编号从 250～255 的颜色，这些颜色表示灰度级。

2. 真彩色

选择【真彩色】选项卡，如图 5-34 所示。使用真彩色（24 位颜色）指定颜色设置（使用色调、饱和度和亮度（HSL）颜色模式或红、绿、蓝（RGB）颜色模式）。在使用真彩色功能时，可以使用 1600 多万种颜色。【真彩色】选项卡中的可用选项取决于指定的颜色模式（HSL 或 RGB）。

1）HSL 颜色模式

在【颜色模式】下拉列表框中选择 HSL 选项，指定使用 HSL 颜色模式来选择颜色。色调、饱和度和亮度是颜色的特性。通过设置这些特性值，用户可以指定一个很宽的颜色范围。

◎ 色调：指定颜色的色调。色调表示可见光谱内光的特定波长。要指定色调，使用色谱或在【色调】文本框中指定值，调整该值会影响 RGB 值。色调的有效值为 0°～360°。

◎ 饱和度：指定颜色的饱和度。高饱和度会使颜色较纯，而低饱和度则使颜色褪色。要指定颜色饱和度，使用色谱或在【饱和度】文本框中指定值，调整该值会影响 RGB 值。饱和度的有效值为 0～100%。

◎ 亮度：指定颜色的亮度。要指定颜色亮度，请使用颜色滑块或在【亮度】文本框中指定值，亮度的有效值为 0～100%。值为 0，表示最暗（黑），值为 100%，表示最亮（白），而 50% 表示颜色的最佳亮度。调整该值也会影响 RGB 值。

◎ 色谱：指定颜色的色调和纯度。要指定色调，将十字光标从色谱的一侧移到另一侧。要指定颜色饱和度，将十字光标从色谱顶部移到底部。

◎ 颜色滑块：指定颜色的亮度。要指定颜色亮度，调整颜色滑块或在【亮度】文本框中指定值。

2）RGB 颜色模式

在【颜色模式】下拉列表框中选择 RGB 选项，指定使用 RGB 颜色模式来选择颜色。

颜色可以分解成红、绿、蓝 3 个分量，为每个分量指定的值分别表示红、绿、蓝颜色分量的强度。这些值的组合可以创建一个很宽的颜色范围，效果如图 5-35 所示。

图 5-35

◎ 红：指定颜色的红色分量。调整颜色滑块或在【红】文本框中指定 1 ～ 255 之间的值。如果调整该值，会在 HSL 颜色模式值中反映出来。

◎ 绿：指定颜色的绿色分量。调整颜色滑块或在【绿】文本框中指定 1 ～ 255 之间的值。如果调整该值，会在 HSL 颜色模式值中反映出来。

◎ 蓝：指定颜色的蓝色分量。调整颜色滑块或在【蓝】文本框中指定 1 ～ 255 之间的值。如果调整该值，会在 HSL 颜色模式值中反映出来。

3. 配色系统

选择【配色系统】选项卡，如图 5-36 所示。从中使用第三方配色系统（例如 PANTONE）或用户定义的配色系统指定颜色。选择配色系统后，【配色系统】选项卡将显示选定配色系统的名称。

在【配色系统】下拉列表框中指定用于选择颜色的配色系统，包括在【配色系统位置】

（在【选项】对话框的【文件】选项卡中指定）中找到的所有配色系统，显示选定配色系统的页，以及每页上的颜色和颜色名称。程序支持每页最多包含10种颜色的配色系统，如果配色系统没有分页，程序将按每页 7 种颜色的方式将颜色分页。要查看配色系统页，在颜色滑块上选择一个区域或用上下箭头进行浏览。

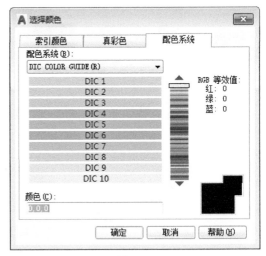

图 5-36

5.2.4 设置图层线型

线型是指图形基本元素中线条的组成和显示方式，如虚线、实线等。在 AutoCAD 中，既有简单线型，也有由一些特殊符号组成的复杂线型，以满足不同国家或行业标准的要求。在建筑绘图中，常常用不同的线型来画一些特殊的对象，例如，用虚线绘制不可见棱边线和不可见轮廓线，用点划线绘制建筑的轴线等。

1. 线型管理器

在【图层特性管理器】选项板中单击【线型】列中的任意图标，弹出【选择线型】对话框，如图 5-37 所示，在【已加载的线型】列表框中显示当前图形中的可用线型，选择一种线型，然后单击【确定】按钮。

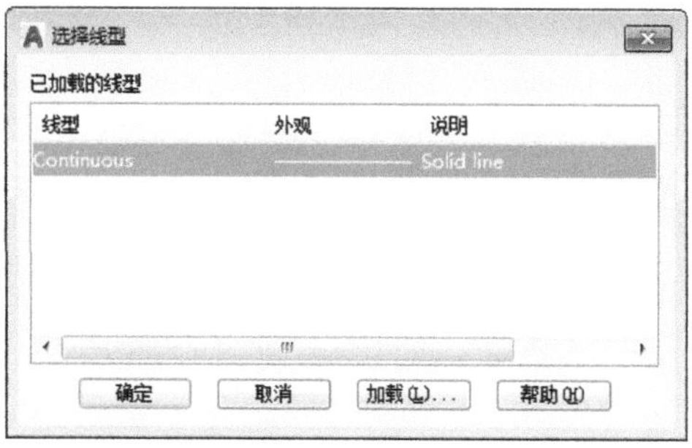

图 5-37

2. 加载或重载线型

在默认情况下，在【选择线型】对话框中的【已加载的线型】列表框中只有 Continuous 一种线型，如果要使用其他线型，必须将其添加到【已加载的线型】列表框中。如果想将图层的线型设为其他形式，可以单击【加载】按钮，弹出【加载或重载线型】对话框，如图 5-38 所示。从中可以将选定的线型加载到图层中，并将它们添加到【已加载的线型】列表框中。单击【文件】按钮，将弹出【选择线型文件】对话框，如图 5-39 所示，从中可以选择其他线型（LIN）的文件。在 AutoCAD 中，acad.lin 文件包含标准线型。在【文件名】文本框中显示的是当前（LIN）文件名，可以输入另一个（LIN）文件名或单击【文件】按钮，在弹出的【选择线型文件】对话框中选择其他文件。在【可用线型】列表框中显示的是可以加载的线型。要选择或清除列表框中的全部线型，需右击，并在弹出的快捷菜单中选择【选择全部】或【清除全部】命令。

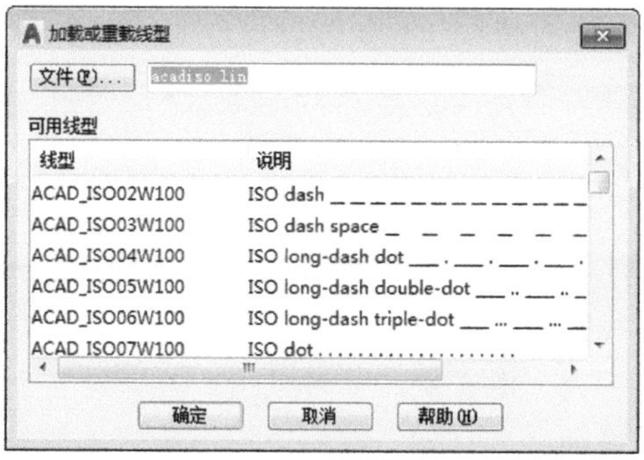

图 5-38

图 5-39

AutoCAD 包括线型定义文件 acad.lin 和 acadiso.lin。选择哪个线型文件，取决于使用英制测量系统还是公制测量系统。英制系统使用 acad.lin 文件，公制系统使用 acadiso.lin 文件。两个线型定义文件都包含若干个复杂线型。

3. 设置线型比例

在 AutoCAD 中，当用户绘制非连续线线型的图元时，需要控制其线型比例。通过线型管理器，可以加载线型和设置当前线型。在菜单栏中执行【格式】|【线型】命令，弹出【线型管理器】对话框，如图 5-40 所示。单击【显示细节】按钮，会在对话框下面出现【详细信息】选项组。其中显示了选中线型的名称、说明和全局比例因子等。在用某些线型进行绘图时，经常遇到如中心线或虚线显示为实线的情况，这是因为线型比例过小造成的。通过全局修改或单个修改每个对象的线型比例因子，可以以不同的比例使用同一个线型。在默认情况下，全局线型和单个线型比例均设置为 1.0。比例越小，每个绘图单位中生成的重复图案就越多。例如，线型比例由 1.0 变为 0.5 时，在同样长度的一条点划线中，将显示重复两次的同一图案。对于太短甚至不能显示一个虚线小段的线段，可以使用更小的线型比例，线型比例由两个方面来控制。

图 5-40

（1）全局线型比例因子。

全局线型比例因子控制整张图中所有的线型整体比例。在命令行中输入 LTSCALE 命令，可以调出全局线型比例因子设置，一般默认为 1。

（2）各图元基本属性中的线型比例。

按 Ctrl+1 组合键或在命令行中输入 Properties 命令，可打开【特性】选项板，如图 5-41 所示。当选中图元时，在【常规】属性栏的【线型比例】文本框中，可通过输入不同的数值，调整单个图元的线型比例。

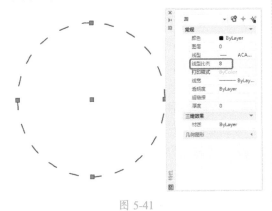

图 5-41

在【线型管理器】对话框中显示【全局比例因子】和【当前对象缩放比例】。【全局比例因子】的值控制 LTSCALE 系统变量，该系统变量可以全局修改新建和现有对象的线型比例。【当前对象缩放比例】的值控制 CELTSCALE 系统变量，该系统变量可设置新建对象的线型比例。将 CELTSCALE 的值乘以 LTSCALE 的值可获得已显示的线型比例。

在图形中，可以很方便地单独或全局修改线型比例。

5.2.5　设置图层线宽

在绘制图纸时不但要求清晰准确，还需要美观，最重要的一条因素就是图元线条是否层次分明。设置不同的线宽，是使图纸层次分明的最好方法之一。如果线宽设置得合理，图纸打印出来就可以很方便地根据线的粗细来区分不同类型的图元。使用线宽，可以用粗线和细线清楚地表现出截面的剖切方式、标高的深度、尺寸线和小标记，以及细节上的不同。

线宽设置就是指改变线条的宽度。在 AutoCAD 中，使用不同宽度的线条表现对象的大小或类型，可以提高图形的表达能力和可读性。例如，通过为不同图层指定不同的线宽，可以很方便地区分新建的、现有的和被破坏的结构。除非单击状态栏上的【线宽】按钮，否则不显示线宽。除了 TrueType 字体、光栅图像、点和实体填充（二维实体）以外的所有对象，都可以显示线宽。在平面视图中，多段线忽略所有用线宽设置的宽度值，当在视图中而不是在【平面】中查看多段线时，多段线才显示线宽。在模型空间中，线宽以像素显示，并且在缩放时不发生变化。因此，在模型空间中精确表示对象的宽度时，则不应使用线宽。例如，如果要绘制一个实际宽度为 5mm 的对象，就不能使用线宽，而应该用宽度为 5mm 的多段线来表现对象。

具有线宽的对象将以指定的线宽值打印。这些值的标准设置包括【随层】【随块】和【默认】，它们的单位可以是英寸或毫米（默认单位是毫米）。所有图层的初始设置均由 LWDEFAULT 系统变量控制，其值为 0.25mm。当线宽值为 0.025mm 或更小时，在模型空间显示为 1 像素宽，并将以指定打印设备允许的最细宽度打印。在命令行中所输入的线宽值将舍入到最接近的预定义值。

要设置图层的线宽，可以在【图层特性管理器】选项板的【线宽】列中单击该图层对应的线宽【默认】，弹出【线宽】对话框，有 20 多种线宽可供选择，如图 5-42 所示。也可以在菜单栏中执行【格式】|【线宽】命令，弹出【线宽设置】对话框，通过调整线宽比例，使图形中的线宽显示得更宽或更窄，如图 5-43 所示。

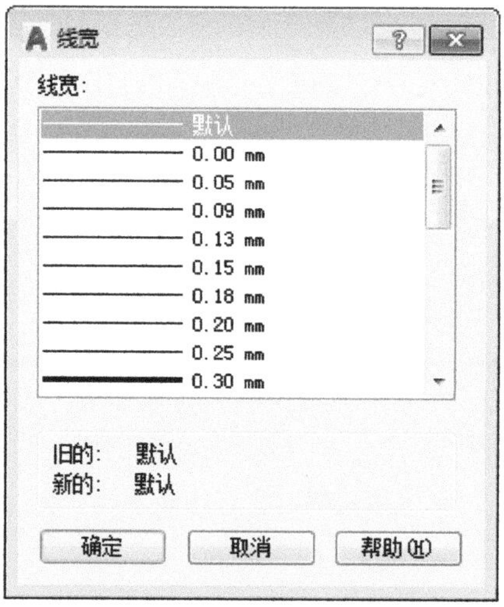

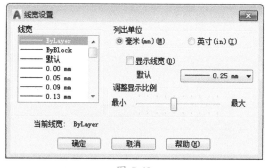

图 5-42

图 5-43

通过【线宽设置】对话框，可以设置线宽单位和默认值，以及显示比例。也可以通过以下几种方法来访问【线宽设置】对话框：在命令行中输入 LWEIGHT 命令；在状态栏的【线宽】按钮上右击，在弹出的快捷菜单中选择【设置】命令；或者在【选项】对话框的【用户系统配置】选项卡中单击【线宽设置】按钮。在弹出的【线宽设置】对话框中可以设置当前线宽，设置线宽单位，控制

【模型】选项卡上线宽的显示及其显示比例，以及设置图层的默认线宽值等。

■ 5.2.6　修改图层特性

可以改变图层名和图层的任意特性（包括颜色、线型和线宽），也可将对象从一个图层再指定给另一图层。因为图形中的所有内容都与一个图层关联，所以在规划和创建图形的过程中，可能会需要更改图层中放置的内容，或查看组合图层的方式。

在设置图层时，每个图层都有其各自不同的颜色、线宽和线型等属性定义。在图纸绘制时，一般都应做到尽量保持图元属性和所在图层一致，即该图元的各种属性都为 ByLayer。如果在错误的图层上创建了对象，或者决定修改图层的组织方式，则可以将对象重新指定给不同的图层。除非已明确设置了对象的颜色、线型或其他特性，否则，重新指定给不同图层的对象将采用该图层的特性。这样，将有助于保持图面的清晰，以及绘图的准确和效率的提高。当然，在特定的情况下，也可使某图元的属性不为 ByLayer，以达到特定的目的。

可以在图层特性管理器和【图层】工具栏的【图层】控件中修改图层特性。单击图标以修改设置，图层名和颜色只能在图层特性管理器中修改，不能在【图层】控件中修改。

可以通过在菜单栏中执行【格式】|【图层工具】|【上一个图层】命令，来放弃对图层设置所做的修改，如图 5-44 所示。例如，如果先冻结若干图层并修改图形中的某些几何图形，然后又要解冻冻结的图层，则可以使用单个命令来完成此操作，而不会影响几何图形的修改。另外，如果修改了若干图层的颜色和线型之后，又决定使用修改前的特性，可以使用【上一个图层】命令撤销所做的修改并恢复原始的图层设置。

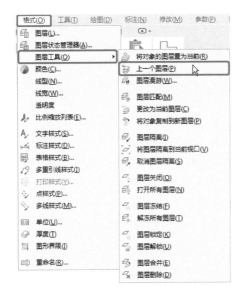

图 5-44

使用【上一个图层】命令，可以放弃使用【图层】控件或图层特性管理器最近所做的修改。用户对图层设置所做的每个修改都将被追踪，并且可以使用【上一个图层】命令放弃操作。在不需要图层特性追踪功能时，例如，在运行大型脚本时，可以使用 LAYERPMODE 命令暂停该功能。关闭【上一个图层】追踪后，系统性能将在一定程度上有所提高。

但是，【上一个图层】命令无法放弃以下修改。

◎ 重命名的图层：如果重命名某个图层，然后修改其特性，则选择【上一个图层】命令，将恢复除原始图层名以外的所有原始特性。

◎ 删除的图层：如果删除或清理某个图层，则使用【上一个图层】命令，无法恢复该图层。

◎ 添加的图层：如果将新图层添加到图形中，则使用【上一个图层】命令，不能删除该图层。

可以通过在【选项】对话框中的【用户系统配置】选项卡选择【合并图层特性更改】复选框，来对图层特性管理器中的更改进行分组。在【放弃】列表框中，图形创建和删除将被作为独特项目进行追踪。

下面将通过实例讲解如何设置图层特性，具体操作步骤如下。

`01` 在菜单栏中选择【格式】|【图层】命令，如图 5-45 所示。

图 5-45

`02` 打开【图层特性管理器】选项板，新建一个图层，单击该图层右侧的颜色色标，弹出【选择颜色】对话框，在该对话框中选择【红】，如图 5-46 所示。

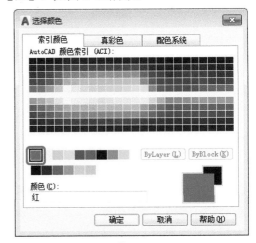

图 5-46

`03` 单击【确定】按钮，返回【图层特性管理器】选项板，即可看到该图层的颜色由原来的白色变成了红色，显示效果如图 5-47 所示。

图 5-47

04 单击该图层右侧的线型名称，如图 5-48 所示。

图 5-48

05 弹出【选择线型】对话框，在该对话框中列出了当前已加载的线型，若列表框中没有所需线型，则单击【加载】按钮，如图 5-49 所示。

图 5-49

06 弹出【加载或重载线型】对话框，选择需要加载的线型，这里选择 ACAD_ISO03W100 线型，如图 5-50 所示，单击【确定】按钮完成加载。

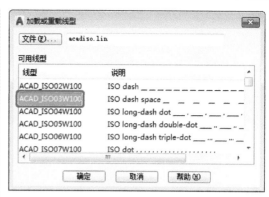

图 5-50

07 返回【选择线型】对话框，选择刚才加载的 ACAD_ISO03W100 线型，如图 5-51 所示。

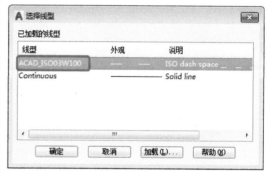

图 5-51

08 单击【确定】按钮完成设置，返回【图层特性管理器】选项板，即可看到线型由原来的 Continuous 变成了新设置的线型，显示效果如图 5-52 所示。

图 5-52

09 选择要修改线宽特性的图层，单击其右侧的线宽名称，弹出【线宽】对话框，在【线宽】列表框中选择 0.30mm 线宽，如图 5-53 所示。

图 5-53

10 单击【确定】按钮，返回【图层特性管理器】选项板，即可看到线宽由原来的默认变成了0.30mm，显示效果如图5-54所示。

图 5-54

5.3 管理图层

管理图层是为了更好地绘制图形，包括设置当前图层、重命名图层、删除图层、合并图层等。

5.3.1 设置当前图层

当前图层就是当前正在使用的图层，若需要在某个图层上绘制图形对象，则应将该图层设置为当前图层。将图层设置为当前图层的方法有以下四种。

◎ 在【图层特性管理器】选项板中选择需

设置为当前的图层，单击【置为当前】按钮。

◎ 在【图层特性管理器】选项板中需设置为当前图层的图层上右击，在弹出的快捷菜单中选择【置为当前】命令。

◎ 在【图层特性管理器】选项板中直接双击需置为当前图层的图层。

◎ 在【默认】选项卡的【图层】组中单击【图层】下拉按钮，然后在弹出的下拉列表中选择所需的图层，也可将需要的图层设置为当前图层。

5.3.2 重命名图层

为图层重命名有助于图层的管理，并且可以更好地区分图层，重命名图层的方法有以下三种。

◎ 在【图层特性管理器】选项板中选择需要重命名的图层，按F2键，然后输入图层名称并按Enter键确认。

◎ 在【图层特性管理器】选项板中选择需要重命名的图层，单击其图层名称，使其呈可编辑状态，输入图层名称后，按Enter键确认。

◎ 在选择的图层上右击，在弹出的快捷菜单中选择【重命名图层】命令，如图5-55所示，输入名称后按Enter键确认。

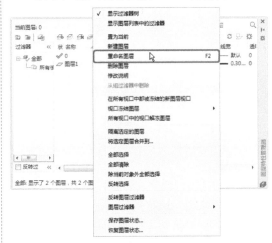

图 5-55

执行上述操作后，直接输入需要的新图层名称，输入完成后按 Enter 键确认即可。

■ 5.3.3 删除图层

在管理图层的过程中，用户可以将不需要的图层删除。

在 AutoCAD 2020 中，删除图层的方法有以下两种。

◎ 在【图层特性管理器】选项板中选择需要删除的图层，单击【删除图层】按钮。

◎ 在选择的图层上右击，在弹出的快捷菜单中选择【删除图层】命令，如图 5-56所示。

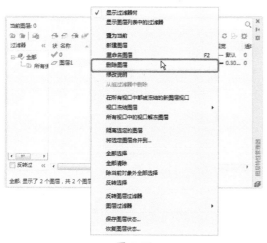

图 5-56

提示：在删除图层的过程中，0 层、默认层、当前层、含有实体的层和外部引用依赖层是不能被删除的。

■ 5.3.4 合并图层

在绘制图形的过程中，可以将某个图层上的图形对象与其他图层进行合并。下面将简单介绍如何将两个图层进行合并，其操作步骤如下。

[01] 打开【素材 01.dwg】素材文件，如图 5-57

所示。

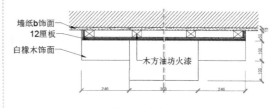

电视墙剖面图A

图 5-57

[02] 在命令行中输入 LAYER 命令，在弹出的【图层特性管理器】选项板中选择【文字标注】图层，右击，在弹出的快捷菜单中选择【将选定图层合并到】命令，如图 5-58 所示。

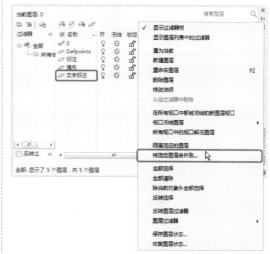

图 5-58

[03] 执行该操作后，将会弹出【合并到图层】对话框，在该对话框中选择【标注】图层，如图 5-59 所示。

图 5-59

04 选择完成后，单击【确定】按钮，在弹出的【合并到图层】对话框中单击【是】按钮，如图 5-60 所示。

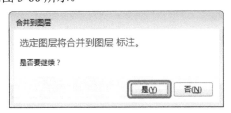

图 5-60

05 执行该操作后，即可将【文字标注】图层合并到【标注】图层中，如图 5-61 所示。

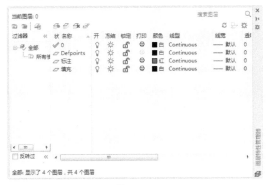

图 5-61

06 将图层合并后，【文字标注】图层中的对象将会被合并到【标注】图层中，同样，【文字标注】图层中的对象将会应用【标注】图层的设置，效果如图 5-62 所示。

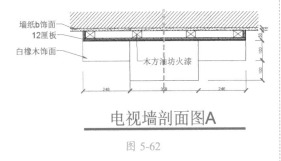

电视墙剖面图A

图 5-62

■ 5.3.5 改变图形所在图层

在绘制图形的过程中，可以将某图层上的图形对象改变到其他图层上，该操作与合并图层基本相同。下面将通过实例讲解如何改变图形所在图层，具体操作步骤如下。

01 打开【素材 02.dwg】素材文件，如图 5-63 所示。

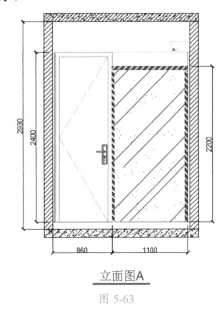

立面图A

图 5-63

02 在绘图区中选择所有的尺寸标注，选择【默认】选项卡，在【图层】组中单击图层下三角按钮，在弹出的下拉列表中选择【尺寸标注】选项，如图 5-64 所示。

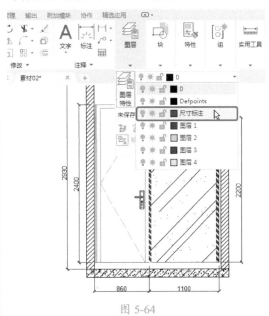

图 5-64

03 执行该操作后，即可将选中的文字改变至【尺寸标注】图层中，效果如图 5-65 所示。

04 除了上述方法外，用户还可以在选中对象后右击鼠标，在弹出的快捷菜单中选择【特性】命令，如图 5-66 所示。

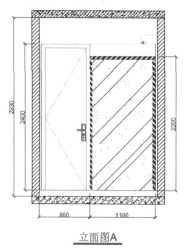

立面图A

图 5-65

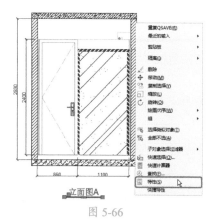

立面图A

图 5-66

05 在弹出的【特性】选项板中选择【图层】下拉列表中的【0】，如图 5-67 所示。

图 5-67

06 执行该操作后，即可改变图形所在的图层，效果如图 5-68 所示。

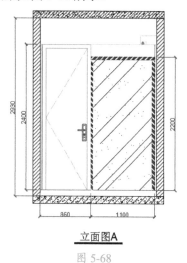

立面图A

图 5-68

5.3.6 打开与关闭图层

若绘制的图形过于复杂，在编辑图形对象时就比较困难，此时可以将不相关的图层关闭，只显示需要编辑的图层，在图形编辑完成后，可以将关闭的图层打开。

1. 关闭图层

被关闭图层上的对象不仅不会显示在绘图区中，也不能被打印出来。

在 AutoCAD 2020 中，关闭图层的方法有以下几种。

◎ 在【默认】选项卡的【图层】组中单击【图层】下拉按钮 ，然后在弹出的下拉列表中单击需要关闭的图层前的 图标，使其变成 图标，如图 5-69 所示。

图 5-69

◎ 打开【图层特性管理器】选项板，在中间列表框中的【开】栏下单击💡图标，使其变成💡图标，如图 5-70 所示。

图 5-70

2．打开图层

在完成图形对象的编辑后，即可将隐藏的图层打开。

在 AutoCAD 2020 中，打开图层的方法有以下两种。

◎ 在【默认】选项卡的【图层】组中单击【图层】下拉按钮 💡☀🔓■ 0 　　　　▼，然后在弹出的下拉列表中单击需要打开的图层前的 💡图标，使其变成 💡图标。

◎ 打开【图层特性管理器】选项板，在中间列表框中的【开】栏下单击💡图标，使其变成💡图标。

■ 5.3.7　冻结与解冻图层

冻结图层有利于减少系统重生成图形的时间，也可以将冻结后的图层解冻，但当前图层不能被冻结。

1. 冻结图层

冻结的图层不参与重生成计算，且不显示在绘图区中，用户不能对其进行编辑。

在 AutoCAD 2020 中，冻结图层的方法有以下两种。

◎ 在【默认】选项卡的【图层】组中单击【图层】下拉按钮 💡☀🔓■ 0 　　　　▼，在

弹出的下拉列表中单击需要冻结的图层前的 ☀图标，使其变成 ❄图标。

◎ 打开【图层特性管理器】选项板，在中间列表框中的【冻结】栏下单击 ☀图标，使其变成❄图标。

2. 解冻图层

在 AutoCAD 2020 中，解冻图层的方法有以下两种。

◎ 在【默认】选项卡的【图层】组中单击【图层】下拉按钮 💡☀🔓■ 0 　　　　▼，在弹出的下拉列表中单击需要解冻的图层前的 ❄图标，使其变成 ☀图标。

◎ 打开【图层特性管理器】选项板，在中间列表框中的【冻结】栏下单击❄图标，使其变成 ☀图标。

下面将简单介绍如何冻结图层以及解冻图层，其具体操作步骤如下。

01 打开【素材 03.dwg】素材文件，如图 5-71 所示。

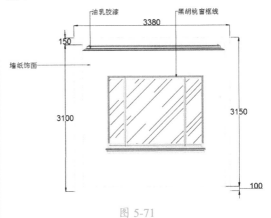

图 5-71

02 在命令行中输入 LAYER 命令，按 Enter 键确认，在弹出的【图层特性管理器】选项板中选择【尺寸标注】图层，单击其右侧的 ☀ 按钮，如图 5-72 所示。

03 执行该操作后，即可将该图层进行冻结，冻结图层后，该图层中的对象将不会在绘图区中显示，如图 5-73 所示。

04 再在【图层特性管理器】选项板中选择【填

充】图层,单击该图层右侧的 ❀ 按钮,如图5-74
所示。

图 5-72

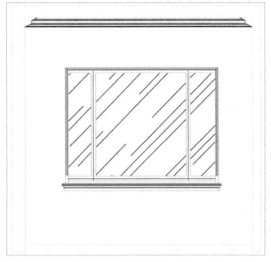

图 5-73

图 5-74

05 执行该操作后,即可将【填充】图层进
行解冻,同时,该图层中的对象也会在绘图
区中显示,效果如图5-75所示。

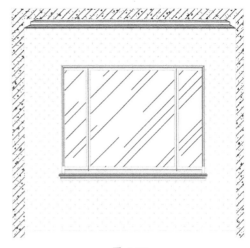

图 5-75

5.3.8　锁定与解锁图层

在绘制复杂的图形对象时,可以将不需
要编辑的图层锁定,被锁定图层中的图形对
象仍显示在绘图区上,但不能对其进行编辑
操作。

1. 锁定图层

在 AutoCAD 2020 中,锁定图层的方法有
以下两种。

◎ 在【默认】选项卡的【图层】组中单击【图
层】下拉按钮 ☀ ❀ ❏ ■ 0　　　▾,在
弹出的下拉列表中单击需要锁定的图层
前的 ❏ 图标,使其变成 🔒 图标。

◎ 打开【图层特性管理器】选项板,在中
间列表框中的【锁定】栏下单击 ❏ 图标,
使其变成 🔒 图标。

2. 解锁图层

在 AutoCAD 2020 中,解锁图层的方法有
以下两种。

◎ 在【默认】选项卡的【图层】组中单击【图
层】下拉按钮 ☀ ❀ ❏ ■ 0　　　▾,然
后在弹出的下拉列表中单击需要解锁的
图层前的 🔒 图标,使其变成 ❏ 图标。

◎ 打开【图层特性管理器】选项板,在中

间列表框中的【锁定】栏下单击🔒图标，使其变成🔓图标。

下面练习控制图层状态的相关操作，以巩固本节所讲的知识。

`01` 打开【素材 04.dwg】素材文件，如图 5-76 所示。

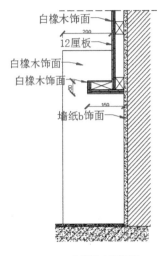

电视墙剖面图B

图 5-76

`02` 在命令行中输入 LAYER 命令，打开【图层特性管理器】选项板，选择【尺寸标注】图层，单击其右侧的🔓按钮，如图 5-77 所示。

图 5-77

`03` 执行该操作后，即可将【尺寸标注】图层锁定，如图 5-78 所示。

`04` 将图层锁定后，该图层中的对象在绘图区中将会颜色变浅显示，并且不能对其进行任何操作，效果如图 5-79 所示。

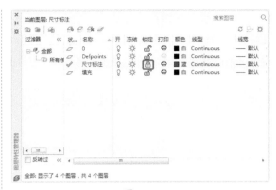

图 5-78

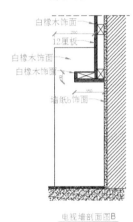

电视墙剖面图B

图 5-79

🎬 【实战】燃气灶

本案例将介绍如何绘制燃气灶，主要通过前面所学的图层知识来简单快捷地进行绘制，效果如图 5-80 所示。

素材:	无
场景:	场景 \Cha05\【实战】燃气灶 .dwg
视频:	视频教学 \Cha05\【实战】燃气灶 .mp4

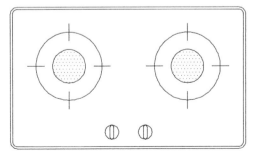

图 5-80

01 启动软件，新建一个文档，在命令行中输入 LAYER 命令，在弹出的【图层特性管理器】选项板中单击【新建图层】按钮，新建一个图层，将其重新命名为【辅助线】，将【颜色】设置为【红】，单击【辅助线】右侧的线型名称，如图 5-81 所示。

图 5-81

02 在弹出的【选择线型】对话框中单击【加载】按钮，如图 5-82 所示。

图 5-82

03 在弹出的【加载或重载线型】对话框中选择 ACAD_ISO03W100，如图 5-83 所示。

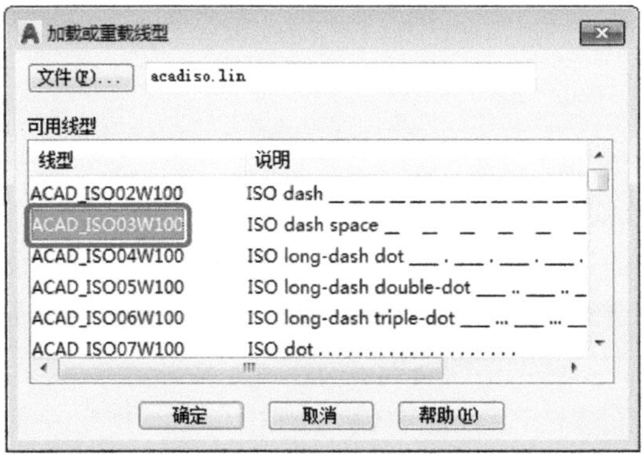

图 5-83

04 单击【确定】按钮，再在返回的【选择线型】对话框中选择 ACAD_ISO03W100 线型，单击【确定】按钮，选择【辅助线】图层，右击鼠标，在弹出的快捷菜单中选择【置为当前】命令，如图 5-84 所示。

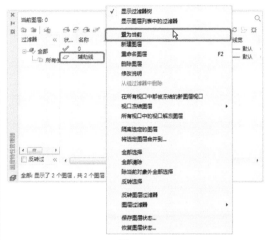

图 5-84

05 在命令行中输入 LINE 命令，在绘图区中指定第一点，输入 @0,605，按 Enter 键完成直线的绘制，如图 5-85 所示。

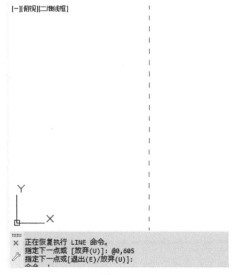

图 5-85

06 选中绘制的直线，在命令行中输入 OFFSET，输入 T，按 Enter 键确认，输入 171，按 Enter 键确认，并使用同样的方法向右偏移 519、690，如图 5-86 所示。

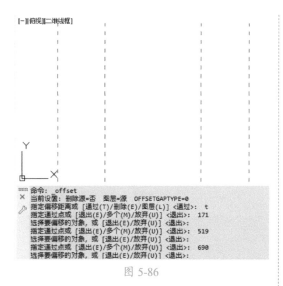

图 5-86

07 在命令行中输入 LINE 命令，在绘图区中以左侧直线上方的端点为第一点，输入 @890,0，按 Enter 键完成直线的绘制，如图 5-87 所示。

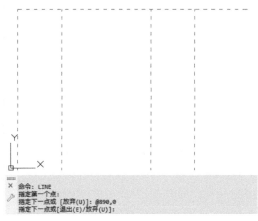

图 5-87

08 选中绘制的水平直线，在命令行中输入 MOVE 命令，以水平直线左侧的端点为基点，输入 @-100,-100，按 Enter 键，如图 5-88 所示。

09 继续选中水平直线，在命令行中输入 OFFSET 命令，输入 T，按 Enter 键确认，输入 405，按 Enter 键确认，如图 5-89 所示。

10 在命令行中输入 LAYER 命令，在打开的【图层特性管理器】选项板中单击【辅助线】右侧的 🔓 按钮，将其锁定，锁定后的效果如图 5-90 所示。

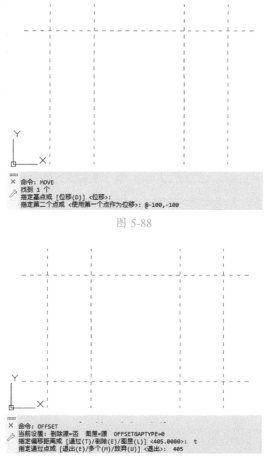

图 5-88

图 5-89

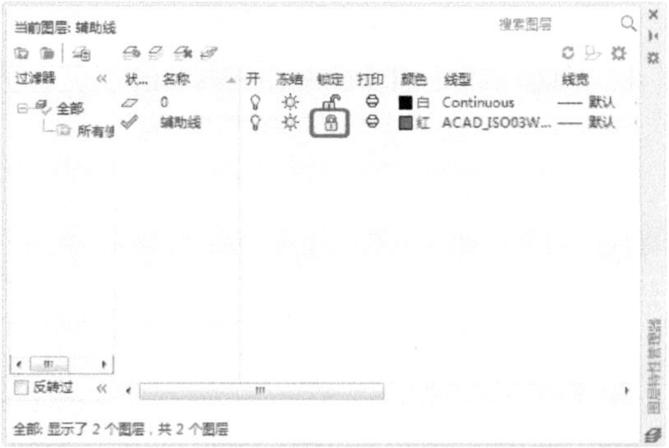

图 5-90

11 在【图层特性管理器】选项板中选择【0】图层，单击【新建图层】按钮，将新建的图层重新命名为【燃气灶】，单击【置为当前】按钮 ✓，如图 5-91 所示。

12 在命令行中输入 REC 命令，指定左侧辅助线上方的角点为第一角点，输入 @690,-405，按 Enter 键完成绘制，如图 5-92 所示。

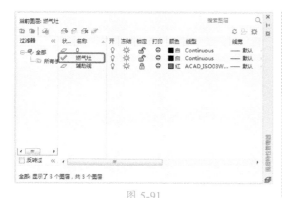

图 5-91

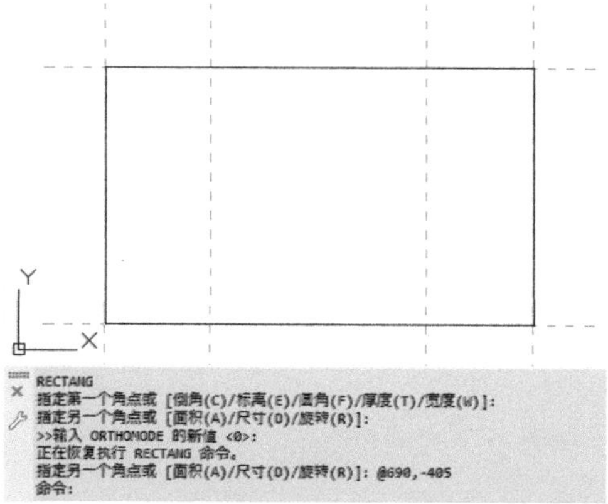

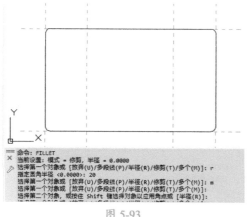

图 5-92

13 在命令行中输入 FILLET 命令，输入 R，按 Enter 键确认，输入 20，按 Enter 键确认，输入 M，按 Enter 键确认，然后对矩形的四个角进行圆角处理，如图 5-93 所示。

图 5-93

14 选中圆角后的矩形，在命令行中输入 OFFSET 命令，输入 T，按 Enter 键确认，向内引导鼠标，输入 6，按 Enter 键完成偏移，如图 5-94 所示。

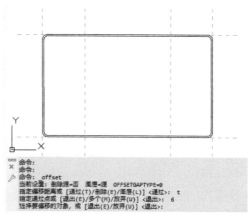

图 5-94

15 在命令行中输入 LAYER 命令，在弹出的【图层特性管理器】选项板中单击【辅助线】右侧的🔒按钮，将其取消锁定，取消锁定后的效果如图 5-95 所示。

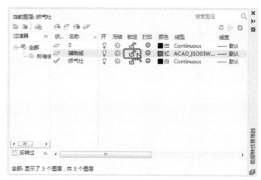

图 5-95

16 在绘图区中选择最上方的水平直线，在命令行中输入 OFFSET 命令，输入 T，按 Enter 键，向下引导鼠标，输入 169，按 Enter 键完成偏移，如图 5-96 所示。

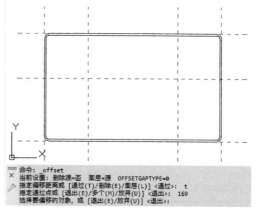

图 5-96

17 在【图层特性管理器】选项板中将【辅助线】图层锁定，在命令行中输入 C 命令，指定辅助线的交点为圆心，输入 97，按 Enter 键确认，完成圆形的绘制，如图 5-97 所示。

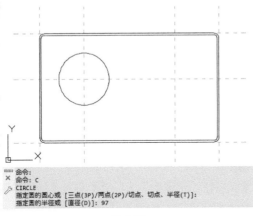

图 5-97

18 选中绘制的圆形，在命令行中输入 OFFSET 命令，输入 T，按 Enter 键确认，向内引导鼠标，输入 49，按 Enter 键完成偏移，如图 5-98 所示。

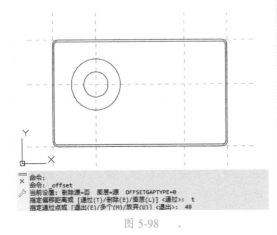

图 5-98

19 根据前面所学的知识，在绘图区中绘制四条直线，如图 5-99 所示。

20 在命令行中输入 HATCH 命令，输入 S，按 Enter 键确认，在绘图区中选择小圆形，如图 5-100 所示。

21 再输入 T，在弹出的【图案填充和渐变色】对话框中，将【图案】设置为 DOTS，将【比例】设置为 6，如图 5-101 所示。

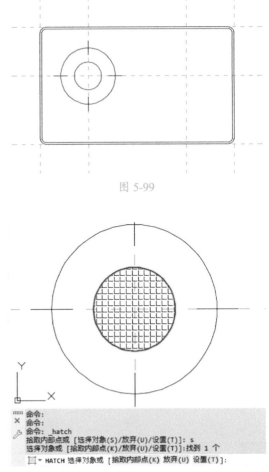

图 5-99

图 5-100

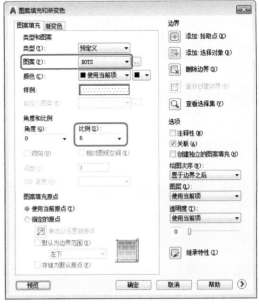

图 5-101

22 设置完成后，单击【确定】按钮，按 Enter 键完成图案填充，在绘图区中选择两个圆形与四条直线以及图案填充对象，在命令行中输入 COPY 命令，指定圆心为基点，向右水平移动鼠标，在辅助线的交点处单击鼠标，按 Enter 键完成复制，如图 5-102 所示。

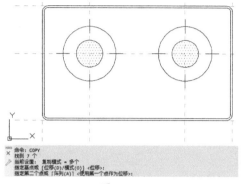

图 5-102

23 根据前面所介绍的方法在绘图中绘制其他图形，并进行相应的设置，如图 5-103 所示。

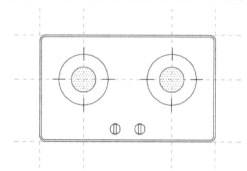

图 5-103

24 在【图层】组中单击【图层】下拉按钮，在弹出的下拉列表中将【辅助线】图层关闭，如图 5-104 所示。

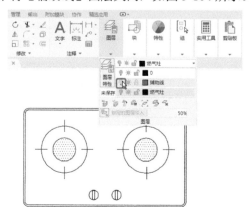

图 5-104

5.4 使用图块

使用图块包括创建外部图块、插入单个图块、删除图块、重命名图块和分解图块等。

5.4.1 创建内部图块

内部图块存储在图形文件内部，因此只能在存储该图块的文件中使用，不能在其他图形文件中使用，创建内部图块的方法有以下三种。

◎ 在【默认】选项卡的【块】组中单击【创建】按钮 。

◎ 显示菜单栏，选择【绘图】|【块】|【创建】命令。

◎ 在命令行中执行 BLOCK 或 B 命令。

下面通过实例来讲解如何创建内部图块，其具体操作步骤如下。

01 打开【素材 05.dwg】素材文件，如图 5-105 所示。

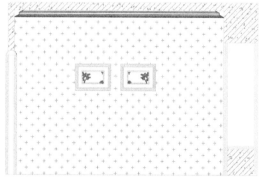

图 5-105

02 在命令行中输入 BLOCK 命令，执行该操作后，即可打开【块定义】对话框，在该对话框中单击【选择对象】按钮 ，如图 5-106 所示。

03 执行该操作后，在绘图区中选择要创建块的对象，如图 5-107 所示。

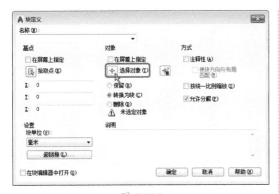

图 5-106

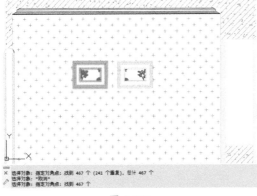

图 5-107

04 按 Enter 键完成块的选择，在返回的【块定义】对话框中单击【拾取点】按钮 ，如图 5-108 所示。

图 5-108

05 执行该操作后，在绘图区中指定基点，如图 5-109 所示。

06 再在返回的【块定义】对话框中将【名称】设置为【装饰画】，如图 5-110 所示。

07 设置完成后，单击【确定】按钮，执行该操作后，即可完成创建内部块，此时，在【块】

组中的【插入】下拉列表中会显示所创建的块对象，如图 5-111 所示。

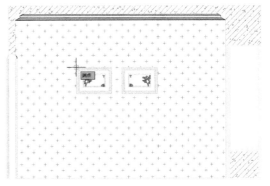

图 5-109

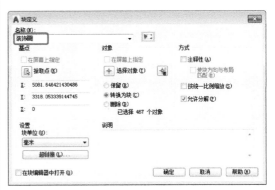

图 5-110

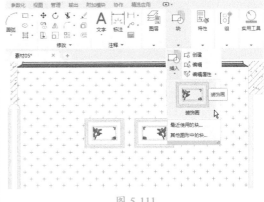

图 5-111

> 提示：在【块定义】对话框的【对象】选项组中，各单选按钮的含义如下。
>
> ◎ 【保留】单选按钮：选中该单选按钮，则被定义为图块的源对象仍然以原格式保留在图区中。
>
> ◎ 【转换为块】单选按钮：选中该

单选按钮,则在定义内部图块后,绘图区中被定义为图块的源对象同时被转换为图块。

◎ 【删除】单选按钮:选中该单选按钮,则在定义内部图块后,将删除绘图区中被定义为图块的源对象。

■ 5.4.2 创建外部图块

外部图块与内部图块恰恰相反,它是以文件的形式保存到计算机中的,随时都可以对其进行调整。在命令行中执行 WBLOCK 或 W 命令,即可开始创建外部块。

下面将讲解如何创建外部块对象,其具体操作步骤如下。

01 打开【素材 06.dwg】素材文件,如图 5-112 所示。

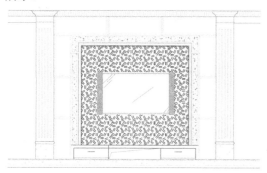

图 5-112

02 在命令行中输入 WBLOCK 命令,按 Enter 键确认,在弹出的对话框中单击【选择对象】按钮,如图 5-113 所示。

图 5-113

03 执行该操作后,在绘图区中选择要创建块的对象,如图 5-114 所示。

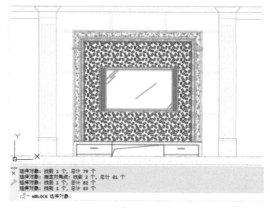

图 5-114

04 选择完成后,按 Enter 键确认,在【写块】对话框中单击【拾取点】按钮,如图 5-115 所示。

图 5-115

05 执行该操作后,在绘图区中指定插入基点,在此指定选中对象左上角的端点为基点,如图 5-116 所示。

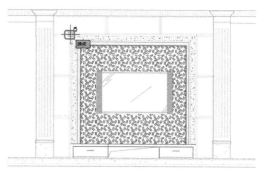

图 5-116

06 执行该操作后，在返回的【写块】对话框中单击【显示标准文件选择对话框】按钮，如图 5-117 所示。

图 5-117

07 在弹出的对话框中指定保存路径，将【文件名】设置为【影视墙】，如图 5-118 所示。

图 5-118

08 设置完成后，单击【保存】按钮，在返回的【写块】对话框中单击【确定】按钮，执行该操作后，即完成创建外部图块，创建外部图块后，该操作对绘图区中的对象没有任何影响，用户还可以对其中某个单独的图形进行编辑，如图 5-119 所示。

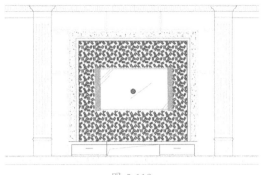

图 5-119

5.4.3 插入单个图块

图块创建完成后，在绘制图形的过程中就可以将其插入到需要的位置了。插入单个内部图块与外部图块的方法完全一样。

◎ 显示菜单栏，选择【插入】|【块选项板】命令。

◎ 在【默认】选项卡的【块】组中单击【插入】按钮。

◎ 在命令行中执行 INSERT 或 DDINSERT 命令。

下面将介绍如何插入单个图块，其具体操作步骤如下。

01 打开【素材 07.dwg】素材文件，如图 5-120 所示。

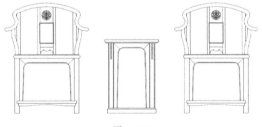

图 5-120

02 在命令行中输入 INSERT 命令，在弹出的【块】选项板中单击【浏览】按钮，如图 5-121 所示。

03 在弹出的对话框中选择【中式台灯.dwg】素材文件，如图 5-122 所示。

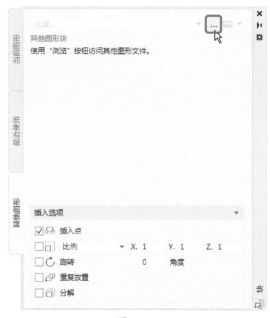

图 5-121

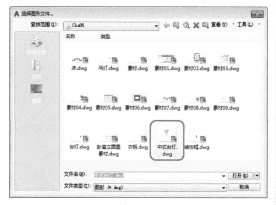

图 5-122

01 单击【打开】按钮，在返回的【块】选项板中单击【中式台灯 .dwg】，在绘图区中指定插入点，完成图块的插入，效果如图 5-123 所示。

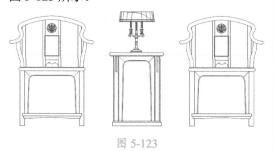

图 5-123

提示：若要插入内部图块，在【插入】下拉列表中选择需要的图块名称，然后在绘图区中指定插入点即可，但该操作必须在保存内部图块的图形文件中进行。

5.4.4 插入多个图块

若要一次插入多个相同的图块，可以使用阵列、定数等分和定距等分方式。

1. 以阵列方式插入多个图块

阵列方式是在需要插入多个相同的图块时，以矩形阵列的方式将其插入图形中，在命令行中执行 MINSERT 命令即可。

01 打开【素材 08.dwg】素材文件，如图 5-124 所示。

图 5-124

02 在命令行中输入 MINSERT 命令，根据提示输入【拼花】，按 Enter 键确认，在绘图区中指定第一个图块的插入点，根据命令提示输入 1，按两次 Enter 键确认，输入旋转角度为 0，按 Enter 键确认，根据命令提示输入行数为 3，按 Enter 键确认，列数为 4，按 Enter 键确认，根据命令提示输入阵列的行距为 1200，列间距为 1200，按 Enter 键完成插入多个图块，效果如图 5-125 所示。

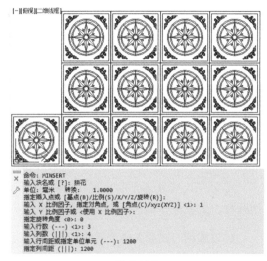

图 5-125

提示：在插入多个图块之前，首先要保证当前文档中有内部块，否则无法插入多个图块对象。

2. 以定数等分方式插入多个图块

使用定数等分方式插入图块时，只能插入内部图块，不能插入外部图块。以定数等分方式插入多个图块，要在命令行中执行 DIVIDE 命令。

01 打开【素材09.dwg】素材文件，如图 5-126 所示。

02 在命令行中输入 DIVIDE 命令，选择绘图区中的直线，在命令行中输入 B，指定要插入图块的名称，这里输入【路灯】，并按 Enter 键，在命令行中输入 Y，按空格键确认，将线段数目设置为 6，以定数等分方式插入图块的效果如图 5-127 所示。

图 5-126

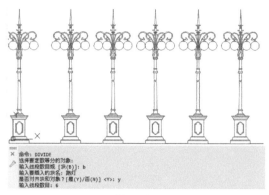

图 5-127

3. 以定距等分方式插入多个图块

以定距等分方式插入多个图块与以定数等分方式插入多个图块的方法类似，具体操作步骤如下。

01 在命令行中执行 MEASURE 命令，选择被等分的对象，在命令行中输入 B，按回车键进行确认，输入要插入块的名称，按回车键进行确认。

02 在命令行中输入 Y 命令，按回车键进行确认，输入间隔的长度，按回车键即可以定距等分方式插入多个图块。

5.4.5 通过设计中心插入图块

设计中心是 AutoCAD 绘图的一项特色，其包含了多种图块，通过它可方便地将这些图块应用到图形中。打开【设计中心】选项板的方法有以下三种。

◎ 在【视图】选项卡的【选项板】组中单击【设计中心】按钮 ▦。

◎ 显示菜单栏，选择【工具】|【选项板】|【设计中心】命令。

◎ 按 Ctrl+2 组合键。

执行上述任意命令后，都将打开【设计中心】选项板，其中调用图块的方法有以下三种。

◎ 将图块直接拖动到绘图区中，按照默认设置将其插入，如图 5-128 所示。

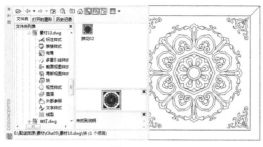

图 5-128

◎ 在内容区域中的某个项目上右击，在弹出的快捷菜单中选择【插入为块】命令。

◎ 双击相应的图块，将弹出【插入】对话框，若双击填充图案，将弹出【边界图案填充】对话框，通过这两个对话框也可以将图块插入到绘图区中。

提示：将【设计中心】选项板中的图块添加到绘图区中，该选项板不会关闭，用户还可根据需要继续添加，若不需要添加，可单击选项板左上角的【关闭】按钮关闭该选项板。

5.4.6 删除图块

删除内部图块文件与删除计算机中的其他文件一样简单，删除内部图块的方法有以下两种。

◎ 显示菜单栏，选择【文件】|【图形实用工具】|【清理】命令。

◎ 在命令行中执行 PURGE 命令。

删除内部图块的具体操作过程如下。

01 在命令行中执行 PURGE 命令，弹出【清理】对话框，单击【可清除项目】按钮。

02 在【命名项目未使用】列表框中双击【块】选项，显示当前图形文件中的所有内部图块。然后选择要删除的图块，如图 5-129 所示。

03 单击【清除选中的项目】按钮，此时将会弹出提示对话框，提示是否清理所选的图块，如图 5-130 所示。

04 单击【清理此项目】按钮，即可将选中的块清除。

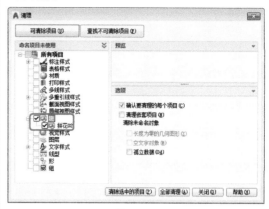

图 5-129

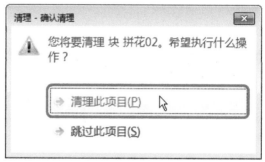

图 5-130

5.4.7 重命名图块

对于内部图块文件，可直接在保存目录中进行重命名，其方法比较简单。在命令行中执行 RENAME 或 REN 命令，即可对内部图块进行重命名，具体操作过程如下。

01 在命令行中执行 RENAME 命令，弹出【重命名】对话框，然后在左侧的【命名对象】列表框中选择【块】选项。此时在【项目】列表框中即显示了当前图形文件中的所有内部块，选择要重命名的图块，在下方的【旧名称】文本框中会自动显示该图块的名称。在【重命名为】按钮右侧的文本框中输入新的名称，然后单击【重命名为】按钮，确认重命名操作，如图 5-131 所示。

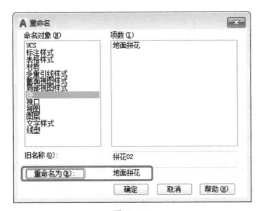

图 5-131

02 单击【确定】按钮关闭【重命名】对话框。如需重命名多个图块名称，则可在该对话框中继续选择要重命名的图块，然后进行相关操作，最后单击【确定】按钮关闭对话框。

5.4.8 分解图块

由于插入的图块是一个整体，有时因为绘图的需要，需要将其分解，这样才能使用各种编辑命令对其进行编辑。分解图块的方法有以下三种。

◎ 显示菜单栏，选择【修改】|【分解】命令。

◎ 在【默认】选项卡的【修改】组中单击【分解】按钮 。

◎ 在命令行中执行 EXPLODE 或 X 命令。

执行上述任意命令后，按 Enter 键即可分解图块。图块被分解后，其各个组成元素将变为单独的对象，然后即可单独对各个组成元素进行编辑。

如果插入的图块是以等比例方式插入的，则分解后它将成为原始对象组件；如果插入图块时在 X、Y、Z 轴方向上设置了不同的比例，则图块可能被分解成未知的对象。

> 提示：对于多段线、矩形、多边形和填充图案等对象，也可以使用 EXPLODE 命令进行分解，但直线、样条曲线、圆、圆弧和单行文字等对象不能被分解，使用阵列命令插入的块也不能被分解。

 【实战】 室内立面图

本案例将介绍室内立面图的完善，主要通过插入图块、创建图块以及重命名图块来完成室内立面图的制作，效果如图 5-132 所示。

素材：	素材 \Cha05\ 室内立面图素材 .dwg、衣柜 .dwg
场景：	场景 \Cha05\ 室内立面图 .dwg
视频：	视频教学 \Cha05\【实战】室内立面图 .mp4

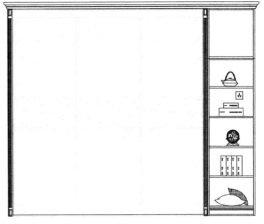

图 5-132

01 打开【室内立面图素材 .dwg】素材文件，如图 5-133 所示。

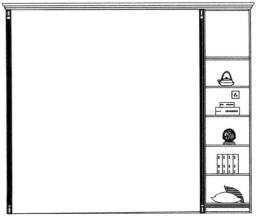

图 5-133

02 在命令行中输入 BLOCK 命令，在弹出的【块定义】对话框中单击【选择对象】按钮 ，在绘图区中选择要创建块的对象，如图 5-134 所示。

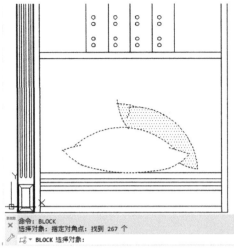

图 5-134

03 选择完成后，按 Enter 键确认，在返回的
【块定义】对话框中单击【拾取点】按钮🔍，
在绘图区中指定插入基点，如图 5-135 所示。

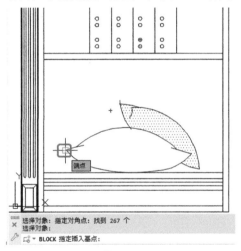

图 5-135

04 再在返回的【块定义】对话框中将【名称】
设置为【抱枕】，如图 5-136 所示。

图 5-136

05 设置完成后，单击【确定】按钮，在绘
图区中选择如图 5-137 所示的对象。

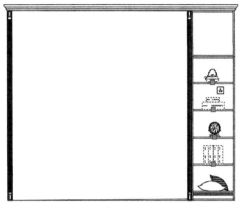

图 5-137

06 在命令行中输入 BLOCK 命令，在弹出
的【块定义】对话框中单击【拾取点】按钮，
在绘图区中拾取插入基点，如图 5-138 所示。

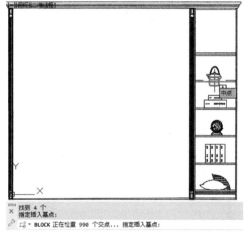

图 5-138

07 在返回的【块定义】对话框中将【名称】
设置为【装饰品】，如图 5-139 所示。

图 5-139

08 单击【确定】按钮，在命令行中输入 INSERT 命令，在弹出的【块】选项板中单击【浏览】按钮 ，如图 5-140 所示。

图 5-140

09 在弹出的对话框中选择【衣柜.dwg】素材文件，单击【打开】按钮，在【块】选项板中单击【衣柜.dwg】，在绘图区中指定插入点，插入图块，如图 5-141 所示。

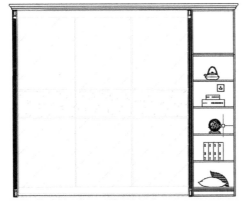

图 5-141

10 在命令行中输入 RENAME 命令，在弹出的【重命名】对话框中选择【命名对象】列表框中的【块】，在【项数】列表框中选择【衣柜】，在【重命名为】右侧的文本框中输入【推拉门衣柜】，如图 5-142 所示。

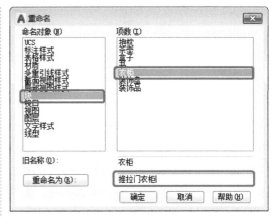

图 5-142

11 单击【重命名为】按钮，然后再单击【确定】按钮，完成重命名图块，在命令行中输入 WBLOCK 命令，在弹出的【写块】对话框中单击【选择对象】按钮 ，在绘图区中选择要创建外部块的对象，如图 5-143 所示。

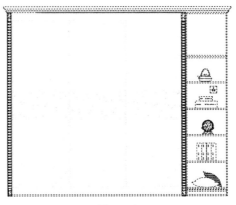

图 5-143

12 按 Enter 键确认，在返回的【写块】对话框中单击【拾取点】按钮 ，在绘图区中指定插入点，如图 5-144 所示。

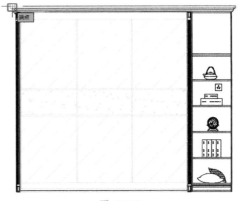

图 5-144

13 在返回的【写块】对话框中指定存储路径及名称，将块进行存储，然后在【写块】对话框中单击【确定】按钮，完成外部块的创建。

5.5 图块属性与外部参照

图块属性不能独立存在和使用，只有在块的插入过程中才会出现。图块属性可以是块的名称、用途、部件号及机件的型号等。

■ 5.5.1 定义属性

图块的属性反映了图块的非图形信息。图块属性和图块一样，都可以进行修改。下面分别对定义属性和编辑属性的方法进行讲解。

属性是所创建的包含在块定义中的对象，它包括标记（标识属性的名称）、插入块时显示的提示、值的信息、文字样式、位置和任何可选模式。定义属性的方法有以下三种。

◎ 在【默认】选项卡的【块】组中单击【定义属性】按钮。

◎ 在【插入】选项卡的【属性】组中单击【定义属性】按钮。

◎ 在命令行中执行 ATTDEF 或 ATT 命令。

对图块属性进行定义的具体操作过程如下。

01 打开【素材 11.dwg】素材文件，如图 5-145 所示。

图 5-145

02 在命令行中执行 ATTDEF 命令，弹出【属性定义】对话框，在【属性】选项组的【标记】文本框中输入【双人床】，在【提示】文本框中输入【床】，在【默认】文本框中输入【床】，在【文字设置】选项组的【对正】下拉列表中选择【左对齐】选项，在【文字高度】文本框中输入 80，如图 5-146 所示。

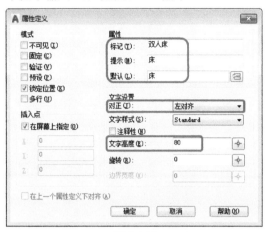

图 5-146

03 设置完成后，单击【确定】按钮，在绘图区中指定插入基点，定义属性后的效果如图 5-147 所示。

图 5-147

【属性定义】对话框的【模式】选项组用于设置属性的模式，部分复选框的含义如下。

◎ 【不可见】复选框：在插入图块并输入图块的属性值后，该属性值不在图中显示出来。

◎ 【固定】复选框：定义的属性值是常量，在插入图块时，属性值将保持不变。

◎ 【验证】复选框：在插入图块时，系统将对用户输入的属性值给出校验提示，以确认输入的属性值是否正确。

◎ 【预设】复选框：在插入图块时，将直接以图块默认的属性值插入。

◎ 【锁定位置】复选框：在插入图块时，位置将不变。

◎ 【多行】复选框：勾选该复选框，可以设置边界宽度、设置多行文字。

5.5.2 插入带属性的图块

在创建带有属性的图块时，需要同时选择块属性作为图块的成员对象。在带有属性的图块创建完成后，即可在插入图块时为其指定相应的属性值，插入带属性的图块有以下两种方式。

◎ 在【默认】选项卡的【块】组中单击【插入】按钮。

◎ 在命令行中执行 INSERT 或 I 命令。

5.5.3 修改属性

插入带属性的图块后，如果选择带属性的块，然后单击【编辑属性】按钮，将弹出【增强属性编辑器】对话框，如图 5-148 所示。列出选定的块实例中的属性并显示每个属性的特性。如觉得属性值不符合自己的要求，还可以对其进行修改，方法如下。

图 5-148

在命令行中执行 DDATTE 或 ATE 命令。

在命令行中执行 DDATTE 命令修改图块属性值，需要在选择定义属性的图块后，打开【编辑属性】对话框，如图 5-149 所示。在

该对话框中可以为属性图块指定新的属性值，但不能编辑文字选项或其他特性。

图 5-149

5.5.4 附着外部参照

附着外部参照也就是将存储在外部媒介上的外部参照链接到当前图形中的一种操作，调用该命令的方法有以下两种。

◎ 在【插入】选项卡的【参照】组中单击【附着】按钮。

◎ 在命令行中执行 XATTACH 或 ATTACH 命令。

执行上述任意命令后，其具体操作过程如下。

01 启动软件，新建一个空白文档，在命令行中输入 XATTACH 命令，在弹出的对话框中选择【素材 12.dwg】素材文件，如图 5-150 所示。

图 5-150

02 单击【打开】按钮，在弹出的【附着外
部参照】对话框中选中【附着型】单选按钮，
如图 5-151 所示。

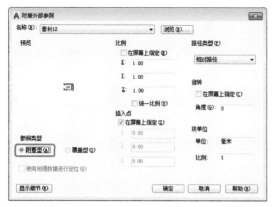

图 5-151

03 设置完成后，单击【确定】按钮，在绘
图区中指定插入点，根据命令提示输入 1，按
两次 Enter 键完成附着外部参照，如图 5-152
所示。

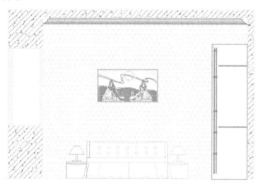

图 5-152

提示：外部参照与图块有很大的区别，
图块一旦被插入，将会作为图形中的一部
分，与原来的图块没有任何联系，它不会
随原来图块文件的改变而改变。而外部参
照被插入到某一个图形文件中，虽然也会
显示，但不能直接编辑，它只起链接作
用，将参照图形链接到当前图形。

【附着外部参照】对话框中部分选项的
含义如下。

◎ 【参照类型】选项组：指定外部参照的
类型。

◎ 【附着型】单选按钮：选中该单选按钮，
表示指定外部参照将被附着而非覆盖。
附着外部参照后，每次打开外部参照原
图形时，对外部参照文件所做的修改都
将反映在插入的外部参照图形中。

◎ 【覆盖型】单选按钮：选中该单选按钮，
表示指定外部参照为覆盖型，当图形作
为外部参照被覆盖或附着到另一个图形
时，任何附着到该外部参照的嵌套覆盖
图都将被忽略。

◎ 【路径类型】下拉列表：指定外部参照
的保存路径，在将路径类型设置为【相
对路径】之前，必须保存当前图形。

提示：在【视图】选项卡的【选项板】
组中单击【外部参照选项板】按钮，打开
如图 5-153 所示的【外部参照】选项板，在
选项板上方单击【附着 DWG】按钮，
也可以打开【选择参照文件】对话框。

图 5-153

5.5.5 剪裁外部参照

将外部参照插入图形中后，可以通过剪
裁命令满足用户的绘图需要，调用该命令的

方法有以下两种。

◎ 在【插入】选项卡的【参照】组中单击【剪裁】按钮。

◎ 在命令行中执行 XCLIP 或 CLIP 命令。

剪裁外部参照的具体操作过程如下。

`01` 继续上一小节的操作，如图 5-154 所示。

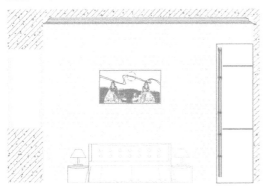

图 5-154

`02` 在命令行中执行 XCLIP 命令，选择整个对象，确认对象的选择，按空格键，默认选择【新建边界】选项，根据命令提示输入 R，按空格键选择【矩形】方式选择边界，框选需要保留部分的图形对象，如图 5-155 所示。

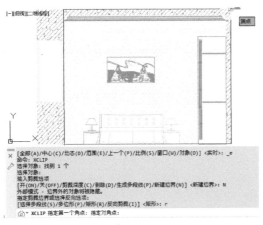

图 5-155

`03` 选择完成后，按 Enter 键完成裁剪，剪裁外部参照后的效果如图 5-156 所示。

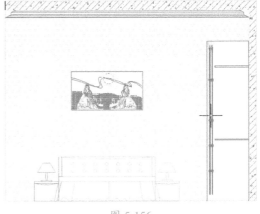

图 5-156

> 提示：剪裁外部参照后，选择剪裁后的外部参照，单击如图 5-157 所示的箭头，可以进行反向剪裁边界操作，效果如图 5-158 所示。

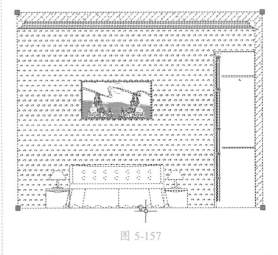

图 5-157

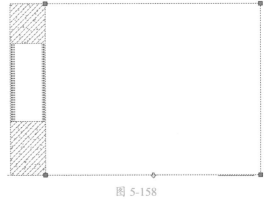

图 5-158

■ 5.5.6 绑定外部参照

绑定外部参照是指将外部参照定义转换为标准的内部图块，如果将外部参照绑定到正在打开的图形中，则外部参照及其所依赖的对象将成为当前图形中的一部分。调用该命令的方法是在命令行中执行 XBIND 命令，弹出【外部参照绑定】对话框，如图 5-159 所示，然后在该对话框的【外部参照】列表框中选择需要绑定的选项，单击【添加】按钮，将其添加到【绑定定义】列表框中，单击【确定】按钮，即可绑定相应的外部参照。

图 5-159

> 提示：在【外部参照绑定】对话框的【绑定定义】列表框中选择要取消绑定的外部参照图形，然后单击【删除】按钮，即可取消外部参照的绑定。

课后项目
练习

客厅立面图

下面将通过实例讲解如何制作客厅立面图，其效果如图 5-160 所示。

课后项目练习过程概要如下。

（1）首先新建图层，置入相应的图块。

（2）绘制背景墙装饰，并填充图案。

图 5-160

素材：	素材 \Cha05\ 客厅立面图素材 .dwg、门 .dwg、窗帘 .dwg、沙发 .dwg、装饰画 .dwg、装饰条 .dwg
场景：	场景 \ 客厅立面图 .dwg
视频：	视频教学 \Cha05\ 客厅立面图 .mp4

01 打开【客厅立面图素材 .dwg】素材文件，如图 5-161 所示。

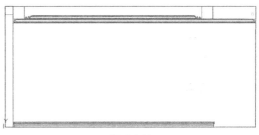

图 5-161

02 在命令行中输入 LAYER 命令，在弹出的【图层特性管理器】选项板中，单击【新建图层】按钮，将图层命名为【装饰】，并将【装饰】图层置为当前，如图 5-162 所示。

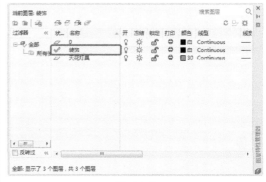

图 5-162

03 在命令行中输入 DDINSERT 命令，在弹出的对话框中单击【浏览】按钮，在弹出的对话框中选择【沙发 .dwg】素材文件，单击【打开】按钮，在返回的【插入】对话框中取消勾选【插入点】下方的【在屏幕上指定】复选框，将 X、Y、Z 分别设置为 4846、871、0，如图 5-163 所示。

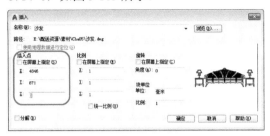

图 5-163

04 设置完成后，单击【确定】按钮，即可完成图块的插入，如图 5-164 所示。

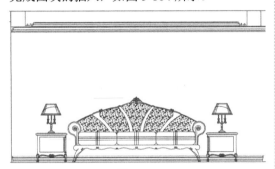

图 5-164

05 在命令行中输入 INSERT，在弹出的【块】选项板中单击【浏览】按钮，在弹出的对话框中选择【装饰画 .dwg】，单击【打开】按钮，在【块】选项板中单击"装饰画 .dwg"，在绘图区中指定装饰画的插入点，如图 5-165 所示。

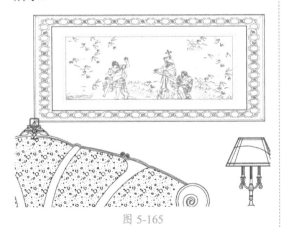

图 5-165

06 继续选中插入的装饰画图块，在命令行中输入 MOVE 命令，指定装饰画左下角的端

点为基点，输入 @-907,74.5，按 Enter 键完成移动，如图 5-166 所示。

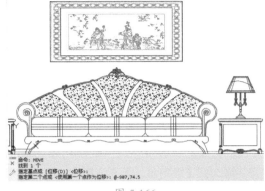

图 5-166

07 使用同样的方法将【装饰条】图块插入至绘图区中，并指定其插入点，如图 5-167 所示。

图 5-167

08 选中插入的装饰条，在命令行中输入 MOVE 命令，指定装饰条左下角端点为基点，输入 @-1484,0，如图 5-168 所示。

图 5-168

09 在【图层特性管理器】选项板中新建一个图层，将其命名为【背景墙装饰】，将【颜色】设置为126，并将【背景墙装饰】图层置为当前，如图5-169所示。

图 5-169

10 在命令行中输入 REC 命令，在绘图区中指定第一个角点，输入 @270,660，如图 5-170 所示。

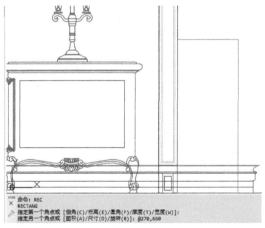

图 5-170

11 选中绘制的矩形，在命令行中输入 EXPLODE 命令，将选中的矩形进行分解，并删除底层的边，如图 5-171 所示。

12 在绘图区中选择矩形右侧的边，在命令行中输入 OFFSET 命令，输入 T，按 Enter 键确认，输入 M，按 Enter 键确认，向左引导鼠标，输入 85，按 Enter 键确认，输入 185，按两次 Enter 键完成偏移，如图 5-172 所示。

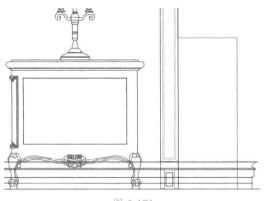

图 5-171

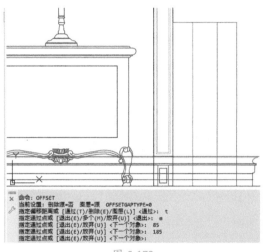

图 5-172

13 在命令行中输入 REC 命令，在绘图区中指定第一个角点，输入 @270,50，如图 5-173 所示。

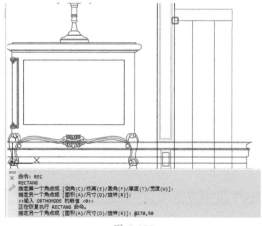

图 5-173

14 继续输入 REC 命令，在绘图区中指定第一角点，输入 @270,1790，如图 5-174 所示。

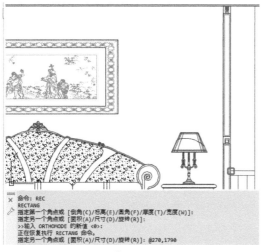

图 5-174

15 在命令行中输入 HATCH 命令，在绘图区中拾取内部点，输入 T，按 Enter 键完成确认，在弹出的【图案填充和渐变色】对话框中将【图案】设置为 SOLID，将【颜色】设置为【颜色 8】，如图 5-175 所示。

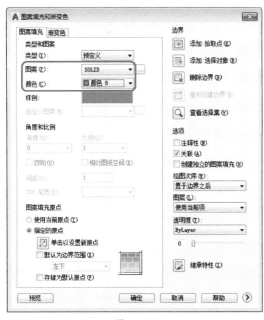

图 5-175

16 设置完成后，单击【确定】按钮，

按 Enter 键完成图案填充，效果如图 5-176 所示。

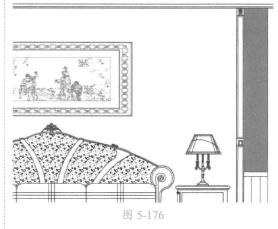

图 5-176

17 在命令行中输入 BLOCK 命令，在弹出的【块定义】对话框中单击【选择对象】按钮，在绘图区中选择如图 5-177 所示的对象。

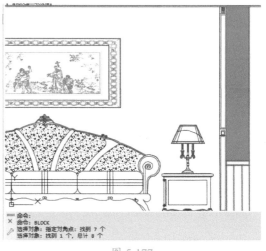

图 5-177

18 选择完成后，按 Enter 键确认，在返回的【块定义】对话框中单击【拾取点】按钮，在绘图区中指定插入基点，如图 5-178 所示。

19 在返回的【块定义】对话框中将【名称】设置为【背景墙装饰框】，如图 5-179 所示。

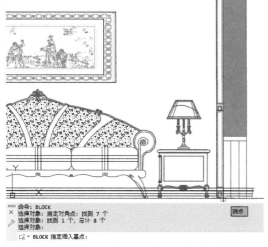

图 5-178

图 5-179

20 设置完成后，单击【确定】按钮，在绘图区中选择【背景墙装饰框】与【装饰条】图块，在命令行中输入 MIRROR 命令，在绘图区中指定镜像的第一点与第二点，输入 N，按 Enter 键完成镜像，如图 5-180 所示。

图 5-180

21 在命令行中输入 TRIM 命令，在绘图区中选择全部对象，并对选中的对象进行修剪，修剪后的效果如图 5-181 所示。

图 5-181

22 在【图层特性管理器】选项板中将【装饰】图层置为当前，如图 5-182 所示。

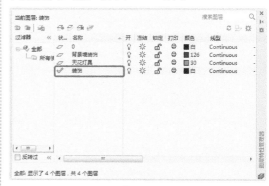

图 5-182

23 根据前面所介绍的方法，将【窗帘】【门】图块插入至绘图区中，如图 5-183 所示。

图 5-183

24 在命令行中输入 HATCH 命令，在绘图区中拾取内部点，输入 T，按 Enter 键确认，在弹出的对话框中将【图案】设置为 JIS_WOOD，将【颜色】设置为【颜色 8】，将【比例】设置为 60，如图 5-184 所示。

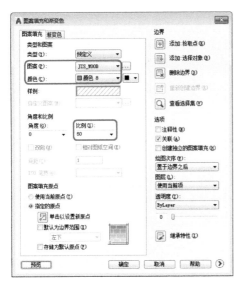

图 5-184

25 设置完成后，单击【确定】按钮，按 Enter 键完成图案填充，效果如图 5-185 所示。

图 5-185

第06章
天花剖面图——尺寸标注

本章导读：

    没有尺寸标注的设计图是无法指导生产的，在设计图中，一个完整的尺寸标注应由标注文字、尺寸线、尺寸界线、尺寸线的端点符号等组成。

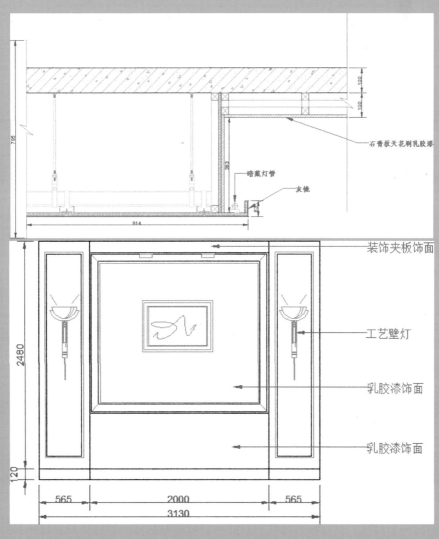

【案例精讲】
天花剖面图

为了更好地完成本设计案例，现对制作要求及设计内容做如下规划，效果如图 6-1 所示。

作品名称	天花剖面图
设计创意	（1）通过线性标注工具对客厅及餐厅区域天花剖面图进行尺寸标注 （2）通过引线尺寸标注对剖面图进行文字标注
主要元素	客厅及餐厅区域天花剖面图
应用软件	AutoCAD 2020
素材：	素材 \Cha06\ 天花剖面图素材 .dwg
场景：	场景 \Cha06\【案例精讲】天花剖面图 . dwg
视频：	视频教学 \Cha06\【案例精讲】天花剖面图 .mp4
天花剖面图 欣赏	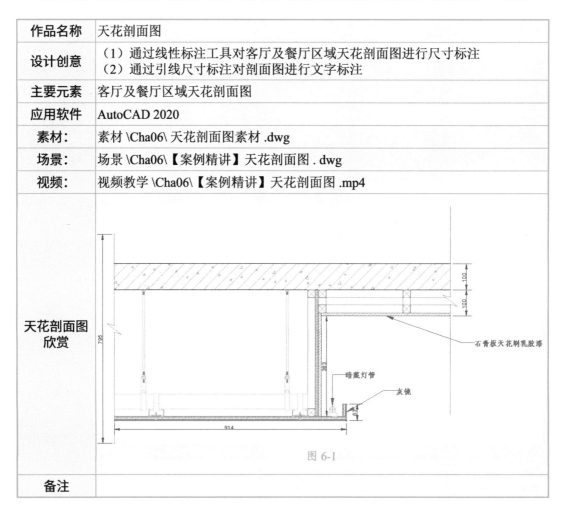 图 6-1
备注	

01 按 Ctrl+O 组合键，打开【素材 \Cha06\ 天花剖面图素材 .dwg】素材文件，如图 6-2 所示。

02 在菜单栏中选择【格式】|【标注样式】命令，弹出【标注样式管理器】对话框，单击【新建】按钮，弹出【创建新标注样式】对话框，将【新样式名】设置为【尺寸标注】，将【基础样式】设置为ISO-25，然后单击【继续】按钮，如图 6-3 所示。

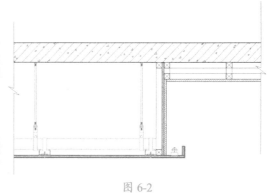

图 6-2

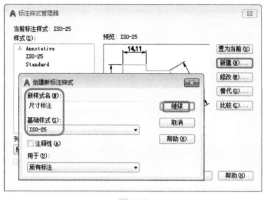

图 6-3

03 切换至【线】选项卡，将【尺寸线】的【颜色】设置为【蓝】，将【基线间距】设置为50，将【尺寸界线】的【颜色】设置为【蓝】，将【超出尺寸线】和【起点偏移量】设置为20、10，如图 6-4 所示。

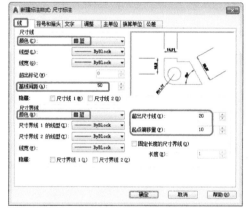

图 6-4

04 切换至【符号和箭头】选项卡，将【箭头大小】设置为20，如图 6-5 所示。

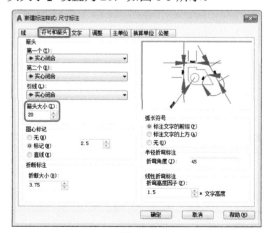

图 6-5

05 切换至【文字】选项卡，将【文字颜色】设置为【蓝】，将【文字高度】设置为15，如图 6-6 所示。

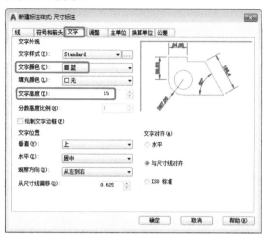

图 6-6

06 切换至【调整】选项卡，选中【尺寸线上方，不带引线】单选按钮，如图 6-7 所示。

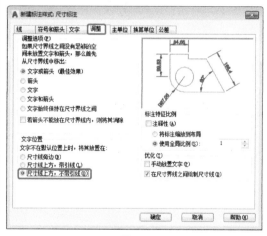

图 6-7

07 切换至【主单位】选项卡，将【精度】设置为 0，单击【确定】按钮，如图 6-8 所示。

08 返回至【标注样式管理器】对话框，将【尺寸标注】样式置为当前，单击【关闭】按钮，如图 6-9 所示。

09 使用线性标注工具对天花剖面图进行标注，如图 6-10 所示。

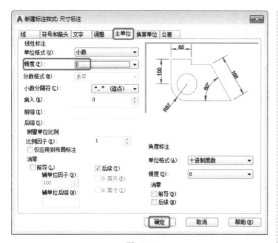

图 6-8

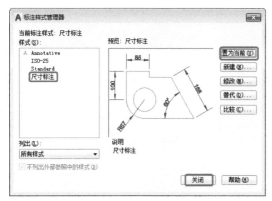

图 6-9

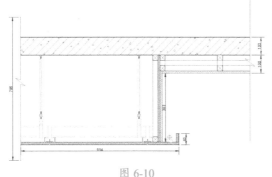

图 6-10

10 在菜单栏中选择【格式】|【多重引线样式】命令，弹出【多重引线样式管理器】对话框，单击【新建】按钮，弹出【创建新多重引线样式】对话框，将【新样式名】设置为【引线标注】，将【基础样式】设置为 Standard，单击【继续】按钮，如图 6-11 所示。

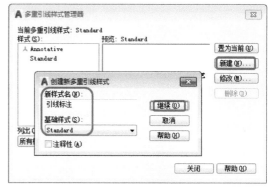

图 6-11

11 弹出【修改多重引线样式：引线标注】对话框，切换至【引线格式】选项卡，将【颜色】设置为【洋红】，将【箭头】选项组中的【大小】设置为 30，如图 6-12 所示。

图 6-12

12 切换至【引线结构】选项卡，将基线距离设置为 50，如图 6-13 所示。

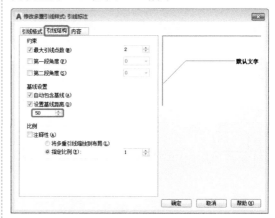

图 6-13

13 切换至【内容】选项卡，将【文字颜色】设置为【洋红】，将【文字高度】设置为50，单击【确定】按钮，如图 6-14 所示。

图 6-14

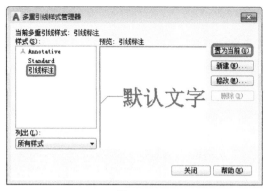

图 6-15

14 返回至【多重引线样式管理器】对话框，选择【引线标注】样式，单击【置为当前】按钮，然后将该对话框关闭即可，如图 6-15 所示。

15 使用引线工具标注剖面图，输入文本后，将【字体】设置为华文仿宋，将【文字高度】设置为 20，单击【粗体】按钮 **B**，如图 6-16 所示。

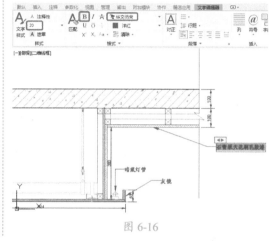

图 6-16

6.1 标注尺寸

本节将讲解如何标注尺寸，其中包括线性标注、对齐标注、坐标尺寸标注、直径标注、半径标注、角度标注、弧长标注、折弯标注、圆心标注、基线标注、连续标注以及快速标注。

■ 6.1.1 线性标注

下面将讲解如何对图形对象进行线性尺寸标注，其具体操作步骤如下。

01 按 Ctrl+O 组合键，打开【素材 \Cha06\ 线性标注 .dwg】素材文件，如图 6-17 所示。

02 在命令行中输入 DIMLINEAR（线性）命令，根据命令行提示进行操作，在绘图区中的 A 点上单击，将鼠标指针拖至 B 点上单击，并向上引导光标，指定尺寸线的位置，

即可创建线性尺寸标注，如图 6-18 所示。

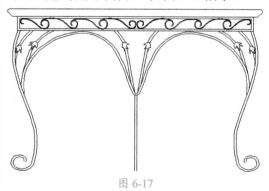

图 6-17

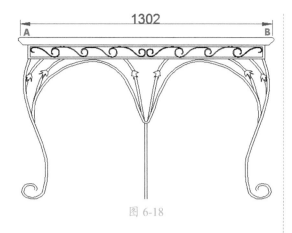

图 6-18

■ 6.1.2 对齐标注

下面通过实例来讲解如何使用对齐标注，其具体操作步骤如下。

<code>01</code> 按 Ctrl+O 组合键，打开【素材 \Cha06\ 对齐标注 .dwg】素材文件，如图 6-19 所示。

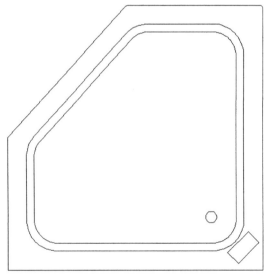

图 6-19

<code>02</code> 在命令行中输入 DIMALIGNED（对齐）命令，根据命令行提示进行操作，在绘图区中的 A 点上单击，将鼠标指针拖至 B 点上单击，并向左引导光标，指定尺寸线的位置，即可创建对齐尺寸标注，如图 6-20 所示。

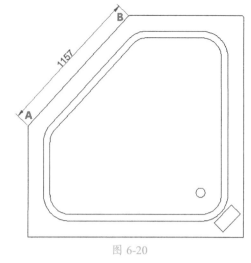

图 6-20

■ 6.1.3 坐标尺寸标注

坐标标注命令用于自动测量和标注一些特殊点的 X、Y 轴的坐标值。使用坐标标注命令可以保持特征点与基准点的精确偏移量，从而避免增大误差。调用该命令的方法有以下四种。

◎ 在【默认】选项卡的【注释】组中单击 ⊢·下拉按钮，在弹出的下拉列表中选择【坐标】选项。

◎ 在【注释】选项卡【标注】组中的左侧下拉列表中选择【坐标】选项。

◎ 显示菜单栏，选择【标注】|【坐标】命令。

◎ 在命令行中输入 DIMORDINATE 或 DIMORD 命令。

对坐标进行标注的具体操作过程如下。

<code>01</code> 继续上面的操作，在命令行中输入 DIMORDINATE 命令，指定需要标注点所在的位置，单击如图 6-21 所示的点，指定尺寸标注点的位置，移动光标并单击。

<code>02</code> 坐标标注完成后，效果如图 6-22 所示。

在执行命令的过程中，命令行中各选项的含义如下。

◎ X 基准：系统自动测量 X 坐标值，并确定引线和标注文字的方向。

◎ Y 基准：系统自动测量 Y 坐标值，并确定引线和标注文字的方向。

◎ 多行文字：选择通过输入多行文字的方式输入多行标注文字。

◎ 文字：选择通过输入单行文字的方式输入单行标注文字。

◎ 角度：设置标注文字方向与 $X(Y)$ 轴夹角，默认为 0°，即水平或者垂直。

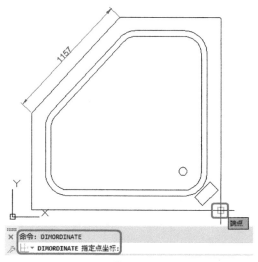

图 6-21

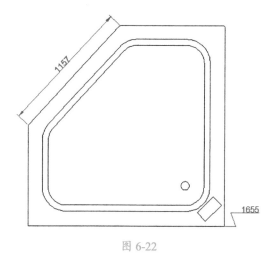

图 6-22

6.1.4 直径标注

直径标注命令的调用方法有以下四种。

◎ 在【默认】选项卡的【注释】组中，单击 下拉按钮，在弹出的下拉列表中选择【直径】选项。

◎ 在【注释】选项卡【标注】组中的左侧下拉列表中选择【直径】选项。

◎ 显示菜单栏，选择【标注】|【直径】命令。

◎ 在命令行中输入 DIMDIAMETER 或 DIMDIA 命令。

6.1.5 半径标注

半径标注命令的调用方法有以下四种。

◎ 在【默认】选项卡的【注释】组中单击 下拉按钮，在弹出的下拉列表中选择【半径】选项。

◎ 在【注释】选项卡【标注】组中的左侧下拉列表中选择【半径】选项。

◎ 显示菜单栏，选择【标注】|【半径】命令。

◎ 在命令行中输入 DIMRADIUS 或 DIMRAD 命令。

对半径进行标注的具体操作过程如下。

01 按 Ctrl+O 组合键，打开【素材 \Cha06\ 半径标注 .dwg】图形文件，在命令行中输入 DIMRADIUS 命令，选择如图 6-23 所示的对象，移动光标使尺寸线处于合适位置，单击即可完成标注。

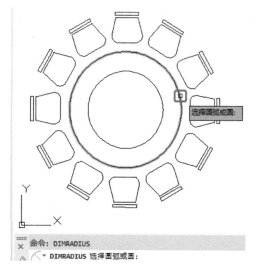

图 6-23

02 半径标注完成后，效果如图 6-24 所示。

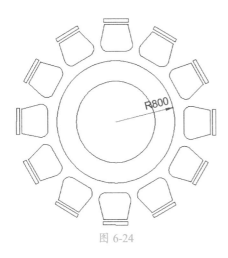

图 6-24

6.1.6　角度标注

角度标注命令用于精确测量并标注直线、多段线、圆、圆弧，以及点和被测对象之间的夹角，调用该命令的方法有以下四种。

◎　在【默认】选项卡的【注释】组中单击 ⊢· 下拉按钮，在弹出的下拉列表中选择【角度】选项。

◎　在【注释】选项卡【标注】组中的左侧下拉列表中选择【角度】选项。

◎　显示菜单栏，选择【标注】|【角度】命令。

◎　在命令行中输入 DIMANGULAR 命令。

对角度进行标注的具体操作过程如下。

01　按 Ctrl+O 组合键，打开【素材 \Cha06\ 角度标注 .dwg】图形文件，如图 6-25 所示。

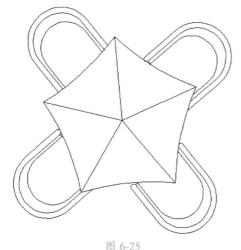

图 6-25

02　在命令行中输入 DIMANGULAR 命令，

单击如图 6-26 和如图 6-27 所示的线段，确定尺寸线位置。

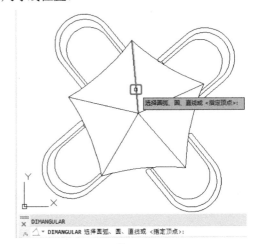

图 6-26

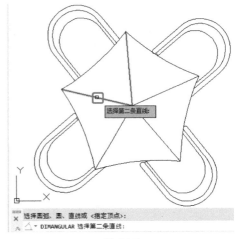

图 6-27

03　角度标注完成后，效果如图 6-28 所示。

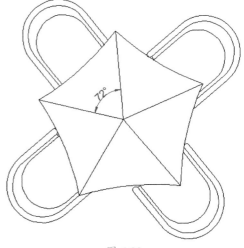

图 6-28

■ 6.1.7 弧长标注

弧长标注用于测量圆弧或多段线圆弧段的距离。弧长标注的典型用法包括测量凸轮的距离和电缆的长度。为区别是线性标注还是弧长标注，在默认情况下，弧长标注将显示一个圆弧符号"⌒"。调用该命令的方法有以下四种。

◎ 在【默认】选项卡的【注释】组中单击⊢·下拉按钮，在弹出的下拉列表中选择【弧长】选项。

◎ 在【注释】选项卡【标注】组中的左侧下拉列表中选择【弧长】选项。

◎ 显示菜单栏，选择【标注】|【弧长】命令。

◎ 在命令行中输入 DIMARC 命令。

对弧长进行标注的具体操作过程如下。

01 按 Ctrl+O 组合键，打开【素材 \Cha06\ 弧长标注 .dwg】图形文件，在命令行中输入 DIMARC 命令，选择如图 6-29 所示的弧线，显示标注效果，指定尺寸线位置并按 Enter 键结束命令。

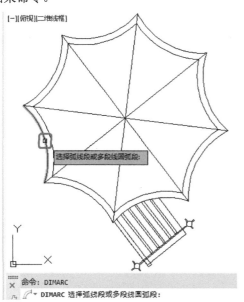

图 6-29

02 弧长标注完成后，效果如图 6-30 所示。

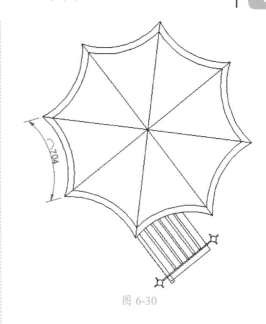

图 6-30

■ 6.1.8 折弯标注

在对图形进行标注的过程中，需要标注的值有时很大，甚至超过图纸的范围，但又要在图纸中标示出来，这时的标注值就不是测量值了。一般情况下，当显示的标注对象小于被标注对象的实际长度时，通常使用折弯线标注表示，该命令的调用方法有以下四种。

◎ 在【默认】选项卡的【注释】组中单击⊢·下拉按钮，在弹出的下拉列表中选择【折弯】选项。

◎ 在【注释】选项卡的【标注】组中，单击【标注，折弯标注】按钮∿。

◎ 显示菜单栏，选择【标注】|【折弯线性】命令。

◎ 在命令行中输入 DIMJOGLINE 命令。

折弯标注的具体操作过程如下。

01 按 Ctrl+O 组合键，打开【素材 \Cha06\ 折弯标注 .dwg】图形文件，在命令行中输入 DIMJOGLINE 命令，选择需要标注的线性标注或对齐标注，在如图 6-31 所示的线性标注上，指定折弯线的位置，单击线性标注的右侧任意位置即可。

02 对线性标注进行折弯操作后，效果如图 6-32 所示。

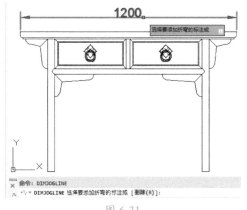

图 6-31

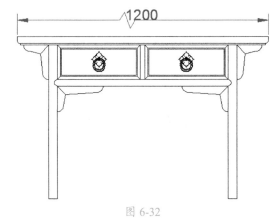

图 6-32

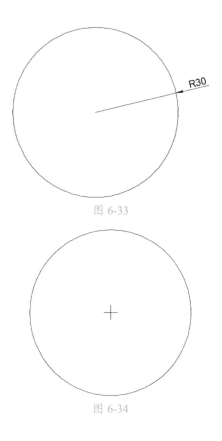

图 6-33

图 6-34

6.1.9　圆心标注

圆心标记命令用于标记圆或圆弧的圆心点位置，调用该命令的方法有以下三种。

◎ 在【注释】选项卡的【标注】组中单击下侧的　　标注 ▼　　按钮，在弹出的下拉列表中单击【圆心标记】按钮。

◎ 显示菜单栏，选择【标注】|【圆心标记】命令。

◎ 在命令行中输入 DIMCENTER 命令。

圆心标注的具体操作过程如下。

`01` 在场景中绘制一个半径为 30 的圆，如图 6-33 所示。

`02` 在命令行中输入 DIMCENTER 命令，然后根据提示选择圆，圆心标注完成后，效果如图 6-34 所示。

6.1.10　基线标注

基线标注是自同一基线处测量的多个标注，即创建自相同基线测量的一系列相关标注，调用该命令的方法有以下三种。

◎ 在【注释】选项卡的【标注】组中单击【连续】右侧的下三角按钮，在弹出的下拉列表中选择【基线】选项。

◎ 显示菜单栏，选择【标注】|【基线】命令。

◎ 在命令行中输入 DIMBASELINE 或 DIMBASE 命令。

6.1.11　连续标注

连续标注是首尾相连的多个标注。在创建连续标注之前，必须先进行线性、对齐或角度等标注。调用该命令的方法有以下三种。

◎ 在【注释】选项卡的【标注】组中单击【连续】按钮。

◎ 显示菜单栏，选择【标注】|【连续】命令。

◎ 在命令行中输入 DIMCONTINUE 或 DIMCONT 命令。

【实战】对沙发进行标注

下面通过【连续标注】命令对沙发进行标注，效果如图 6-35 所示。

素材：	素材 \Cha06\ 沙发 .dwg
场景：	场景 \Cha06\【实战】对沙发进行标注 .dwg
视频：	视频教学 \Cha06\【实战】对沙发进行标注 .mp4

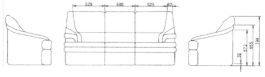

图 6-35

01 启动 AutoCAD 2020，按 Ctrl+O 组合键，打开【素材 \Cha06\ 沙发 .dwg】图形文件，如图 6-36 所示。

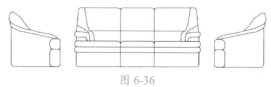

图 6-36

02 在命令行中输入 DIMLINEAR 命令，在视图中对如图 6-37 所示的两个端点进行标注。

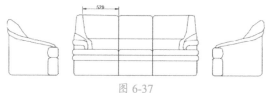

图 6-37

03 在命令行中输入 DIMCONTINUE 命令，依次向右进行标注，标注完成后，按 Enter 键确认，效果如图 6-38 所示。

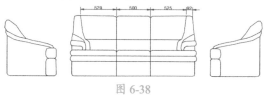

图 6-38

04 在命令行中输入 DIMLINEAR 命令，在视图中对如图 6-39 所示的两个端点进行标注。

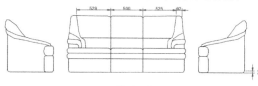

图 6-39

05 在命令行中输入 DIMBASELINE 命令，对其进行标注，效果如图 6-40 所示。

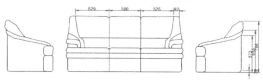

图 6-40

06 在命令行中输入 DIMSPACE 命令，根据命令行的提示选择基准标注，如图 6-41 所示。

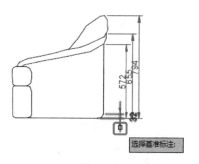

图 6-41

07 框选要产生间距的标注，效果如图 6-42 所示。

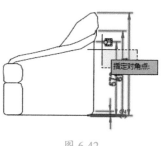

图 6-42

08 按 Enter 键进行确认，然后在命令行中输入 A，按 Enter 键进行确认，效果如图 6-43 所示。

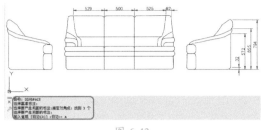

图 6-43

■ 6.1.12 快速标注

快速标注命令可以一次标注多个标注形
式相同的图形对象，调用该命令的方法有以
下三种。

◎ 在【注释】选项卡的【标注】组中单击【快
速标注】按钮 。

◎ 显示菜单栏，选择【标注】|【快速标注】
命令。

◎ 在命令行中输入 QDIM 命令。

快速标注图形对象的具体操作过程如下。

01 按 Ctrl+O 组合键，打开【素材 \Cha06\ 快
速标注 .dwg】图形文件，在命令行中输入
QDIM 命令，选择要标注的对象，单击如图 6-44
所示的边；选择要标注的对象，单击如图 6-45
所示的第二条边；选择要标注的对象，单击
如图 6-45 所示的第三条边和第四条边。

02 按 Enter 键，然后指定尺寸线的位置，即
可结束对象的选择，快速标注完成后，效果
如图 6-46 所示。

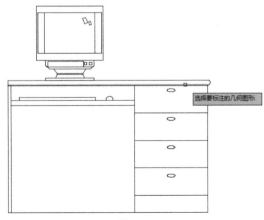

图 6-44

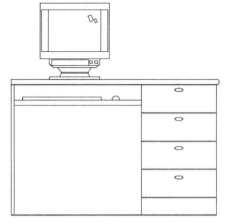

图 6-45

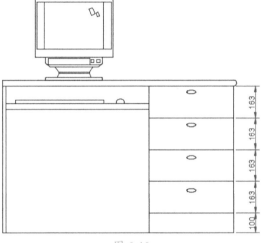

图 6-46

在执行命令的过程中，各选项含义如下。

◎ 连续 / 并列 / 基线 / 坐标：以连续 / 并列 /
基线 / 坐标的标注方式标注尺寸。

◎ 半径 / 直径：标注圆或圆弧的半径和直径。

◎ 基准点：以【基线】或【坐标】方式标
注时指定基点。

◎ 编辑：尺寸标注的编辑命令，用于增加
或减少尺寸标注中延伸线的端点数目。

◎ 设置：设置关联标注优先级。

🎥 【实战】快速标注室内平面图

下面将讲解如何通过线性标注和快速标
注工具快速标注室内平面图，效果如图 6-47
所示。

素材:	素材 \Cha06\ 室内平面图素材 .dwg
场景:	场景 \Cha06\【实战】快速标注室内平面图 . dwg
视频:	视频教学 \Cha06\【实战】快速标注室内平面图 .mp4

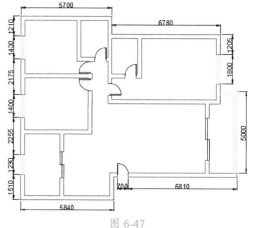

图 6-47

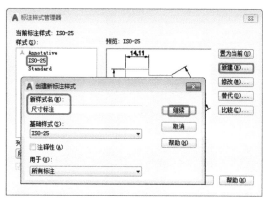

图 6-49

01 按 Ctrl+O 组合键，打开【素材 \Cha06\ 室内平面图素材 .dwg】图形文件，如图 6-48 所示。

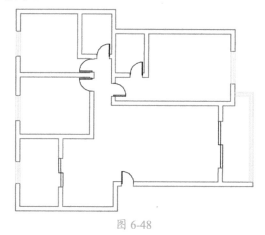

图 6-48

02 在菜单栏中选择【格式】|【标注样式】命令，弹出【标注样式管理器】对话框，单击【新建】按钮，在弹出的对话框中将【新样式名】设置为【尺寸标注】，如图 6-49 所示。

03 弹出【新建标注样式：尺寸标注】对话框，切换至【线】选项卡，将【基线间距】设置为 50，将【超出尺寸线】和【起点偏移量】分别设置为 50、100，如图 6-50 所示。

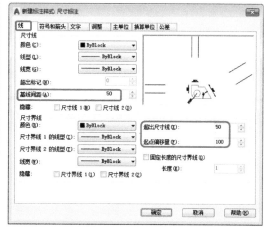

图 6-50

04 切换至【符号和箭头】选项卡，将【箭头大小】设置为 250，如图 6-51 所示。

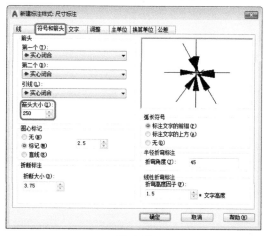

图 6-51

05 切换至【文字】选项卡，将【文字高度】设置为 300，如图 6-52 所示。

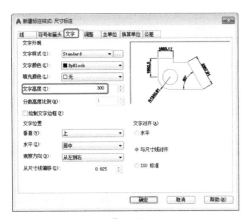

图 6-52

06 切换至【调整】选项卡，选中【文字位置】选项组下方的【尺寸线上方，不带引线】单选按钮，如图 6-53 所示。

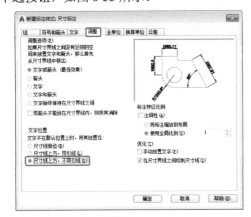

图 6-53

07 切换至【主单位】选项卡，将【精度】设置为 0，单击【确定】按钮，如图 6-54 所示。

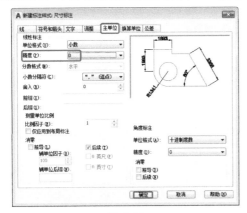

图 6-54

08 返回至【标注样式管理器】对话框，选择【尺寸标注】样式，单击【置为当前】按钮，

然后单击【关闭】按钮，如图 6-55 所示。

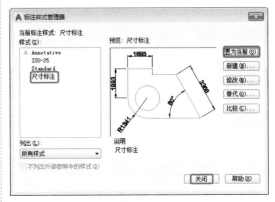

图 6-55

09 使用线性标注和连续标注工具，对其进行标注，如图 6-56 所示。

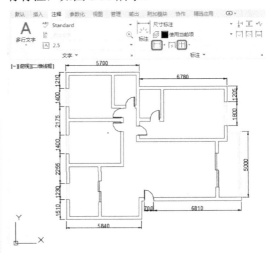

图 6-56

6.2 引线标注

本节将讲解创建引线尺寸标注以及多重引线标注的方法。

6.2.1 创建引线尺寸标注

下面将讲解如何创建引线尺寸标注，其具体操作步骤如下。

01 按 Ctrl+O 组合键，打开【素材 \Cha06\ 洗衣机 .dwg】图形文件，切换至【默认】选项卡，在【注释】面板上单击【引线】按钮，如

图 6-57 所示。

图 6-57

02 根据命令行提示进行操作，指定引线的箭头位置，然后指定引线基线的位置，在弹出的文本框中输入【洗衣机】，然后在绘图区中的任意位置处单击，即可创建引线尺寸标注，如图 6-58 所示。

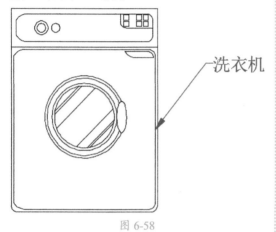

图 6-58

除了用上述方法可以创建引线尺寸标注外，还可以使用下面的三种方法。

◎ 在命令行中输入 MLEADER（引线）命令，并按 Enter 键确认。

◎ 选择菜单栏中的【标注】|【多重引线】命令。

◎ 单击功能区中的【注释】选项卡，在【引线】面板上单击【多重引线】按钮。

■ 6.2.2 多重引线标注

多引线标注常用于标注某对象的说明信息，通常不标注尺寸等数字信息，只标注文字信息。该命令并非是系统产生的尺寸信息，而是由用户指定标注的文字信息。

1. 设置多重引线样式

设置多重引线样式的方法有以下两种。

◎ 在【注释】选项卡的【引线】组中单击其右下角的 ▫ 按钮。

◎ 显示菜单栏，选择【格式】|【多重引线样式】命令。

设置多重引线样式的具体操作过程如下。

01 按 Ctrl+O 组合键，打开【素材 \Cha06\ 多重引线素材 .dwg】图形文件，如图 6-59 所示。

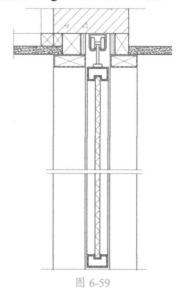

图 6-59

02 在菜单栏中选择【格式】|【多重引线样式】命令，弹出【多重引线样式管理器】对话框，单击【新建】按钮，在【新样式名】文本框中输入文本【多重引线】，单击【继续】按钮，如图 6-60 所示。

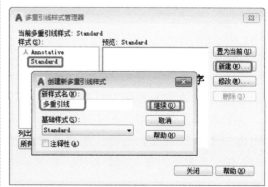

图 6-60

03 弹出【修改多重引线样式：多重引线】对话框，切换至【引线格式】选项卡，在【常规】选项组的【类型】下拉列表中选择【样条曲线】选项，在【颜色】下拉列表中选择【蓝】选项，在【箭头】选项组的【大小】数值框中输入25，如图6-61所示。

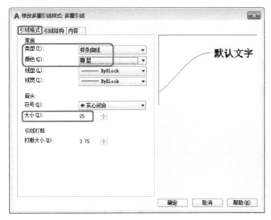

图 6-61

04 切换至【内容】选项卡，在【文字选项】选项组的【文字颜色】下拉列表中选择【蓝】选项，在【文字高度】数值框中输入25，如图6-62所示。

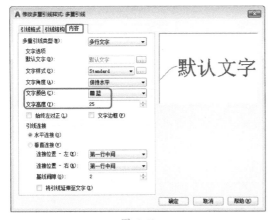

图 6-62

05 单击【确定】按钮，返回【多重引线样式管理器】对话框，在【样式】列表框中选择【多重引线】选项，单击【置为当前】按钮，再单击【关闭】按钮，如图6-63所示。

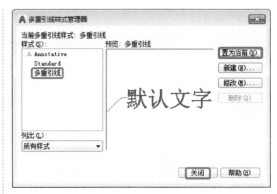

图 6-63

2. 标注多重引线

标注多重引线的方法有以下四种。

◎ 在【默认】选项卡的【注释】组中单击【引线】按钮。

◎ 在【注释】选项卡的【引线】组中单击【多重引线】按钮。

◎ 显示菜单栏，选择【标注】|【多重引线】命令。

◎ 在命令行中输入 MLEADER 命令。

标注多重引线的具体操作过程如下。

01 继续上一节的操作，在命令行中输入MLEADER 命令，指定引线的箭头，指向需要标注说明的图形，然后指定引线基线的端点，如图6-64所示。

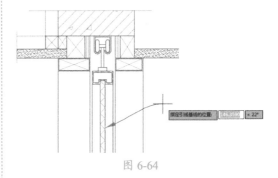

图 6-64

02 在文字框中输入文本【黑色发丝不锈钢】，单击绘图区空白处完成标注，多重引线标注完成后，效果如图6-65所示。

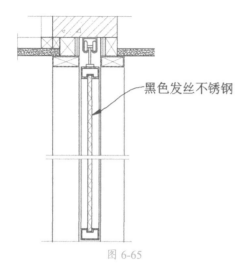

图 6-65

3. 添加引线

添加引线可以将多条引线附着到同一文本，也可以均匀隔开并快速对齐多个文本。调用该命令的方法有如下两种。

◎ 在【默认】选项卡的【注释】组中单击下拉按钮，在弹出的下拉列表中选择【添加引线】选项。

◎ 在【注释】选项卡的【引线】组中单击【添加引线】按钮。

为图形对象添加引线的具体操作过程如下。

01 继续上面的操作，在【注释】选项卡的【引线】组中单击【添加引线】按钮，此时鼠标指针呈口状态，选择需添加的多重引线，然后再选择需要标注说明的图形，如图 6-66 所示。

图 6-66

02 按 Esc 键退出该命令，最终效果如图 6-67 所示。

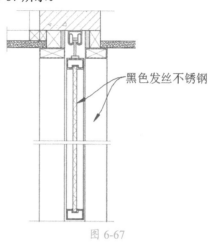

图 6-67

4. 删除引线

在一张图纸中若引线过多，会影响整个图形的效果，所以删除多余的引线是必要的。调用删除引线命令的方法有以下两种。

◎ 在【默认】选项卡的【注释】组中单击下拉按钮，在弹出的下拉列表中选择【删除引线】命令。

◎ 在【注释】选项卡的【引线】组中单击【删除引线】按钮。

删除引线的具体操作过程如下。

01 继续上一节的操作，在【注释】选项卡的【引线】组中单击【删除引线】按钮，选择如图 6-68 所示的多重引线。

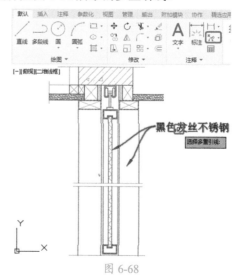

图 6-68

02 此时光标呈 □ 状态，选择要删除的多重引线，按 Enter 键确认。然后继续选择如图 6-69 所示的引线，按 Enter 键退出该命令，最终效果如图 6-70 所示。

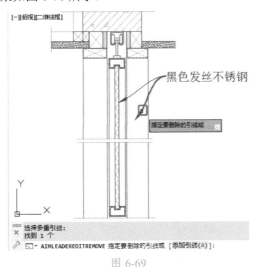

图 6-69

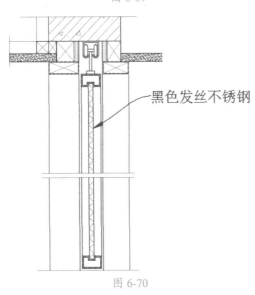

图 6-70

5. 对齐引线

使用对齐引线命令可以沿指定的线对齐若干多重引线对象，水平基线将沿指定的不可见的线放置，箭头将保留在原来放置的位置。调用该命令的方法有以下三种。

◎ 在【默认】选项卡的【注释】组中单击 下拉按钮，在弹出的下拉列表中选择【对齐引线】选项。

◎ 在【注释】选项卡的【引线】组中单击【对齐引线】按钮。

◎ 在命令行中输入 MLEADERALIGN 命令。对齐引线的具体操作过程如下。

01 打开【素材\Cha06\对齐引线.dwg】图形文件，在命令行中输入 MLEADERALIGN 命令，选择需要对齐的引线，如图 6-71 所示。

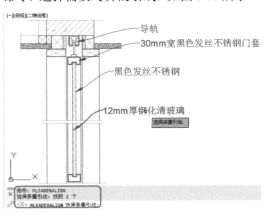

图 6-71

02 按空格键确认，在绘图区中选择【30mm 宽黑色发丝不锈钢门套】的引线，指定对齐方向单击，如图 6-72 所示。

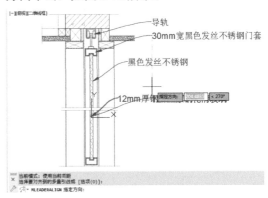

图 6-72

03 将其他引线标注对齐，效果如图 6-73 所示。

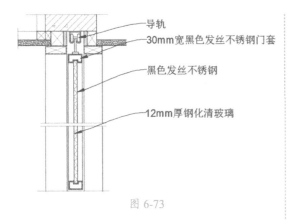

图 6-73

 【实战】标注玄关立面图

下面将讲解如何标注玄关立面图，效果如图 6-74 所示。

素材:	素材\Cha06\玄关立面图素材.dwg
场景:	场景\Cha06\【实战】标注玄关立面图.dwg
视频:	视频教学\Cha06\【实战】标注玄关立面图.mp4

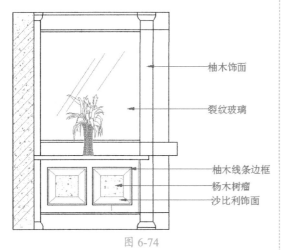

图 6-74

01 按 Ctrl+O 组合键，打开【素材\Cha06\玄关立面图素材.dwg】图形文件，如图 6-75 所示。

02 在菜单栏中选择【格式】|【多重引线样式】命令，弹出【多重引线样式管理器】对话框。单击【新建】按钮，在【新样式名】文本框中输入文本【引线标注】，单击【继续】按钮，如图 6-76 所示。

图 6-75

图 6-76

03 弹出【修改多重引线样式：引线标注】对话框，切换至【引线格式】选项卡，在【颜色】下拉列表中选择【洋红】选项，在【箭头】选项组的【大小】数值框中输入 80，如图 6-77 所示。

图 6-77

04 切换至【引线结构】选项卡，将【设置基线距离】设置为 50，如图 6-78 所示。

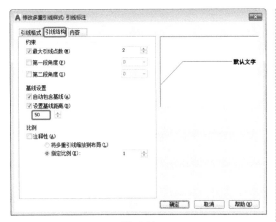

图 6-78

05 在【内容】选项卡的【文字颜色】下拉列表中选择【洋红】选项，【文字高度】设置为 80，如图 6-79 所示。

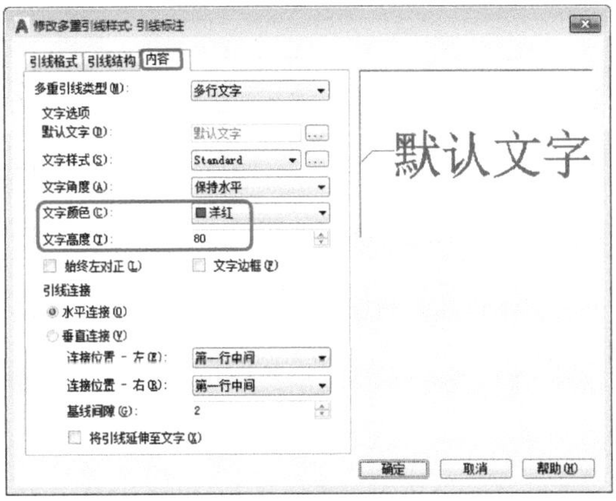

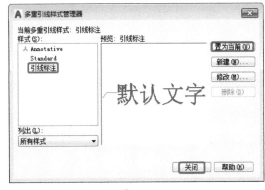

图 6-79

06 单击【确定】按钮，返回【多重引线样式管理器】对话框，在【样式】列表框中选择【引线标注】选项，单击【置为当前】按钮，再单击【关闭】按钮，如图 6-80 所示。

图 6-80

07 在命令行中输入 MLEADER 命令，为图形添加引线标注，如图 6-81 所示。最后将场景文件保存。

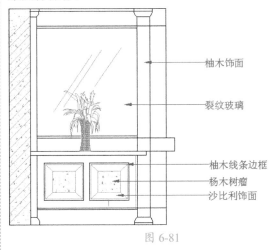

柚木饰面

裂纹玻璃

柚木线条边框
杨木树瘤
沙比利饰面

图 6-81

6.3 编辑尺寸标注

完成尺寸标注后，若不满意，还可以对其进行编辑。编辑尺寸标注包括更新标注、关联标注、编辑尺寸标注文字的内容，以及编辑标注文字的位置等。

6.3.1 编辑尺寸标注的方法

编辑尺寸标注文字位置的方法有以下三种。

◎ 在【注释】选项卡的【标注】组中单击 标注▼ 按钮，在弹出的下拉列表中单击第二排的按钮，如图 6-82 所示。

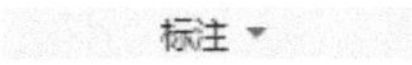

图 6-82

◎ 显示菜单栏，选择【标注】|【对齐文字】命令，在其子菜单中选择相应命令。

◎ 在命令行中输入 DIMTEDIT 命令。

执行 DIMEDIT 命令后，具体操作过程如下。

命令：DIMEDIT　　// 执行 DIMEDIT 命令

选择标注：　　　　// 选择要修改的标注

标注文字指定新位置或 [左对齐 (L)/ 右对齐 (R)/ 居中 (C)/ 默认 (H)/ 角度 (A)]: // 为标注文字指定新位置并按空格键确认

在执行命令的过程中，命令行中各选项的含义如下。

◎　左对齐 (L)：选择该选项，可将标注文字放置在尺寸线的左端。

◎　右对齐 (R)：选择该选项，可将标注文字放置在尺寸线的右端。

◎　居中 (C)：选择该选项，可将标注文字放置在尺寸线的中心。

◎　默认 (H)：选择该选项，将恢复系统默认的尺寸标注设置。

◎　角度 (A)：选择该选项，可将标注文字旋转一定的角度。

 【实战】标注不锈钢水槽

下面将讲解如何标注不锈钢水槽，效果如图 6-83 所示。

素材：	素材 \Cha06\ 不锈钢水槽素材 .dwg
场景：	场景 \Cha06\【实战】标注不锈钢水槽 .dwg
视频：	视频教学 \Cha06\【实战】标注不锈钢水槽 .mp4

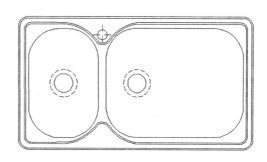

图 6-84

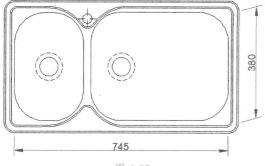

图 6-83

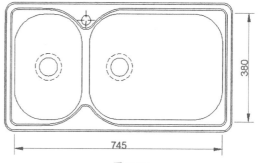

图 6-85

01 按 Ctrl+O 组合键，打开【素材 \Cha06\ 不锈钢水槽素材 .dwg】图形文件，如图 6-84 所示。

02 使用【线性标注】工具，对其进行标注，如图 6-85 所示。

03 在命令行中输入 DIMEDIT 命令，根据命令行的提示，在命令行中输入 O 命令，选择如图 6-86 所示的标注。

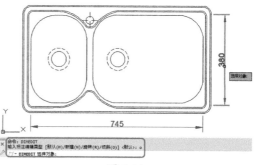

图 6-86

04 按 Enter 键进行确认，将倾斜角度设置为15，倾斜后的效果如图 6-87 所示。

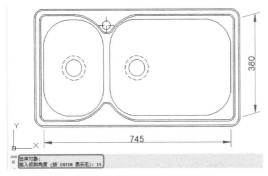

图 6-87

■ 6.3.2 利用 DIMEDIT 命令编辑尺寸标注

在命令行中输入 DIMEDIT 命令，可编辑尺寸标注文字的内容。下面将通过实例来讲解如何利用 DIMEDIT 命令编辑尺寸标注，具体操作过程如下。

01 按 Ctrl+O 组合键，打开【素材 \Cha06\ 编辑标注素材 .dwg】图形文件，如图 6-88 所示。

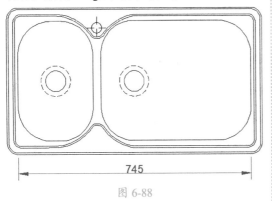

图 6-88

02 在命令行中输入 DIMEDIT(编辑尺寸) 命令，按 Enter 键确认，输入 R（旋转），按 Enter 键确认，输入 30 后按 Enter 键确认，然后在绘图区中选择尺寸标注，按 Enter 键确认，完成后的效果如图 6-89 所示。

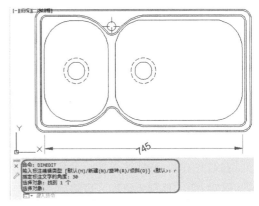

图 6-89

■ 6.3.3 更新标注

更新标注一般是在某个尺寸标注不符合要求时使用，调用该命令的方法有以下三种。

◎ 在【注释】选项卡的【标注】组中单击【更新】按钮。

◎ 显示菜单栏，选择【标注】|【更新】命令。

◎ 在命令行中输入 DIMSTYLE 命令。

更新标注的具体操作过程如下。

01 在【默认】选项卡的【注释】组中单击注释▼ 按钮，然后在弹出的下拉列表中单击【标注样式】按钮。

02 弹出【标注样式管理器】对话框，单击【替代】按钮，弹出【替代当前样式：ISO-25】对话框，如图 6-90 所示。在该对话框中修改标注样式参数，然后单击【确定】按钮，再单击【关闭】按钮。

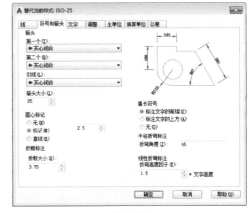

图 6-90

03 返回绘图区，在【注释】选项卡的【标注】组中单击【更新】按钮▦，具体操作过程如下。

命令：DIMSTYLE   // 单击【更新】按钮▦后命令行显示该命令

当前标注样式：Standard 注释性：否 // 提示当前标注样式

输入标注样式选项 [注释性 (AN)/ 保存 (S)/ 恢复 (R)/ 状态 (ST)/ 变量 (V)/ 应用 (A)/?] < 恢复 >:

apply   // 提示系统自动选择【应用】选项

选择对象：找到 1 个   // 选择要更新的尺寸标注

选择对象：   // 按空格键结束命令

在执行命令的过程中，部分选项的含义如下。

◎ 保存 (S)：将标注系统变量的当前设置保存到标注样式。

◎ 恢复 (R)：将尺寸标注系统变量设置恢复为选择标注样式设置。

◎ 状态 (ST)：显示所有标注系统变量的当前值，并自动结束 DIMSTYLE 命令。

◎ 变量 (V)：列出某个标注样式或设置选定标注的系统变量，但不能修改当前设置。

◎ 应用 (A)：将当前尺寸标注系统变量设置应用到选定标注对象，永久替代应用于这些对象的任何现有标注样式。选择该选项后，系统会提示选择标注对象，选择标注对象后，所选择的标注对象将自动被更新为当前标注样式。

■ 6.3.4 重新关联标注

重新关联标注的作用是使修改图形时的标注根据图形的变化自动进行修改，调用该命令的方法有以下三种。

◎ 在【注释】选项卡的【标注】组中单击【重新关联】按钮▦。

◎ 显示菜单栏，选择【标注】|【重新关联标注】命令。

◎ 在命令行中输入 DIMREASSOCIATE 命令。

💡 提示：在执行命令时，如果选择的尺寸标注不同，命令行中的提示内容也会有所不同，其操作方法大同小异。

课后项目 练习

对卧室背景墙进行标注

下面将通过实例讲解如何对卧室背景墙进行标注，其效果如图 6-91 所示。

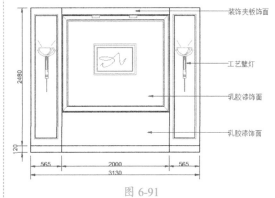

图 6-91

课后项目练习过程概要如下。

（1）通过线性标注和快速标注对卧室背景墙进行尺寸标注。

（2）通过引线尺寸标注对卧室背景墙进行文字标注。

素材：	素材 \Cha04\ 卧室背景墙素材 .dwg
场景：	场景 \Cha04\ 对卧室背景墙进行标注 .dwg
视频：	视频教学 \Cha04\ 对卧室背景墙进行标注 .mp4

01 按 Ctrl+O 组合键，打开【素材 \Cha04\ 卧室背景墙素材 .dwg】文件，如图 6-92 所示。

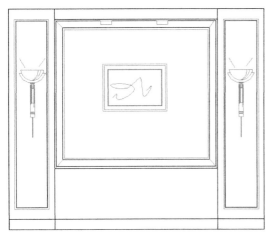

图 6-92

02 在菜单栏中选择【格式】【标注样式】命令，弹出【标注样式管理器】对话框，单击【新建】按钮，弹出【创建新标注样式】对话框，将【新样式名】设置为【尺寸标注】，将【基础样式】设置为 ISO-25，然后单击【继续】按钮，如图 6-93 所示。

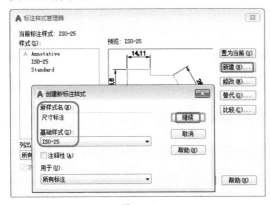

图 6-93

03 切换至【线】选项卡，将【尺寸线】和【尺寸界线】的【颜色】设置为【蓝】，将【基线间距】设置为 100，将【超出尺寸线】和【起点偏移量】设置为 80、60，如图 6-94 所示。

04 切换至【符号和箭头】选项卡，将【箭头大小】设置为 80，如图 6-95 所示。

05 切换至【文字】选项卡，将【文字颜色】设置为【蓝】，将【文字高度】设置为 80，如图 6-96 所示。

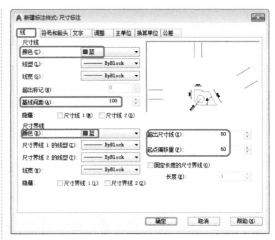

图 6-94

图 6-95

图 6-96

06 切换至【调整】选项卡，选中【尺寸线上方，不带引线】单选按钮，如图 6-97 所示。

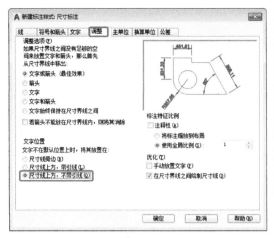

图 6-97

07 切换至【主单位】选项卡,将【精度】设置为0,单击【确定】按钮,如图6-98 所示。

图 6-98

08 返回至【标注样式管理器】对话框,将【尺寸标注】样式置为当前,如图6-99 所示。

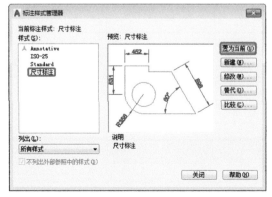

图 6-99

09 单击【关闭】按钮,使用线性标注和连续标注工具对卧室背景墙进行标注,如图6-100 所示。

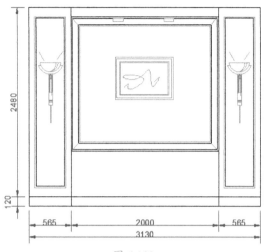

图 6-100

10 在菜单栏中选择【格式】|【多重引线样式】命令,弹出【多重引线样式管理器】对话框。单击【新建】按钮,在【新样式名】文本框中输入文本【引线标注】,单击【继续】按钮,如图6-101 所示。

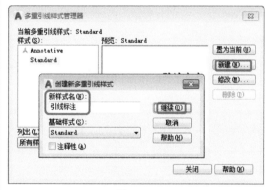

图 6-101

11 弹出【修改多重引线样式:引线标注】对话框,切换至【引线格式】选项卡,在【颜色】下拉列表中选择【洋红】选项,在【箭头】选项组的【大小】数值框中输入90,如图6-102 所示。

12 切换至【引线结构】选项卡,将【设置基线距离】设置为50,如图6-103 所示。

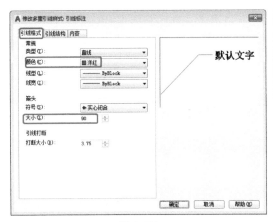

图 6-102

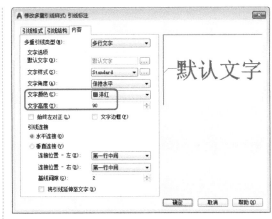

图 6-104

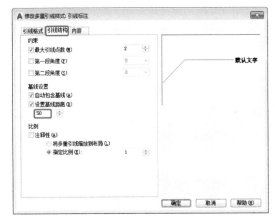

图 6-103

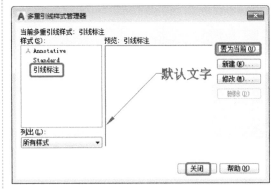

图 6-105

13 在【内容】选项卡的【文字颜色】下拉列表中选择【洋红】选项，【文字高度】设置为 90，如图 6-104 所示。

14 单击【确定】按钮，返回【多重引线样式管理器】对话框，在【样式】列表框中选择【引线标注】选项，单击【置为当前】按钮，再单击【关闭】按钮，如图 6-105 所示。

15 在命令行中输入 MLEADER 命令，为图形添加引线标注，如图 6-106 所示。

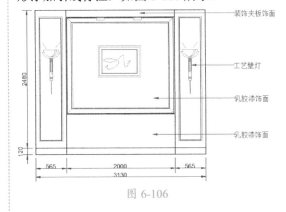

图 6-106

第 07 章
变速器标题栏——文字与表格

本章导读:

文字在绘制图形的过程中是非常重要的，在图纸中仅有图形不能表达设计图形的具体意思，需要借助文字来表达。另外，表格的制作在绘制过程中也是常用的。本章将讲解文字与表格的基础知识。

变速器	姓名		
变速器	代号		
审核	签名	日期	重量	比例
			备注	

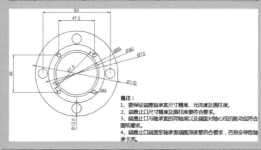

备注:
1、要保证端盖轴承宽尺寸精度、光洁度及圆柱度。
2、端盖止口尺寸精度及圆柱度要符合要求。
3、端盖止口与轴承室的同轴度以及端面对抽心线的跳动应符合图形要求。
4、端盖止口端面至轴承室端面深度要符合要求，否则会导致轴承卡死。

样品图	单位名称
阶段标记	质量	比例	样品名称
第 页	样品代号

名称	型号	数量	单位	日期	备注
吊塔	TC6020	2	台	2013.08.15	
施工电梯	SCD200/200	2	台	2013.08.15	
装载机	WA380	1	台	2013.08.16	
液压反铲	PC200	3	台	2013.08.17	
填报单位:			审核:		

防水要求:
1、不得在未做防水地面蓄水
2、临时用水不得使用有破损、滴漏水管
3、暂停施工时，需切断水源

【案例精讲】
变速器标题栏

为了更好地完成本设计案例，现对制作要求及设计内容做出规划，效果如图 7-1 所示。

作品名称	变速器标题栏
设计创意	使用表格与文字制作标题栏
主要元素	（1）表格 （2）文字
应用软件	AutoCAD 2020
素材：	无
场景：	场景 \Cha07\【案例精讲】变速器标题栏 .dwg
视频：	视频教学 \Cha07\【案例精讲】变速器标题栏 .mp4
变速器标题栏欣赏	 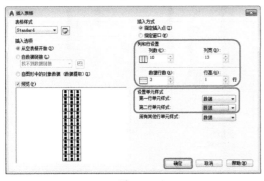 图 7-1
备注	

01 在命令行中输入 TABLE 命令，弹出【插入表格】对话框中，在【列和行设置】选项组中将【列数】设置为 10，【列宽】设置为 13，【数据行数】设置为 3，【行高】设置为 1，在【设置单元样式】选项组中将【第一行单元样式】和【第二行单元样式】都设置为【数据】，单击【确定】按钮，如图 7-2 所示。

图 7-2

02 将表格插入至绘图区中，如图 7-3 所示。

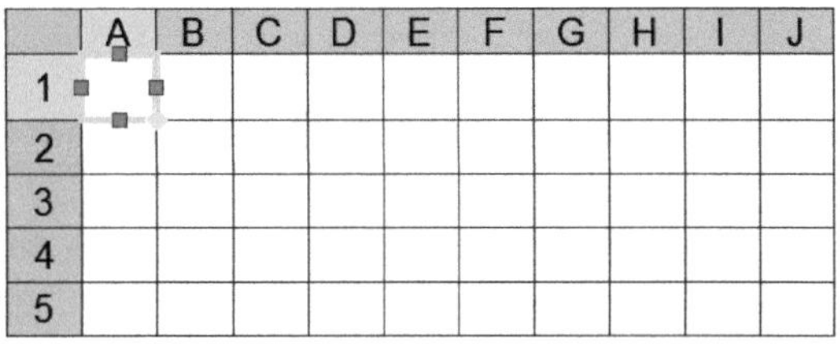

图 7-3

03 选中第一行的某格，右击，在弹出的快捷菜单中选择【特性】命令，在弹出的【特性】选项板中将【单元高度】设置为 9，按 Enter 键确定，如图 7-4 所示。

04 选择 A1 至 E2 单元格，此时功能区自动切换至【表格单元】选项卡中，单击【合并单元】按钮，在弹出的下拉列表中选择【合并全部】选项，如图 7-5 所示。

图 7-4

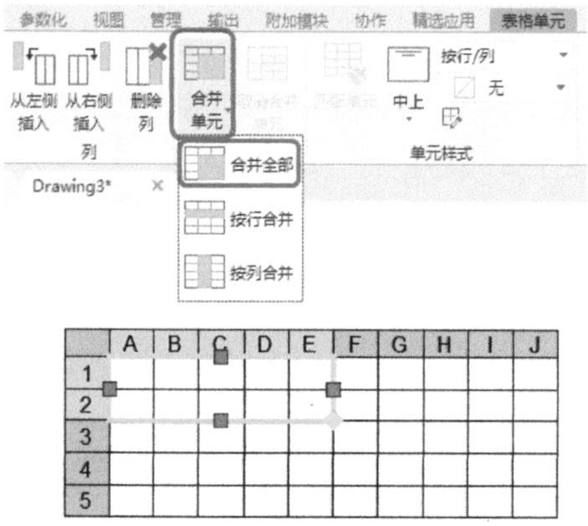

图 7-5

05 选择 B3 至 C5 单元格，单击【合并单元】按钮，在弹出的下拉列表中选择【按行合并】选项，如图 7-6 所示。

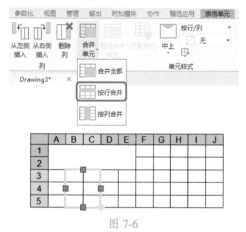

图 7-6

06 使用同样的方法合并其他单元格，如图 7-7 所示。

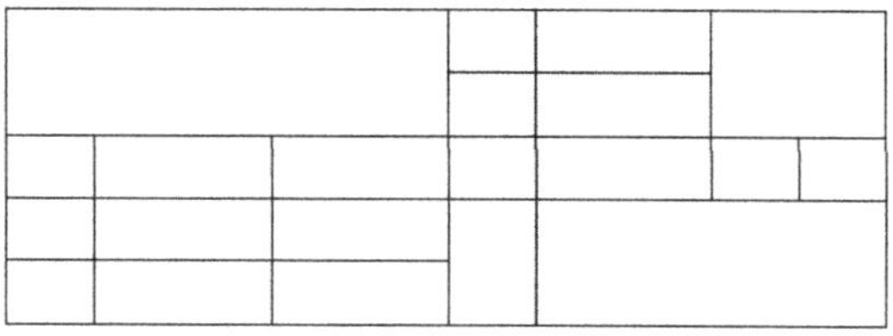

图 7-7

07 双击合并后的 A1 至 E2 单元格，此时功能区自动切换至【文字编辑器】选项卡中，将【文字高度】设置为 10，将【字体】设置为宋体，将【对正】设置为正中，输入文字【变速器】，如图 7-8 所示。

图 7-8

08 使用同样方法输入文字，将【备注】的【文字高度】设置为 4.5，其余文字均设置为 3，如图 7-9 所示。

图 7-9

7.1 文字样式

设置好常用的文字样式，在绘图时可以直接选用已经设置好的样式。

7.1.1 新建文字样式

在 AutoCAD 2020 中，系统默认的文字样式为 Standard。在绘制图形的过程中，用户可以对该样式进行修改，或根据需要新建一个文字样式。

在新建文字样式之前，首先要对文字样式的字体、字号、倾斜角度、方向和其他文字特性进行相关设置。

在 AutoCAD 2020 中，执行【文字样式】命令的方法有以下四种。

◎ 在菜单栏中执行【格式】|【文字样式】命令。

◎ 在【默认】选项卡的【注释】组中单击 注释 ▾ 按钮，然后在弹出的列表中单击【文字样式】按钮 A。

◎ 在【注释】选项卡的【文字】组中单击其右下角的 ↘ 按钮。

◎ 在命令行中输入 STYLE 命令。

下面将通过实例讲解如何新建文字样式，具体操作步骤如下。

01 在命令行中输入 STYLE 命令，弹出【文字样式】对话框，在该对话框中单击【新建】按钮，弹出【新建文字样式】对话框。在该对话框中将【样式名】设置为【新建样式 1】，然后单击【确定】按钮，如图 7-10 所示。

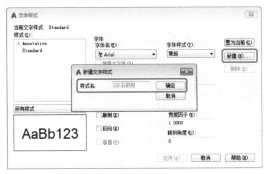

图 7-10

02 返回【文字样式】对话框，在【字体】选项组中将【字体名】设置为【黑体】，在【大小】选项组中将【高度】设置为 5，然后单击【置为当前】按钮，弹出 AutoCAD 对话框，直接单击【确定】按钮，即可将新建样式置为当前，最后单击【关闭】按钮，如图 7-11 所示。

图 7-11

在【文字样式】对话框中部分选项的含义介绍如下。

◎ 当前文字样式：显示当前正在使用的文字样式名称。

◎ 样式：该列表框显示图形中所有的文字样式。在该列表框中包括已定义的样式名并默认显示选择的当前样式。

◎ 样式列表过滤器 所有样式 ：可以在该下拉列表中指定在样式列表中显示所有样式还是仅显示使用中的样式。

◎ 预览：位于样式列表过滤器下方，其显示会随着字体的改变和效果的修改而动态更改样例文字的预览效果。

◎ 【字体名】下拉列表：该下拉列表中列出了系统中所有的字体。

◎ 【使用大字体】复选框：该复选框用于选择是否使用大字体。只有 SHX 文件可以创建大字体。

◎ 【字体样式】下拉列表：指定字体格式，比如斜体、粗体或者常规字体。勾选【使用大字体】复选框后，该选项变为【大字体】，用于选择大字体文件。

◎ 【高度】文本框：可在该文本框中输入字体的高度。如果用户在该文本框中指定了文字的高度，则在使用 TEXT（单行文字）命令时，系统将不提示【指定高度】选项。

◎ 【颠倒】复选框：勾选该复选框，可以将文字上下颠倒显示，该选项只影响单行文字。

◎ 【反向】复选框：勾选该复选框，可以将文字首尾反向显示，该选项只影响单行文字。

◎ 【宽度因子】文本框：设置字符间距。若输入小于 1.0 的值，将紧缩文字；若输入大于 1.0 的值，则将加宽文字。

◎ 【倾斜角度】文本框：该文本框用于指定文字的倾斜角度。

> 💡 提示：在指定文字倾斜角度时，如果角度值为正数，其方向是向右倾斜；如果角度值为负数，则其方向是向左倾斜。

■ 7.1.2 应用文字样式

在 AutoCAD 2020 中，如果要应用某个文字样式，需将文字样式设置为当前文字样式。

◎ 在【默认】选项卡的【注释】组中单击 注释 ▼ 按钮，然后在【文字样式】列表框中选择相应的样式，将其设置为当前的文字样式，如图 7-12 所示。

图 7-12

◎ 在命令行中输入 STYLE 命令，弹出【文字样式】对话框，在【样式】列表框中选择要置为当前的文字样式，单击【置为当前】按钮，如图 7-13 所示。然后单击【关闭】按钮，关闭该对话框。

图 7-13

■ 7.1.3 重命名文字样式

在使用文字样式的过程中，如果对文字样式名称的设置不满意，可以进行重命名操作，以方便查看和使用。但对于系统默认的 Standard 文字样式不能进行重命名操作。

在 AutoCAD 2020 中，执行【重命名文字样式】命令的方法有以下两种。

◎ 在命令行中输入 STYLE 命令，弹出【文字样式】对话框，在【样式】列表框中右击要重命名的文字样式，在弹出的快捷菜单中选择【重命名】命令，如图 7-14 所示。此时被选择的文字样式名称呈可编辑状态，输入新的文字样式名称，然后按 Enter 键确认重命名操作。

图 7-14

◎ 在命令行中输入 RENAME 命令，弹出【重命名】对话框，在【命名对象】列表框中选择【文字样式】选项，在【项数】列表框中选择要修改的文字样式名称，然后在下方的空白文本框中输入新的名称，单击【确定】按钮或【重命名为】按钮即可，如图 7-15 所示。

图 7-15

■ 7.1.4 删除文字样式

如果某个文字样式在图形中没有起到作用，可以将其删除。

在 AutoCAD 2020 中，执行【删除文字样式】命令的方法有以下两种。

◎ 在命令行中输入 STYLE 命令，弹出【文字样式】对话框，先将其他字体样式置为当前，然后在【样式】列表框中选择要删除的文字样式，单击【删除】按钮，如图 7-16 所示。此时会弹出如图 7-17 所示的【acad 警告】对话框，单击【确定】按钮，即可删除当前选择的文字样式。返回【文字样式】对话框，然后单击【关闭】按钮，关闭该对话框。

图 7-16

图 7-17

◎ 在命令行中输入 PURGE 命令，弹出如图 7-18 所示的【清理】对话框。在该对话框中单击【可清除项目】按钮，在【命名项目未使用】列表框中双击【文字样式】选项，展开此项显示当前图形文件中的所有文字样式，选择要删除的文字样式，

然后单击【清除选中的项目】按钮，在弹出的对话框中单击【清理此项目】按钮即可，如图 7-19 所示。

图 7-18

图 7-19

提示：系统默认的 Standard 文字样式与设置为当前的文字样式不能删除。

7.2 文字的输入与编辑

在文字样式设置完成以后，即可使用相关命令在图形文件中输入文字。在输入文字的过程中，用户可以根据绘图需要输入单行文字或多行文字。

■ 7.2.1 单行文字

输入单行文字是指在输入文字信息时，

用户可以使用单行文字工具创建一行或多行文字。其中，每行文字都是独立的文字对象，并且还可以对其进行相应的编辑操作，如重定位、调整格式或进行其他修改等。

1. 输入单行文字

单行文字命令主要用于不需要多种字体和多行文字的简短输入。

在 AutoCAD 2020 中，执行【单行文字】命令的方法有以下四种。

◎ 在菜单栏中执行【绘图】|【文字】|【单行文字】命令。

◎ 在【默认】选项卡的【注释】组中单击【单行文字】按钮A，如果在【注释】组中没有显示该按钮，可以单击 按钮，在弹出的下拉列表中单击【单行文字】按钮A 单行文字。

◎ 在【注释】选项卡的【文字】组中单击【单行文字】按钮A，如果在【文字】组中没有显示该按钮，可以单击【多行文字】按钮 多行文字，在弹出的下拉列表中单击【单行文字】按钮A 单行文字。

◎ 在命令行中输入 DTEXT 或 TEXT 命令。

2. 编辑单行文字

输入单行文字后，还可以对其特性和内容进行编辑。

在 AutoCAD 2020 中，编辑单行文字的方法有以下三种。

◎ 在菜单栏中选择【修改】|【对象】|【文字】|【编辑】命令。

◎ 直接双击需要编辑的单行文字，待文字呈可输入状态时，输入正确的文字内容即可。

◎ 在命令行中输入 DDEDIT 命令。

下面将通过实例讲解如何为平面图添加标题，具体操作步骤如下。

01 打开【素材 \Cha07\ 为图形添加标题素材 .dwg】文件，如图 7-20 所示。

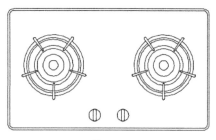

图 7-20

02 在命令行中输入 DTEXT 命令，根据命令行的提示在绘图区中指定一点作为起点，指定文字高度为 30，将旋转角度值设置为 0，然后按 Enter 键确定，在绘图区中便会出现如图 7-21 所示的文字输入框。

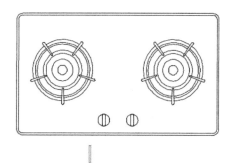

图 7-21

03 然后输入单行文字，输入完成后连续两次按 Enter 键结束单行文字的输入，设置完成后调整文字至合适的位置，完成后的效果如图 7-22 所示。

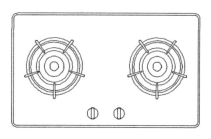

煤气灶

图 7-22

提示：查找与替换

当输入的文字内容过多时，为了避免出现错别字，用户可以通过 AutoCAD 的查找与替换功能对其进行检查。

在 AutoCAD 2020 中，执行查找与替换功能的方法有以下三种。

①在【注释】选项卡【文字】组中的【查找文字】文本框中输入要查找的文本，然后单击确定按钮。

②双击需要查找与替换的文本，启动【文字编辑器】选项卡，在【工具】组中单击【查找和替换】按钮。

③在命令行中输入 FIND 命令。

下面将通过实例讲解如何查找与替换，具体操作步骤如下所示。

01 打开【素材\Cha07\查找与替换素材 .dwg】文件，如图 7-23 所示。

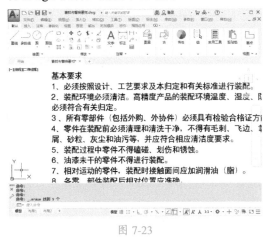

图 7-23

02 在命令行中输入 FIND 命令，弹出【查找和替换】对话框，在【查找内容】文本框中输入【归】，在【替换为】文本框中输入【规】，在【查找位置】下拉列表中选择【整个图形】选项，然后单击【查找】按钮，如图 7-24 所示。

图 7-24

03 此时绘图区的多行文字呈灰底显示，单击【全部替换】按钮，系统将弹出如图 7-25 所示的对话框，单击【确定】按钮。

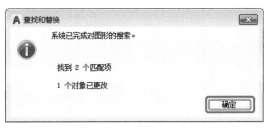

图 7-25

04 返回【查找和替换】对话框，单击【完成】按钮。在绘图区中可以看到所有的【归】文本内容被替换成了【规】字，效果如图 7-26 所示。

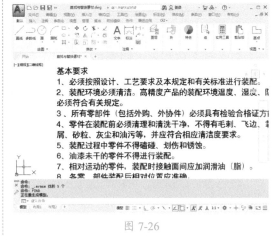

图 7-26

提示：拼写与检查

为了提高文本的准确度，在输入文本内容后，可以使用 AutoCAD 提供的拼写检查功能对其进行检查。如果文本中出现错误，系统会建议对其进行修改。

在 AutoCAD 2020 中，执行拼写与检查功能的方法有以下三种。

①在【注释】选项卡的【文字】组中单击【拼写检查】按钮。

②双击需要进行拼写检查的文本，启动【文字编辑器】选项卡，在【拼写检查】组中单击【拼写检查】按钮。

③在命令行中输入 SPELL 命令。

下面将通过实例讲解如何执行拼写与检查，具体操作步骤如下。

01 打开【素材\Cha07\拼写与检查素材.dwg】文件，如图 7-27 所示。

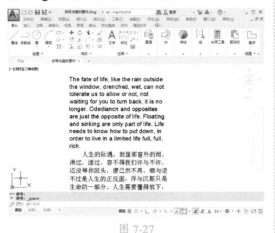

图 7-27

02 在命令行中输入 SPELL 命令，弹出【拼写检查】对话框。单击【开始】按钮，系统会自动进行拼写检查，在【不在词典中】文本框中显示错误的单词 Odediancn，在【建议】文本框中给出与原单词最接近的修改单词。在其下方的列表中，系统还提供了很多建议修改方式供用户选择，这里在下拉列表中选择 Obedience，单击【全部修改】按钮，如图 7-28 所示。

图 7-28

03 弹出如图 7-29 所示的对话框，提示拼写检查完成，单击【确定】按钮，返回【拼写检查】对话框，单击【关闭】按钮。

04 返回绘图区，即可看到文本中错误的 Odediancn 单词被修改成 Obedience，效果如图 7-30 所示。

图 7-29

图 7-30

7.2.2 编辑单行文字实例

下面将通过实例讲解如何编辑单行文字，具体操作步骤如下。

01 打开【素材\Cha07\编辑单行文字素材.dwg】文件，如图 7-31 所示。

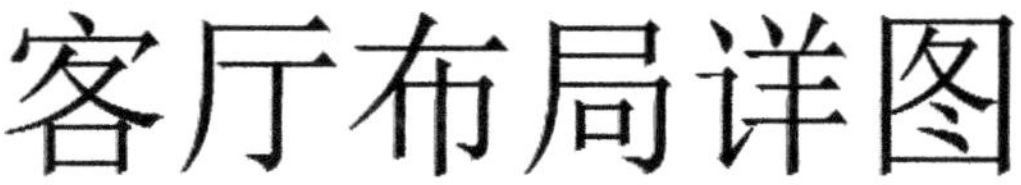

客厅布局详图

图 7-31

02 在命令行中输入 DDEDIT 命令，根据命令行的提示选择单行文字，使其处于编辑状态，如图 7-32 所示。

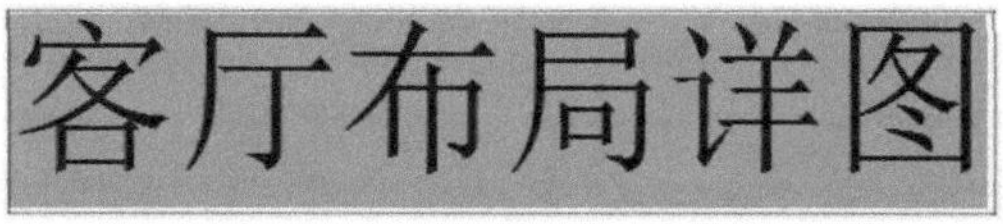

客厅布局详图

图 7-32

03 输入正确的文本"客厅装饰详图"，按 Enter 键结束该命令，输入文字的效果如图 7-33 所示。

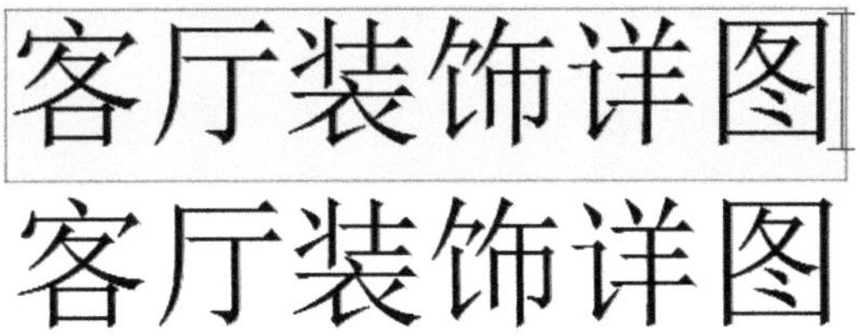

图 7-33

04 选择单行文字对象，单击鼠标右键，在弹出的快捷菜单中执行【特性】命令，如图7-34所示。

05 弹出【特性】选项板，在【常规】栏中将【颜色】设置为【蓝】，在【文字】栏中将【旋转】设置为20，如图7-35所示。

图 7-34 图 7-35

06 单击文字【特性】选项板左上角的【关闭】按钮，关闭该选项板，返回绘图区，按 Esc 键取消文字的选中状态。此时可以看到单行文字的颜色和角度发生了变化，显示效果如图 7-36 所示。

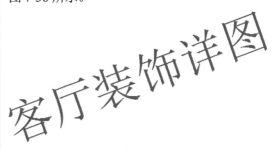

图 7-36

> 提示：在标注文字说明时，有时需要输入一些特殊字符，如¯（上划线）、_（下划线）、°（度）、±（公差符号）和φ（直径符号）等，用户可以通过 AutoCAD 提供的控制码进行输入。控制码的说明见表7-1。

表 7-1

控制码	特殊字符	说 明	控制码	特殊字符	说 明
%%p	±	公差符号	%%d	°	度
%%o	¯	上划线	%%c	φ	直径符号
%%u	_	下划线			

> 提示：在输入单行文字时，如果输入的符号显示为"?"，则是因为当前字体库中没有该符号。

■ 7.2.3 通过文字编辑器选项插入符号

下面使用单行文字命令创建文本标注，以练习控制码的输入，具体操作过程如下。

01 启动 AutoCAD 2020，新建图纸。在命令行中输入 DTEXT 命令，在绘图区中指定一点作为起点，按 Enter 键确认，保存默认文字的高度不变，再次按 Enter 键，保存默认文字的旋转角度，创建文本框并输入文本对象，如图 7-37 所示。

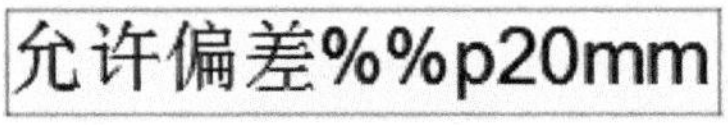

允许偏差%%p20mm

图 7-37

02 连续两次按 Enter 键结束单行文字的输入，完成后的效果如图 7-38 所示。

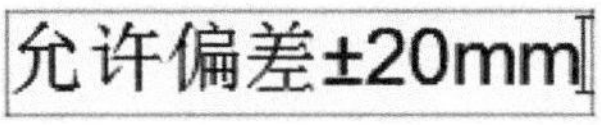

允许偏差±20mm

图 7-38

在输入多行文字时，通过单击【文字编辑器】选项卡【插入】组中的【符号】按钮，也可以插入特殊符号，具体操作过程如下。

01 打开【素材\Cha07\插入特殊符号素材.dwg】文件，如图 7-39 所示。

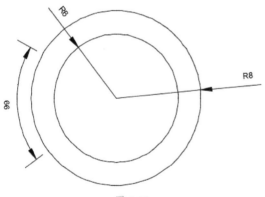

图 7-39

02 双击绘图区中的文字内容，启动【文字编辑器】选项卡，在【插入】组中单击【符号】按钮，在弹出的下拉列表中选择【度数】选项，如图 7-40 所示。

03 在【文字编辑器】选项卡的【关闭】组中单击【关闭文字编辑器】按钮，结束多行文字的输入，如图 7-41 所示。

04 返回绘图区，即可看到在文字后面插入了度数符号"°"，效果如图 7-42 所示。

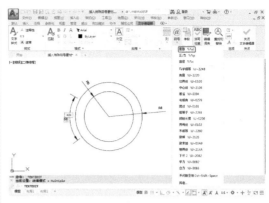

图 7-40

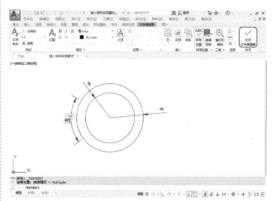

图 7-41

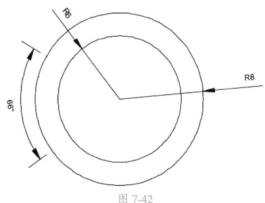

图 7-42

7.2.4 多行文字

输入多行文字是指在输入文字信息时，可以将若干文字段落创建为单个多行文字对象。当然，多行文字也是可以进行编辑的。

1. 输入多行文字

多行文字适用于较多或较复杂的文字注释中。

在 AutoCAD 2020 中，输入多行文字的方法有以下四种。

◎ 在菜单栏中执行【绘图】|【文字】|【多行文字】命令。

◎ 在【默认】选项卡的【注释】组中单击【多行文字】按钮 A，如果在【注释】组中没有显示该按钮，可以单击 按钮，在弹出的下拉列表中单击【多行文字】 A 多行文字 按钮。

◎ 在【注释】选项卡的【文字】组中单击【多行文字】按钮 A，如果在【文字】组中没有显示该按钮，可以单击【单行文字】按钮 单行文字，在弹出的下拉列表中单击【多行文字】按钮 A 多行文字。

◎ 在命令行中输入 MTEXT 命令。

2. 编辑多行文字

输入多行文字后，如发现输入的文字内容有误或需要添加某些特殊内容，可以对其进行编辑。

在 AutoCAD 2020 中，编辑多行文字的方法有以下四种。

◎ 在菜单栏中选择【修改】|【对象】|【文字】|【编辑】命令。

◎ 选择要编辑的多行文字并右击，在弹出的快捷菜单中选择【编辑多行文字】命令。

◎ 双击需要编辑的多行文字。

◎ 在命令行中输入 MTEDIT、DDEDIT 命令。

> 提示：双击需要编辑的文字，系统直接进入编辑状态。另外，在编辑一个文字对象后，系统将继续提示【选择注释对象】，用户可以继续编辑其他文字，直到按 Enter 键或 Esc 键退出命令为止。

 【实战】 为住宅平面图添加说明

下面将要讲解如何添加说明，如图 7-43 所示。

素材：	素材 \Cha07\ 为住宅平面图添加说明素材
场景：	场景 \Cha07\【实战】为住宅平面图添加说明 .dwg
视频：	视频教学 \Cha07\【实战】为住宅平面图添加说明 .mp4

防水要求：
1、不得在未做防水地面蓄水
2、临时用水不得使用有破损、滴漏水管
3、暂停施工时，需切断水源

图 7-43

01 打开【素材 \Cha07\ 为住宅平面图添加说明素材 .dwg】文件，如图 7-44 所示。

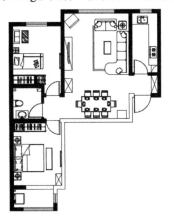

图 7-44

02 在【默认】选项卡中的【注释】组中单击【多行文字】按钮 A，指定第一角点，输入 H，按回车键确认，指定高度输入 400，按回车键确认，指定对角点，左键单击，如 7-45 所示。

03 在文本框中输入文字，将【字体】设置为微软雅黑，如图 7-46 所示。

图 7-45

图 7-46

04 输入完成后，单击绘图区空白处，即可退出【多行文字】输入状态，显示效果如图7-47所示。

图 7-47

■ 7.2.5 编辑多行文字实例

下面通过实例综合练习本节所讲的知识。

01 打开【素材\Cha07\编辑多行文字素材.dwg】文件，如图 7-48 所示。

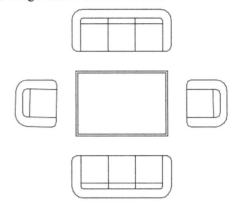

作品名称：客厅沙发布局图
作品审核：李亦
审核结果：合格

图 7-48

02 在命令行中输入 MTEDIT 命令，根据命令行的提示选择文字对象，使其处于编辑状态，如图 7-49 所示。

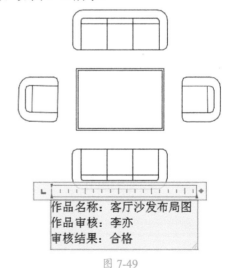

作品名称：客厅沙发布局图
作品审核：李亦
审核结果：合格

图 7-49

03 在文本框中选择【作品名称：】文本内容，在【文字编辑器】选项卡的【格式】组中单击【颜色】下拉按钮，在弹出的下拉列表中选择红色，如图 7-50 所示。

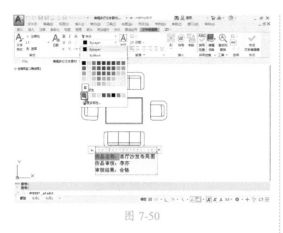

图 7-50

04 设置完成文字颜色后的显示效果如图 7-51 所示。

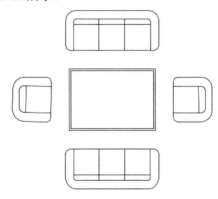

作品名称：客厅沙发布局图
作品审核：李亦
审核结果：合格

图 7-51

05 使用同样的方法编辑其他文字颜色，编辑效果如图 7-52 所示。

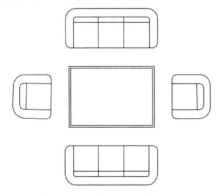

作品名称：客厅沙发布局图
作品审核：李亦
审核结果：合格

图 7-52

06 完成修改后，对文字的特性进行编辑。选择"客厅沙发布局图"文本内容，在【文字编辑器】选项卡的【格式】组中单击【字体】下拉按钮，在弹出的下拉列表中选择【微软雅黑】选项，如图 7-53 所示。

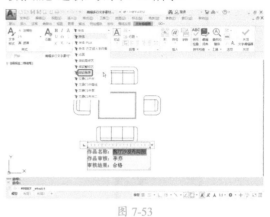

图 7-53

07 使用同样的方法编辑其他文本字体，完成后的效果如图 7-54 所示。

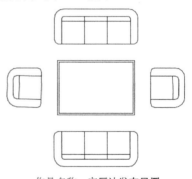

作品名称：客厅沙发布局图
作品审核：李亦
审核结果：合格

图 7-54

🎥 **【实战】** 为端盖创建文字说明

下面将要讲解如何为端盖创建文字说明，效果如图 7-55 所示。

素材：	素材 \Cha07\ 为端盖创建文字说明素材 .dwg
场景：	场景 \Cha07\【实战】为端盖创建文字说明 .dwg
视频：	视频教学 \Cha07\【实战】为端盖创建文字说明 .mp4

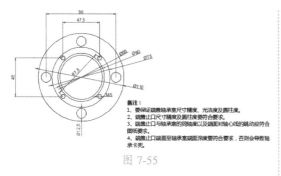

图 7-55

01 打开【素材 \Cha07\ 为端盖创建文字说明素材 .dwg】文件，如图 7-56 所示。

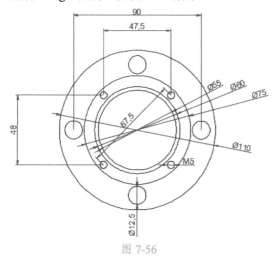

图 7-56

02 在命令行中输入 STYLE 命令，在打开的【文字样式】对话框中单击【新建】按钮，弹出【新建文字样式】对话框。在该对话框的【样式名】文本框中输入【文字说明】，单击【确定】按钮，如图 7-57 所示。

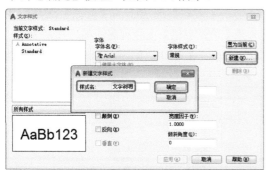

图 7-57

03 返回【文字样式】对话框中，在【字体】选项组中，将【字体名】设置为【微软雅黑】，在【大小】选项组中，将【高度】设置为 5，

然后单击【应用】按钮和【关闭】按钮，如图 7-58 所示。

图 7-58

04 在命令行中输入 MTEXT 命令，然后在绘图区中指定第一角点与对角点并输入文字，如图 7-59 所示。

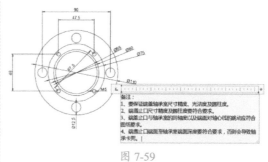

图 7-59

05 选中【备注：】文本，在【文字编辑器】选项卡的【格式】组中单击【粗体】按钮 B，如图 7-60 所示。

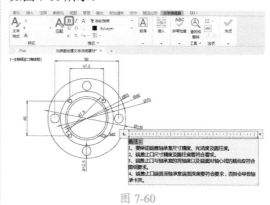

图 7-60

7.2.6 调整文字比例

下面将通过实例讲解如何调整文字比例，具体操作步骤如下。

01 继续上面例子的操作，在命令行中输入 SCALETEXT 命令，选择绘图区中的多行文字，按 Enter 键确认，根据命令行的提示执行【中间】命令，然后指定新模型高度为 4，最后按 Enter 键确认并结束该命令。

02 此时在绘图区中即可看到调整文字比例后的效果，如图 7-61 所示。

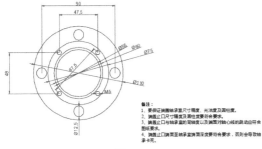

图 7-61

> 提示：在执行 SCALETEXT 命令缩放文字比例时，被缩放后的文字不会改变其原来的位置，执行 SC 命令来缩放对象能准确定位。

7.3 创建与插入表格

本节将要讲解如何创建与插入表格。

7.3.1 创建表格

在 AutoCAD 中可以自动生成表格，为了使创建出的表格更符合要求，在创建表格前应先创建表格样式。

创建表格样式的目的是使创建出的表格更满足需要，从而方便后期对表格进行编辑。AutoCAD 中默认创建一个名为 Standard 的表格样式，用户可直接对该表格样式的参数进行修改，也可创建新的表格样式。

在 AutoCAD 2020 中，创建表格样式的方法有以下三种。

◎ 在菜单栏中执行【格式】|【表格样式】命令。

◎ 在【注释】选项卡的【表格】组中单击下方的 ▾ 按钮。

◎ 在命令行中输入 TABLESTYLE 命令。

下面将通过实例讲解如何创建表格，具体操作步骤如下。

01 启动 AutoCAD 2020，在命令行中输入 TABLESTYLE 命令，弹出【表格样式】对话框，单击【新建】按钮，弹出【创建新的表格样式】对话框，在该对话框中将【新样式名】设置为【表格样式 1】，将【基础样式】设置为 Standard 样式，单击【继续】按钮，如图 7-62 所示。

图 7-62

02 弹出【新建表格样式：表格样式 1】对话框，在【常规】选项组中将【表格方向】设置为【向下】；在【单元样式】选项组中将单元样式设置为【标题】，在其下方的【常规】【文字】和【边框】选项卡中可以设置【标题】选项的基本特性、文字特性和边框特性，这里在【常规】选项卡的【特性】选项组中选择【填充颜色】下拉列表中的【红】选项，单击【确定】按钮，如图 7-63 所示。

图 7-63

03 切换至【文字】选项卡的【特性】选项组中，单击【文字样式】右侧的 ··· 按钮，弹出【文字样式】对话框，在【字体名】下拉列表框中选择【创艺简黑体】选项，单击【应用】按钮，然后单击【置为当前】按钮和【关闭】按钮，如图 7-64 所示。

图 7-64

04 返回到【新建表格样式：表格样式 1】对话框，将【单元样式】设置为【表头】，在【常规】选项卡中将【对齐】方式设置为【正中】，在【文字】选项卡中将【文字高度】设置为 5，如图 7-65 所示。

图 7-65

05 将【单元样式】设置为【数据】，在【常规】选项卡中将【对齐】方式设置为【正中】，在【文字】选项卡中将【文字高度】设置为 4，如图 7-66 所示。

图 7-66

06 返回【表格样式】对话框，此时，在该对话框右侧的预览框中即显示了新创建的表格样式，单击【置为当前】按钮，即可将其设置为当前表格样式，然后单击【关闭】按钮完成操作，如图 7-67 所示。

图 7-67

■ 7.3.2 插入表格

在表格样式设置完成以后，就可以根据该表格样式创建表格，并输入相应的表格内容。

在 AutoCAD 2020 中，插入表格的方法有以下四种。

◎ 在菜单栏中执行【绘图】|【表格】命令。

◎ 在【默认】选项卡的【注释】组中单击【表格】按钮 ⊞。

◎ 在【注释】选项卡的【表格】组中单击【表格】按钮 ⊞。

◎ 在命令行中输入 TABLE 命令。

下面将通过实例讲解如何插入表格，具体操作步骤如下。

01 在命令行中输入 TABLE 命令，弹出【插入表格】对话框，在【表格样式】下拉列表框中选择新建的【表格样式 1】，在【插入方式】选项组中选中【指定插入点】单选按钮，在【列和行设置】选项组中将【列数】设置为 8，将【列宽】设置为 30，将【数据行数】设置为 5，将【行高】设置为 3，设置完成后单击【确定】按钮，如图 7-68 所示。

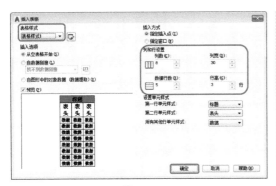

图 7-68

02 返回绘图区，此时在光标处会出现即将要插入的表格样式，在绘图区中任意拾取一点作为表格的插入点插入表格，同时在表格的标题单元格中会出现闪烁的光标，如图 7-69 所示。

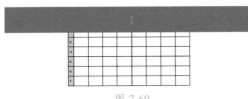

图 7-69

03 若要在其他单元格中输入内容，可按键盘上的方向键依次在各个单元格之间进行切换。将光标选择到哪个单元格，该单元格即会以不同颜色显示并有闪烁的光标，此时即可输入相应的内容。

 【实战】 设备配置表

下面讲解如何制作设备配置表，如图 7-70 所示。

素材:	无
场景:	场景\Cha07\【实战】设备配置表.dwg
视频:	视频教学\Cha07\【实战】设备配置表.mp4

名称	型号	数量	单位	日期	备注
吊塔	TC6020	2	台	2013.08.15	
施工电梯	SCD200/200	2	台	2013.08.15	
装载机	WA380	1	台	2013.08.16	
液压反铲	PC200	3	台	2013.08.17	
填报单位:				审核:	

图 7-70

01 在菜单栏中选择【格式】|【表格样式】命令，弹出【表格样式】对话框，在该对话框中单击【新建】按钮，在弹出的对话框中将【新样式名】设置为【设备配置表】，单击【继续】按钮，如图 7-71 所示。

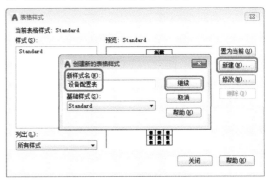

图 7-71

02 将【单元样式】设置为【标题】，在【常规】选项卡中将【填充颜色】设置为青色，取消勾选【创建行 / 列时合并单元】复选框。选择【文字】选项卡，将【文字高度】设置为 6，【文字颜色】设置为蓝色，如图 7-72 所示。

图 7-72

03 其他保持默认设置，单击【确定】按钮，返回到【表格样式】对话框中，单击【置为当前】按钮，如图 7-73 所示。

04 单击【关闭】按钮关闭对话框。在菜单栏中选择【绘图】|【表格】命令，弹出【插入表格】对话框，将【列数】设置为 11，将【列宽】设置为 20，将【数据行数】设置为 9，将【行高】设置为 2，如图 7-74 所示。

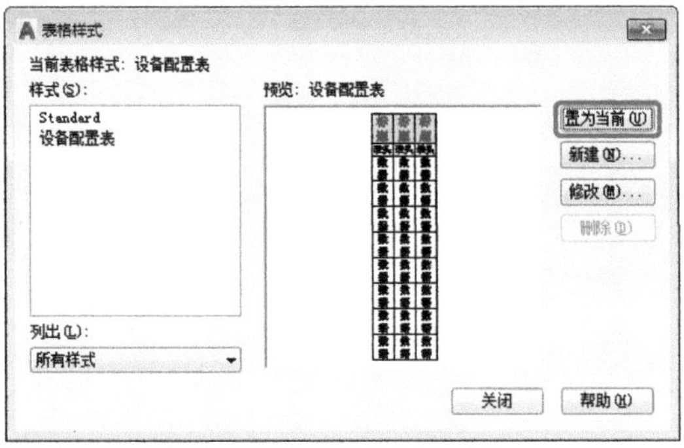

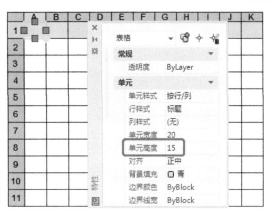

图 7-76

图 7-77

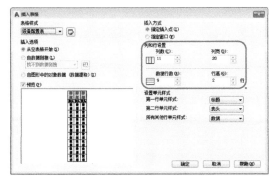

图 7-73

图 7-74

05 单击【确定】按钮，然后在绘图区中单击，创建表格，效果如图 7-75 所示。

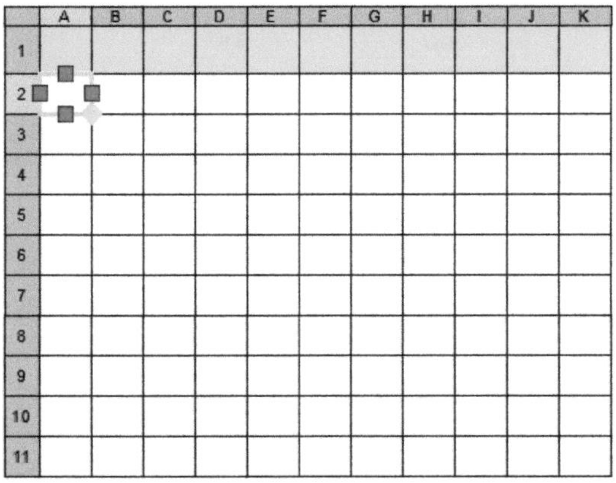

图 7-75

06 选中第一行的一格，右击，在弹出的快捷菜单中选择【特性】命令，在【特性】选项板中将【单元高度】设置为 15，按 Enter 键确认，如 7-76 所示。

07 选择 A1 至 B10 单元格，在【表格单元】选项卡中单击【合并单元】按钮，在弹出的下拉列表中选择【按行合并】命令，合并单元格，如图 7-77 所示。

08 使用同样的方法合并其他单元格，合并后的效果如图 7-78 所示。

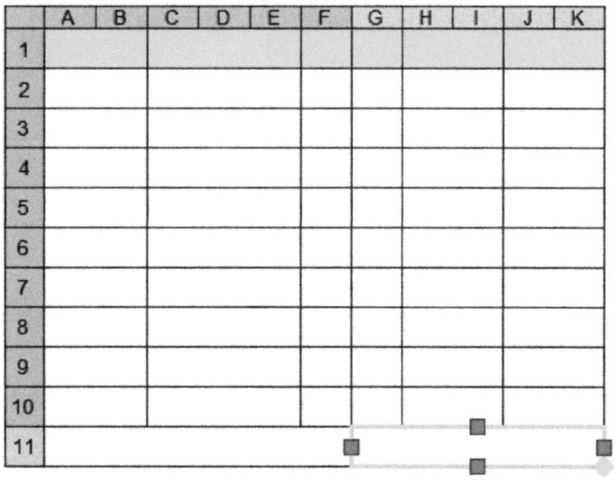

图 7-78

09 在菜单栏中选择【样式】|【文字样式】命令，在弹出的【文字样式】对话框中单击【新建】按钮，在弹出的【新建文字样式】对话框中使用默认样式名，单击【确定】按钮，返回至【文字样式】对话框中，将【字体名】设置为宋体，单击【应用】按钮，如图 7-79 所示。

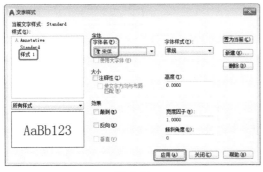

图 7-79

10 单击【关闭】按钮。双击左上角的单元格，此时功能区自动弹出【文字编辑器】选项卡，将【文字样式】设置为【样式 1】，将【对正】设置为【正中】，如图 7-80 所示。

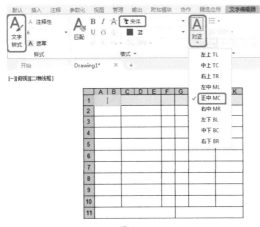

图 7-80

11 设置完成后即可输入文字，将第 2 行至第 5 行的【文字高度】设置为 5，第 11 行的【文字高度】设置为 5.5，【对正】设置为【左中】，输入【型号】列时，将第 2～5 行的【字体】设为默认，如图 7-81 所示。

12 选择 200/200 文本，在【文字编辑器】选项卡的【格式】组中单击【堆叠】按钮，取消堆叠，如图 7-82 所示。

名称	型号	数量	单位	日期	备注
吊塔	TC6020	2	台	2013.08.15	
施工电梯	SCD200/200	2	台	2013.08.15	
装载机	WA380	1	台	2013.08.16	
液压反铲	PC200	3	台	2013.08.17	
填报单位：			审核：		

图 7-81

图 7-82

7.4 编辑表格

如果创建的表格不能满足实际绘图需要，可以修改表格样式，也可以编辑表格与单元格，对于多余的表格样式还可以将其删除。

7.4.1 修改表格样式

打开【表格样式】对话框，在【样式】列表框中选择需修改的表格样式，单击【修改】按钮，如图 7-83 所示。弹出【修改表格样式】对话框，在该对话框中进行设置，其中的参数与【新建表格样式】对话框中选项的含义完全相同，这里不再赘述。

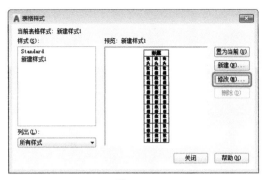

图 7-83

7.4.2 删除表格样式

打开【表格样式】对话框，在【样式】
列表框中选择需要删除的表格样式，然后单
击【删除】按钮，即可删除所选的表格样式，
如图 7-84 所示。需要注意的是，当前表格样
式不能被删除。

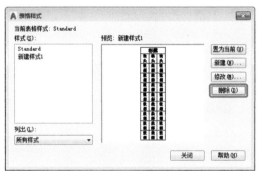

图 7-84

7.4.3 编辑表格与单元格

如果在修改表格样式后仍不能满足需要，
可以对表格与单元格进行编辑。

1. 编辑表格

选择整个表格，在表格上右击，在弹出
的快捷菜单中选择相应的命令，可以对表格
进行各种编辑，如图 7-85 所示。

提示：选择表格后，在表格的四周、
标题行上会显示出许多夹点，通过拖动这
些夹点，也可以方便地对表格进行编辑。

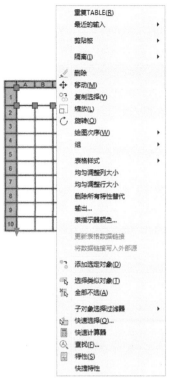

图 7-85

2. 编辑单元格

选择表格中的某个单元格，在该单元格
上右击，在弹出的如图 7-86 所示的快捷菜单
中选择相应的命令，可以对单元格进行编辑。

图 7-86

在右击单元格弹出的快捷菜单中，几个常用选项的含义如下。

◎ 对齐：选择其子菜单中的相应命令，可以设置单元格中内容的对齐方式。

◎ 边框：选择该命令，将弹出如图 7-87 所示的【单元边框特性】对话框，在其中可以设置单元格边框的线宽、线型和颜色等特性。

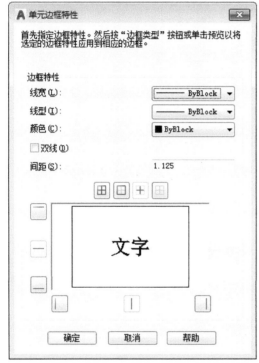

图 7-87

◎ 匹配单元：选择该命令，可以用当前选中的单元格格式（源对象）匹配其他单元格（目标对象），此时光标变为刷子形状，单击目标对象即可进行匹配，这与对图形进行的【特性匹配】操作性质是相同的。

◎ 插入点：在其子菜单中选择【块】命令，将弹出如图 7-88 所示的【在表格单元中插入块】对话框，在其中可以选择需要插入表格中的块，并可以设置块在单元格中的对齐方式、插入比例及旋转角度等参数。

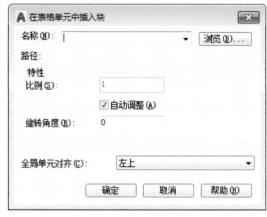

图 7-88

◎ 合并：当选择多个连续的单元格后，选择其子菜单中的相应命令，可以合并所有单元格，或按行、列合并单元格。

课后项目练习

CAD 样品图表格

下面将通过实例讲解如何绘制 CAD 样品图表格，其效果如图 7-89 所示。

图 7-89

课后项目练习过程概要如下。

（1）在绘图区中插入表格，且合并单元格。

（2）表格制作完成后添加文字。

素材：	无
场景：	场景\Cha07\ CAD 样品图表格 .dwg
视频：	视频教学 \Cha07\CAD 样品图表格 .mp4

01 在菜单栏中执行【绘图】|【表格】命令，弹出【插入表格】对话框，在【列和行设置】选项组中将【列数】设置为 11，将【列宽】设置为 25，将【数据行数】【行高】设置为 4、5，在【设置单元样式】选项组中将【第一行单元样式】和【第二行单元样式】都设置为【数据】，然后单击【确定】按钮，如图 7-90 所示。

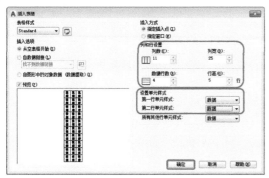

图 7-90

02 返回到绘图区中，插入表格的效果如图 7-91 所示。

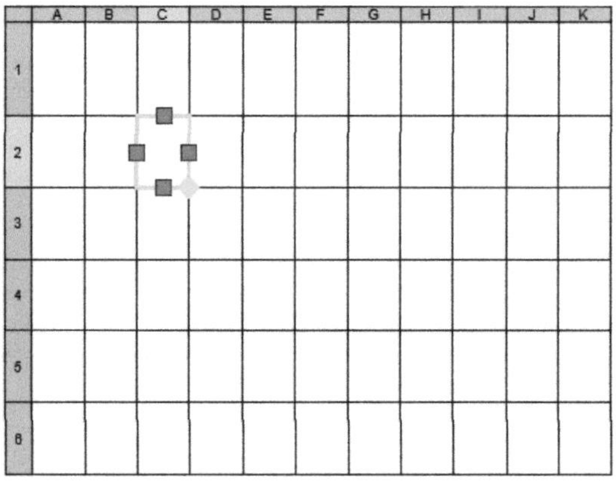

图 7-91

03 选中第一行某个单元格，右击，在弹出的快捷菜单中选择【特性】选项，弹出【特性】选项板，将【单元高度】设置为 33，按 Enter

键确定，如图 7-92 所示。

图 7-92

04 选择 A1 至 H3 单元格，在【表格单元】选项卡中单击【合并单元】按钮，在弹出的下拉列表中选择【合并全部】选项，如图 7-93 所示。

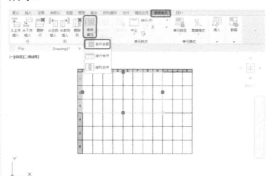

图 7-93

05 使用同样的方法合并其他单元格，合并后的效果如图 7-94 所示。

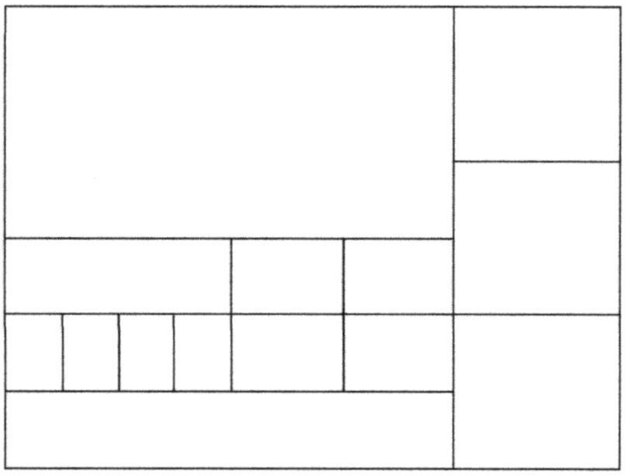

图 7-94

06 合并后输入文字即可，将【文字高度】

分别设置为 15、10，将【字体】设置为【黑体】，将【对正】设置为【居中】，完成效果如图 7-95
所示。

图 7-95

第 08 章
齿轮轴——辅助工具

本章导读:

　　辅助工具可帮助用户精确定位及辅助绘图,提高工作效率,本章讲解辅助工具的使用方法。

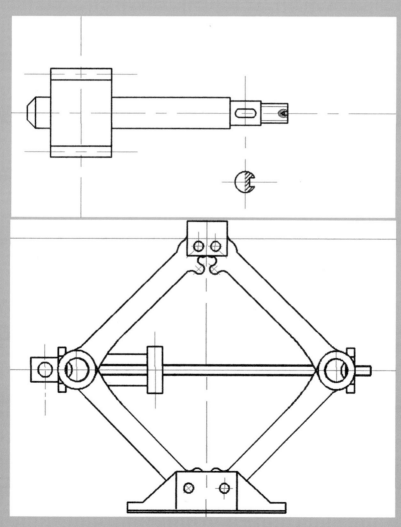

【案例精讲】
齿轮轴

为了更好地完成本设计案例，现对制作要求及设计内容做如下规划，效果如图 8-1 所示。

作品名称	齿轮轴
设计创意	（1）通过矩形工具、多段线以及圆工具绘制齿轮轴零件 （2）设置对象捕捉功能，辅助调整齿轮轴的位置，从而完成齿轮轴的制作
主要元素	齿轮轴辅助线 齿轮轴零件
应用软件	AutoCAD 2020
素材：	素材 \Cha08\ 齿轮轴素材 .dwg
场景：	场景 \Cha08\【案例精讲】齿轮轴 .dwg
视频：	视频教学 \Cha08\【案例精讲】齿轮轴 .mp4
齿轮轴效果 欣赏	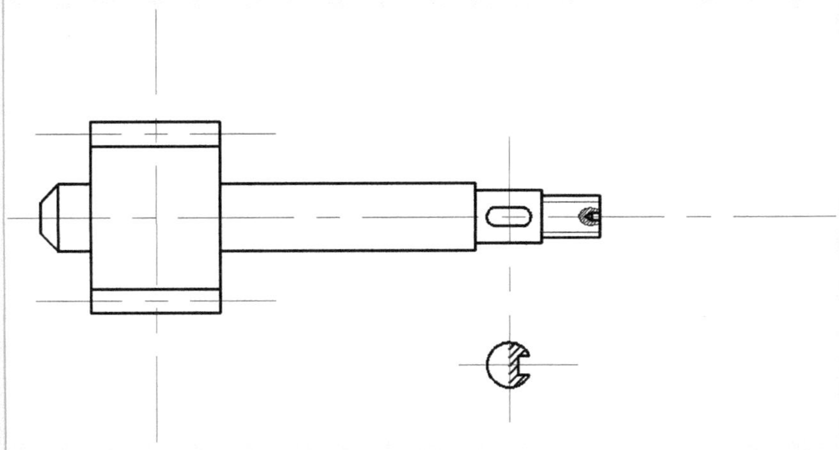  图 8-1
备注	

01 按 Ctrl+O 组合键，打开【素材 \Cha08\齿轮轴素材 .dwg】文件，如图 8-2 所示。

图 8-2

02 在状态栏的【捕捉模式】按钮 ⊞ 上右击，在弹出的快捷菜单中选择【捕捉设置】选项，弹出【草图设置】对话框，切换至【对象捕捉】选项卡，勾选如图 8-3 所示的复选框。

03 单击【确定】按钮，在命令行中输入 LAYER 命令，打开【图层特性管理器】选项板，单击【新建图层】按钮 🗐，新建【粗实线】图层，将【线宽】设置为 0.30 毫米，单击【置为当前】按钮 🗸，如图 8-4 所示。

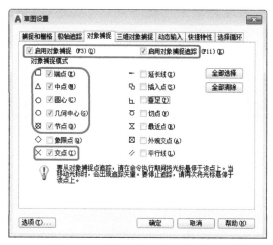

图 8-3

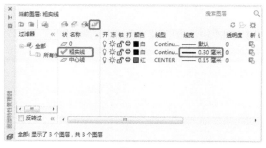

图 8-4

04 在命令行中输入 RECTANG 命令，在绘图区空白部分单击鼠标指定矩形的第一个角点，输入 @36,51，按 Enter 键确认，在状态栏中单击【线宽】按钮，如图 8-5 所示。

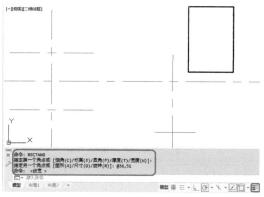

图 8-5

05 在命令行中输入 MOVE 命令，选中绘制的矩形，按 Enter 键确认，捕捉矩形的中心点，在如图 8-6 所示的辅助线位置处单击指定对象的第二点。

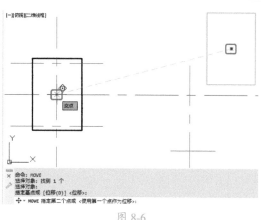

图 8-6

06 在命令行中输入 EXPLODE 命令，选中矩形按 Enter 键确认，分解矩形，在命令行中输入 OFFSET 命令，按两次 Enter 键，选择如图 8-7 所示的线段。

图 8-7

07 根据命令行的提示，将直线向下偏移 6.5、44.5，如图 8-8 所示。

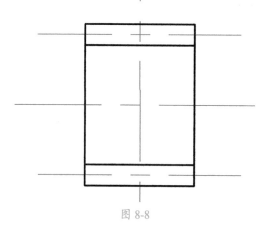

图 8-8

08 在命令行中输入 RECTANG 命令，在绘图区空白部分单击鼠标指定矩形的第一个角点，输入 @9,18，按 Enter 键确认，如图 8-9 所示。

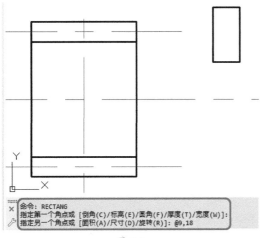

图 8-9

09 在命令行中输入 MOVE 命令，选中绘制的矩形，按 Enter 键确认，捕捉矩形的右侧中点，在如图 8-10 所示的辅助线位置处单击鼠标指定对象的第二点。

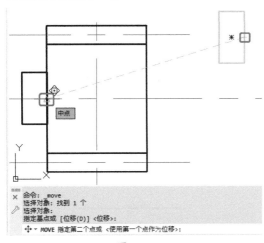

图 8-10

10 在状态栏的【捕捉模式】按钮 ⊞ · 上右击，在弹出的快捷菜单中选择【捕捉设置】选项，弹出【草图设置】对话框，切换至【极轴追踪】选项卡，勾选【启用极轴追踪】复选框，开启极轴追踪功能。将【极轴角设置】选项组的【增量角】设置为 135，如图 8-11 所示。

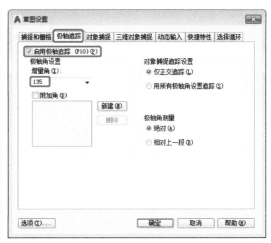

图 8-11

11 单击【确定】按钮，在命令行中输入 PLINE 命令，以矩形左下角的角点为第一点，沿左上角 135°方向引导鼠标，输入 7，设置线段长度，如图 8-12 所示。

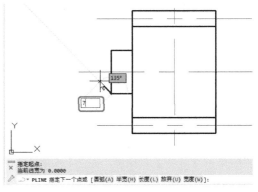

图 8-12

12 按 F8 键开启正交模式，向上引导鼠标输入 8，向右上角引导鼠标，捕捉矩形左上角角点，按 Enter 键进行确认，如图 8-13 所示。

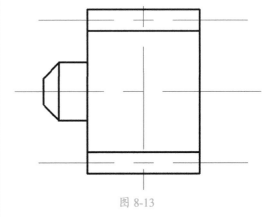

图 8-13

13 在命令行中输入 RECTANG 命令，分别绘制 @70,-18、@18,14、@16,11 三个矩形，在命令行中输入 MOVE 命令，通过对象捕捉调整矩形的位置，如图 8-14 所示。

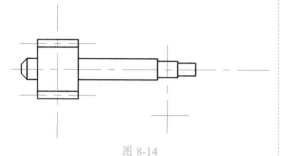

图 8-14

14 在命令行中输入 RECTANG 命令，在绘图区空白处单击鼠标指定矩形的第一个角点，输入 @12,5，按 Enter 键确认，如图 8-15 所示。

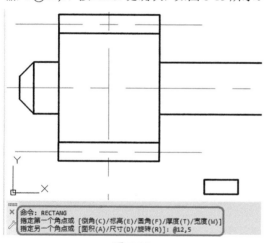

图 8-15

15 在命令行中输入 FILLET 命令，根据命令行的提示输入 R，设置圆角半径为 2.5，按 Enter 键进行确认，根据命令行的提示输入 M，将绘制的矩形进行圆角处理，在命令行中输入 MOVE 命令，通过对象捕捉调整矩形的位置，如图 8-16 所示。

16 在命令行中输入 RECTANG 命令，绘制一个【长度】【宽度】为 @2,2 的矩形，调整对象的位置，在命令行中输入 PLINE 命令，绘制多段线，调整对象的位置，如图 8-17 所示。

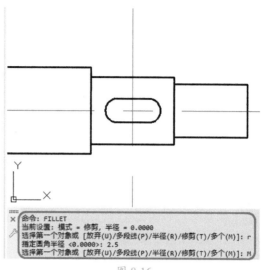

图 8-16

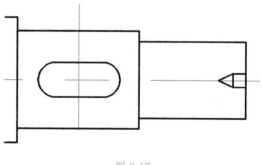

图 8-17

> 提示：可以启用极轴追踪功能，设置【增量角】为 155，使用多段线可以快速绘制出线段。

17 在命令行中输入 LAYER 命令，打开【图层特性管理器】选项板，选择【0】图层，单击【置为当前】按钮 ✎，如图 8-18 所示。

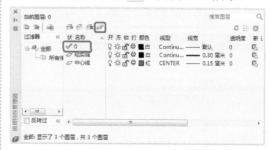

图 8-18

18 在命令行中输入 SPLINE 命令，在绘图区中绘制样条曲线，如图 8-19 所示。

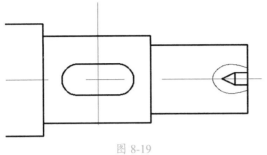

图 8-19

19 在命令行中输入 EXPLODE 命令，选中如图 8-20 所示的矩形，按 Enter 键进行分解。

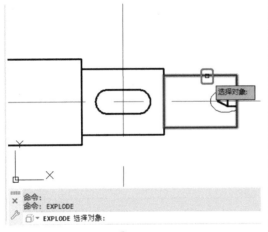

图 8-20

20 在命令行中输入 OFFSET 命令，按两次 Enter 键，选择如图 8-20 所示的线段，如图 8-21 所示。

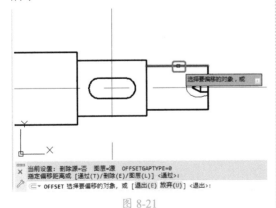

图 8-21

21 根据命令行的提示向下偏移 1.5、9.5，选择偏移后的线段，单击【图层】按钮，在弹出的下拉列表中更改图层为 0，如图 8-22 所示。

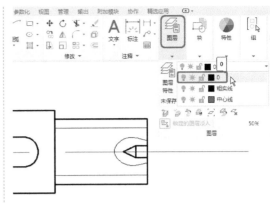

图 8-22

22 在命令行中输入 HATCH 命令，此时功能区自动切换至【图案填充创建】选项卡，将【图案填充图案】设置为 ANSI31，在【特性】组中将【填充图案比例】设置为 0.2，如图 8-23 所示。

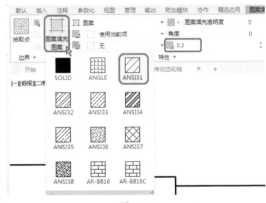

图 8-23

23 在绘图区中拾取填充区域，填充完成后，单击【关闭图案填充创建】按钮，如图 8-24 所示。

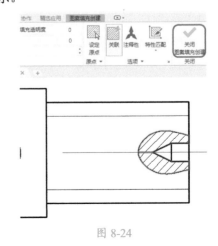

图 8-24

24 在命令行中输入 LAYER 命令，打开【图层特性管理器】选项板，选择【粗实线】图层，单击【置为当前】按钮 📝，如图 8-25 所示。

图 8-25

25 在命令行中输入 CIRCLE 命令，在辅助线中心位置处单击，指定圆的圆心，绘制半径为 6 的圆形，如图 8-26 所示。

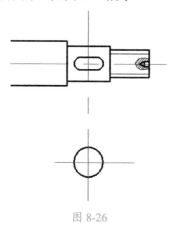

图 8-26

26 在命令行中输入 RECTANG 命令，绘制一个【长度】【宽度】为 @10,5 的矩形，在命令行中输入 MOVE 命令，通过对象捕捉调整矩形的位置，如图 8-27 所示。

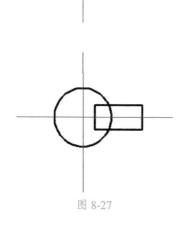

图 8-27

27 在命令行中输入 TRIM 命令，对图形进行修剪，如图 8-28 所示。

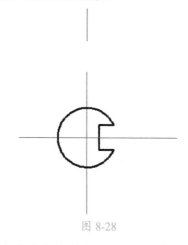

图 8-28

28 在命令行中输入 HATCH 命令，此时功能区自动切换至【图案填充创建】选项卡，将【图案填充图案】设置为 ANSI31，在【特性】组中将【填充图案比例】设置为 0.5，在绘图区中拾取填充区域，填充完成后，单击【关闭图案填充创建】按钮，如图 8-29 所示。

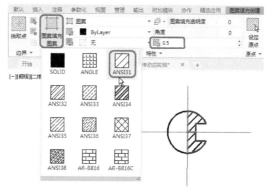

图 8-29

8.1 精确绘图工具

在使用绘图工具时需要更准确地连接图形的点，减少图形空隙，使图形更加完整。

8.1.1 捕捉和栅格

在绘图过程中，用户充分使用捕捉和栅

格功能，可以更好地定位坐标位置，从而提高绘图质量和速度。

1. 捕捉

捕捉用于设置光标移动间距。

在 AutoCAD 2020 中，选择该命令的方法有以下三种。

◎ 在状态栏中单击【捕捉模式】按钮 ⁝⁝⁝ 。

◎ 按 F9 键。

◎ 在命令行中输入 SNAP 命令。

（1）使用命令设置捕捉功能。

在命令行中输入 SNAP 命令后，具体操作过程如下。

命令：SNAP   // 选择 SNAP 命令

指定捕捉间距或 [开 (ON)/ 关 (OFF)/ 纵横向间距 (A)/ 样式 (S)/ 类型 (T)] <0.5000>：

           // 输入捕捉间距或选择捕捉选项

在选择命令的过程中，各选项的含义如下。

◎ 开：选择该选项，可开启捕捉功能，按当前间距进行捕捉操作。

◎ 关：选择该选项，可关闭捕捉功能。

◎ 纵横向间距：选择该选项，可设置捕捉的纵向和横向间距。

◎ 样式：选择该选项，可设置捕捉样式为标准的矩形捕捉模式或等轴测模式。等轴测模式可在二维空间中仿真三维视图。

◎ 类型：选择该选项，可设置捕捉类型是默认的直角坐标捕捉类型，还是极坐标捕捉类型。

◎ <0.5000>：表示默认捕捉间距为 0.5000，可在提示后输入一个新的捕捉间距。

（2）使用对话框设置捕捉功能。

若使用命令设置捕捉功能不能满足需要，可以通过对话框设置捕捉功能。

2. 栅格

栅格是由许多可见但不能打印的小点构成的网格。开启该功能后，在绘图区的某块区域中会显示一些小点，如图 8-30 所示，这些小点即栅格。

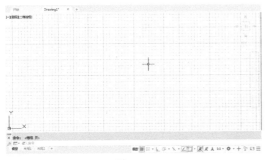

图 8-30

在 AutoCAD 2020 中，单击状态栏中的【栅格显示】按钮 ⌗，即可执行栅格功能。

在选择命令的过程中，各选项的含义如下。

◎ 开：选择该选项，将按当前间距显示栅格。

◎ 关：选择该选项，将关闭栅格显示。

◎ 捕捉：选择该选项，将栅格间距定义为与 SNAP 命令设置的当前光标移动的间距相同。

◎ 纵横向间距：选择该选项，将设置栅格的 X 向间距和 Y 向间距。在输入值后输入 x 可将栅格间距定义为捕捉间距的指定倍数，默认为 10 倍。

◎ <10.0000>：选择该选项，表示默认栅格间距为 10，可在提示后输入一个新的栅格间距。当栅格过于密集时，屏幕上不显示出栅格，对图形进行局部放大观察才能看到。

 【实战】使用对话框设置捕捉功能

下面将通过实战来讲解如何使用对话框设置捕捉功能。

素材:	无
场景:	无
视频:	视频教学 \Cha08\【实战】使用对话框设置捕捉功能 .mp4

01 启动 AutoCAD 2020，在状态栏的【捕捉模式】按钮▦上右击，在弹出的快捷菜单中选择【捕捉设置】选项，如图 8-31 所示。

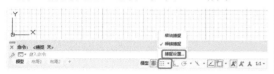

图 8-31

02 弹出【草图设置】对话框，切换至【捕捉和栅格】选项卡，在【捕捉间距】选项组的【捕捉 X 轴间距】文本框中输入 X 坐标方向的捕捉间距；在【捕捉 Y 轴间距】文本框中输入 Y 坐标方向的捕捉间距；选择☑X 轴间距和 Y 轴间距相等(X)复选框，可以使 X 轴和 Y 轴间距相等。在【捕捉类型】选项组中可对捕捉的类型进行设置，一般保持默认设置。完成设置后，单击 确定 按钮，如图 8-32 所示，此时，在绘图区中光标会自动捕捉到相应的栅格点上。

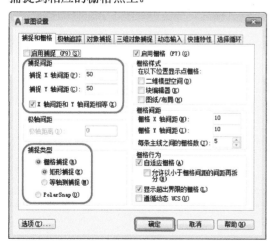

图 8-32

💡 提示：将【草图设置】对话框切换至【捕捉和栅格】选项卡，勾选☑启用捕捉 (F9)(S)复选框，表示开启捕捉模式，反之则关闭捕捉模式。

8.1.2 极轴追踪

使用极轴追踪功能，可以用指定的角度来绘制对象。用户在极轴追踪模式下确定目标点时，系统会在光标接近指定角度时显示临时的对齐路径，并自动在对齐路径上捕捉距离光标最近的点，同时给出该点的信息提示，用户可据此准确地确定目标点。

在 AutoCAD 2020 中，选择【极轴追踪】命令的方法有以下两种。

◎ 单击状态栏中的【极轴追踪】按钮◀。

◎ 按 F10 键。

🎬 【实战】设置极轴追踪参数

下面将讲解如何设置极轴追踪的参数。

素材:	无
场景:	无
视频:	视频教学 \Cha08\【实战】设置极轴追踪参数 .mp4

01 启动 AutoCAD 2020，在状态栏的【极轴追踪】按钮◀上右击，在弹出的快捷菜单中选择【正在追踪设置】选项，如图 8-33 所示。

图 8-33

02 弹出【草图设置】对话框，切换至【极轴追踪】选项卡，选择☑启用极轴追踪 (F10)(P)复选框，开启极轴追踪功能。在【极轴角设置】选项组的【增量角】下拉列表中选择追踪角度，如选择 45，表示以角度为 45°或 45°的整数倍进行追踪，如图 8-34 所示。

03 当极轴追踪角度增量为 90°时，只能在水平和垂直方向建立临时捕捉追踪线，选择☑附加角(D)复选框，然后单击 新建(N) 按钮，可添加极轴追踪角度增量。在【对象捕捉追踪设置】选项组中选中 ◉ 仅正交追踪(L) 单选按钮，在【极轴角测量】选项组中选中 ◉ 绝对(A) 单选按钮，单击 确定 按钮完成设置，如图 8-35 所示。

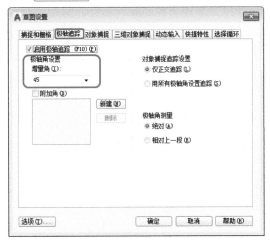

图 8-34

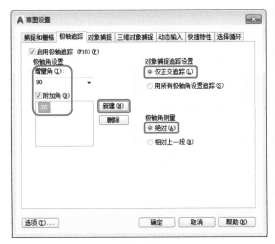

图 8-35

■ 8.1.3 对象捕捉

在绘制图形时，使用对象捕捉功能可以准确地拾取直线的端点、两直线的交点、圆形的圆心等。开启对象捕捉功能的方法如下。

◎ 单击状态栏中的【对象捕捉】按钮。

◎ 按 F3 键。

在状态栏中的【对象捕捉】按钮上右击，然后选择快捷菜单中的【对象捕捉设置】命令，弹出【草图设置】对话框，切换至【对象捕捉】

选项卡，在该对话框中可以增加或减少对象捕捉模式，如图 8-36 所示。

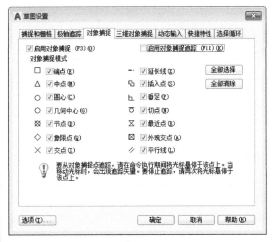

图 8-36

> 提示：当选中【对象捕捉模式】选项组中的【几何中心】复选框后，绘图时，光标靠近图形的几何点时将自动捕捉。

■ 8.1.4 动态输入

动态输入包括指针输入和标注输入，开启动态输入功能的方法如下。

◎ 单击状态栏中的【动态输入】按钮。

◎ 按 F12 键。

下面将通过实例讲解如何设置指针输入，具体操作步骤如下。

01 启动 AutoCAD 2020，在状态栏的【动态输入】按钮上右击，在弹出的快捷菜单中选择【动态输入设置】选项，如图 8-37 所示。

图 8-37

02 弹出【草图设置】对话框，切换至【动态输入】选项卡，如图 8-38 所示。勾选

☑**启用指针输入 (P)** 复选框,可开启指针输入功能。此时在绘图区中移动光标时,光标处将显示坐标值,在输入点时,首先在第一个文本框中输入数值,然后按【,】键,可切换到下一个文本框输入下一个坐标值。

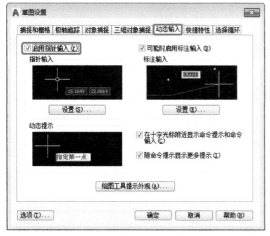

图 8-38

03 单击【指针输入】选项组中的 设置(S)... 按钮,弹出【指针输入设置】对话框,如图 8-39 所示,在该对话框中可对指针输入的相关参数进行设置。

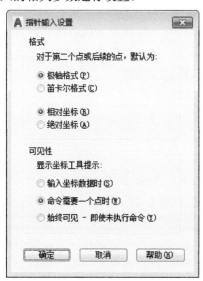

图 8-39

04【标注输入】选项组用于输入距离和角度,在【草图设置】对话框的【动态输入】选项卡中勾选 ☑**可能时启用标注输入 (D)** 复选框,则坐标输入字段会与正在创建或编辑的几何图形

上的标注绑定,工具栏中的值将随着光标的移动而改变。单击【标注输入】选项组中的 设置(S)... 按钮,将弹出如图 8-40 所示的【标注输入的设置】对话框,用户可在该对话框中对标注输入的相关参数进行设置。

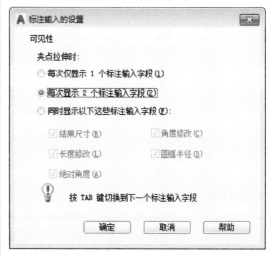

图 8-40

■ 8.1.5 正交模式

使用正交模式可在绘图区中手动绘制水平和垂直的直线或辅助线。开启正交模式的方法如下。

◎ 单击状态栏中的【正交模式】按钮 ⌐。

◎ 按 F8 键。

> 提示:开启正交模式后,无论鼠标指针处于什么位置,绘制直线时始终在水平或垂直方向上移动。但正交模式不能控制键盘输入的坐标点的位置,只能控制鼠标指针捕捉点的方位。

8.2 精确定位图形

在绘制图形的过程中,快速、直接、准确地选择几何点,可以精确定位图形,既节省了绘图时间,又增加了绘图准确性。

8.2.1 使用对象捕捉几何点类型

在【参数化】选项卡的【几何】组中单击需要的功能按钮，可以设置对象捕捉几何点，如图 8-41 所示。

图 8-41

其中各按钮的功能介绍如下。

◎ 【自动约束】按钮：命令形式为 AUTOCONSTRAIN。用于将多个几何约束运用于选定的对象。

◎ 【重合】按钮：命令形式为 CONSTRAINTBAR。用于约束两个点使其重合，或者约束一个点使其位于对象或对象延长部分的任意位置。对象上的约束点根据对象类型而有所不同。如可以约束直线的中点和端点，则第二个选定点或对象将与第一个点或对象重合。

◎ 【共线】按钮：在命令行中输入 GEOMCONSTRAINT 后，输入 COL。用于约束两条直线，使其位于同一个无限长的线上，即第二条选定直线将设为与第一条选定直线共线。

◎ 【同心】按钮：在命令行中输入 GEOMCONSTRAINT 后，输入 CON。用于约束选定的圆、圆弧或椭圆，使其具有相同的圆心点，即第二个选定对象与第一个选定对象同心。

◎ 【固定】按钮：在命令行中输入 GEOMCONSTRAINT 后，输入 F。用于约束一个点或一条曲线，使其固定在相对于世界坐标系的特定位置和方向上。

◎ 【平行】按钮：在命令行中输入 GEOMCONSTRAINT 后，输入 PA。用于约束两条直线，使其具有相同的角度，即可使第二条选定对象与第一条选定对象平行。

◎ 【垂直】按钮：在命令行中输入 GEOMCONSTRAINT 后，输入 P。用于约束两条直线或多段线线段，使其夹角始终保持为 90°，即可使第二条选定对象与第一条选定对象垂直。

◎ 【水平】按钮：在命令行中输入 GEOMCONSTRAINT 后，输入 H。用于约束一条直线或一对点，使其与当前 UCS 的 X 轴平行，即可使对象上的第二个选定点与第一个选定点水平。

◎ 【竖直】按钮：在命令行中输入 GEOMCONSTRAINT 后，输入 V。用于约束一条直线或一对点，使其与当前 UCS 的 Y 轴平行，即可使对象上的第二个选定点与第一个选定点垂直。

◎ 【相切】按钮：在命令行中输入 GEOMCONSTRAINT 后，输入 T。用于约束两条曲线，使其相切或延长线彼此相切。

◎ 【平滑】按钮：在命令行中输入 GEOMCONSTRAINT 后，输入 SM。用于约束一条样条曲线，使其与其他样条曲线、直线、圆弧或多段线彼此相连并保持 G2 连续性，选定的第一个对象必须为样条曲线。

◎ 【对称】按钮：在命令行中输入 GEOMCONSTRAINT 后，输入 S。用于约束对象上的两条曲线和两个点，使其以选定直线为对称轴彼此对称。

◎ 【相等】按钮：在命令行中输入 GEOMCONSTRAINT 后，输入 E。用于约束两条直线或多段线，使其具有相同长度，或约束圆弧和圆，使其具有相同半径值。

◎ 【显示/隐藏】按钮 显示/隐藏：在命令行中输入 CONSTRAINTBAR。用于显示/隐藏选定对象相关的几何约束，即选定某个对象，以高亮显示/隐藏相关几何约束。

◎ 【全部显示】按钮 🔛 全部显示：在命令行中输入 CONSTRAINTBAR 后，输入 S。用于显示运用于图形的所有几何约束。

◎ 【全部隐藏】按钮 🔛 全部隐藏：在命令行中输入 CONSTRAINTBAR 后，输入 H。用于隐藏运用于图形的所有几何约束。

■ 8.2.2 设置运行捕捉模式和覆盖捕捉模式

在【草图设置】对话框的【对象捕捉】选项卡中，设置的对象捕捉模式始终处于运行状态，直到关闭对象捕捉为止，这种捕捉模式为运行捕捉模式。如果要临时启用捕捉模式，可以在输入点的提示下选择【对象捕捉】工具栏中的工具，这种捕捉模式为覆盖捕捉模式。

> 💡 提示：选中绘制的图形对象，按 Shift 键或 Ctrl 键的同时右击图形对象，将弹出如图 8-42 所示的快捷菜单，在快捷菜单中选择相应的捕捉模式，也可以启用覆盖捕捉模式。

图 8-42

其中各按钮的功能介绍如下。

◎ 【临时追踪点】按钮 ▪━▫：命令形式为 TT。用于临时使用对象捕捉跟踪功能，在未开启对象捕捉跟踪功能的情况下可临时使用该功能一次。

◎ 【自】按钮 ☐：命令形式为 FROM。在选择命令的过程中使用该命令，可以指定一个临时点，然后根据该临时点来确定其他点的位置。

◎ 【端点】按钮 ✐：命令形式为 END。用于捕捉圆弧、直线、多段线、网格、椭圆弧、射线或多段线的最近端点，【端点】对象捕捉还可以捕捉到延伸边的端点，以及有 3D 面、迹线和实体填充线的角点。

◎ 【中点】按钮 ✐：命令形式为 MID。用于捕捉圆弧、椭圆弧、直线、多线、多段线、面域、实体、样条曲线或参照线的中点。

◎ 【交点】按钮 ✕：命令形式为 INT。用于捕捉直线、多段线、圆弧、圆、椭圆弧、椭圆、样条、曲线、结构线、射线或平行多线等任何组合体之间的交点。

◎ 【外观交点】按钮 ✕：命令形式为 APPINT。用于捕捉两个在三维空间实际并未相交，但是由于投影关系在二维视图中相交的对象的交点，这些对象包括圆、圆弧、椭圆、椭圆弧、直线、多线、射线、样条曲线和参照线等。

◎ 【延长线】按钮 ⎯⎯：命令形式为 EXT。用于以用户选定的实体为基准，显示出其延长线，用户可捕捉此延长线上的任意一点。

◎ 【圆心】按钮 ⊙：命令形式为 CEN。用于捕捉圆弧、圆、椭圆、椭圆弧或实体填充线的圆（中）心点，圆及圆弧必须在圆周上拾取一点。

◎ 【象限点】按钮 ✧：命令形式为 QUA。用于捕捉圆弧、椭圆弧、填充线、圆，或椭圆的 0°、90°、180°、270° 的 1/4 象限点，象限点是相对于当前 UCS

用户坐标系而言的。

◎ 【切点】按钮 ⌑：命令形式为 TAN。用于捕捉选取点与所选圆、圆弧、椭圆或样条曲线相切的切点。

◎ 【垂直】按钮 ⊥：命令形式为 PER。用于捕捉选取点与选取对象的垂直交点，垂直交点并不一定在选取对象上定位。

◎ 【平行线】按钮 ∥：命令形式为 PAR。用于以用户选定的实体为平行的基准，当光标与所绘制的前一点的连线方向平行于基准方向时，系统将显示一条临时的平行线，用户可捕捉到此线上的任意一点。

◎ 【节点】按钮 ⊡：命令形式为 NOD。用于捕捉点对象，包括 POINT、DIVIDE、MEASURE 命令绘制的点，也包括尺寸对象的定义点。

◎ 【插入点】按钮 ⊡：命令形式为 INS。用于捕捉块、外部引用、形、属性、属性定义或文本对象的插入点。也可通过选择【对象捕捉】菜单中的图标来激活该捕捉方式。

◎ 【最近点】按钮 ⧓：命令形式为 NEA。用于捕捉最靠近十字光标的点，此点位于直线、圆、多段线、圆弧、线段、样条曲线、射线、结构线、视区或实体填充线、迹线或 3D 面对应的边上。

◎ 【无】按钮 ⧓：命令形式为 NON。用于关闭一次对象捕捉。

◎ 【对象捕捉设置】按钮 ⧆：命令形式为 DSETTINGS。单击该按钮，将弹出【草图设置】对话框，在该对话框中，用户可以将经常使用的对象捕捉设置为一直处于启用状态。

8.2.3 对象捕捉追踪

对象捕捉追踪功能既包含了对象捕捉功能，又包含了对象追踪功能，对象捕捉追踪功能的使用方法是：先根据对象捕捉功能确

定对象的某一捕捉点（只需将光标在该点上停留片刻，当自动捕捉标记中出现黄色的标记时即可），然后以该点为基准点进行追踪，得到准确的目标点。

在 AutoCAD 2020 中，选择该命令的方法有以下两种。

◎ 单击状态栏中的【对象捕捉追踪】按钮 ⧄。

◎ 按 F11 键。

> 提示：极轴追踪状态不影响对象捕捉追踪的使用，即使极轴追踪处于关闭状态，用户仍可在对象捕捉追踪中使用极轴角进行追踪。

8.3 查询工具

在绘图时使用查询工具可以准确地知道图形坐标以便调整位置。

8.3.1 查询距离

查询距离命令主要用于查询指定两点间的长度值与角度值。

在 AutoCAD 2020 中，选择【查询距离】命令的方法有以下三种。

◎ 在菜单栏中选择【工具】|【查询】|【距离】命令。

◎ 在【默认】选项卡的【实用工具】组中单击【距离】按钮 ⊟。

◎ 在命令行中输入 DIST 命令。

 【实战】查询对象距离

下面将讲解如何查询对象距离。

素材：	素材 \Cha08\ 查询对象距离素材 .dwg
场景：	无
视频：	视频教学 \Cha08\【实战】查询对象距离 .mp4

01 打开【素材 \Cha08\ 查询对象距离素材 .dwg】文件，如图 8-43 所示。

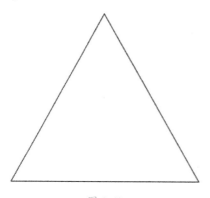

图 8-43

02 在命令行中输入 DIST 命令，根据命令行的提示指定水平线的左侧为第一点，然后将鼠标指针放在右侧端点上，如图 8-44 所示。

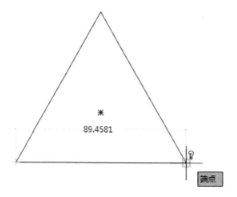

89.4581

端点

图 8-44

03 指定第二点后，将显示出如图 8-45 所示的查询结果。

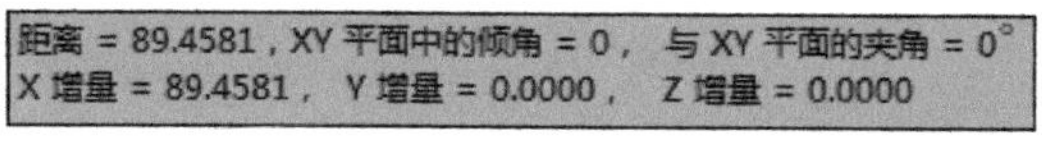

距离 = 89.4581，XY 平面中的倾角 = 0， 与 XY 平面的夹角 = 0°
X 增量 = 89.4581， Y 增量 = 0.0000， Z 增量 = 0.0000

图 8-45

■ 8.3.2 查询面积及周长

查询面积及周长命令主要用于查询图形对象的面积和周长值，同时还可对面积及周长进行加 / 减运算。

在 AutoCAD 2020 中，选择该命令的方法有以下两种。

◎ 在菜单栏中选择【工具】|【查询】|【面积】命令。

◎ 在命令行中输入 AREA 命令。

下面将通过实例讲解如何查询对象的面积，具体操作步骤如下。

01 打开【素材 \Cha08\ 查询面积及周长素材 .dwg】文件，如图 8-46 所示。

图 8-46

02 在命令行中输入 AREA 命令，根据命令行的提示捕捉长方形的四个角点，如图 8-47 所示。

图 8-47

03 选择好区域后按 Enter 键确定，即可显示查询结果，包括面积和周长，如图 8-48 所示。

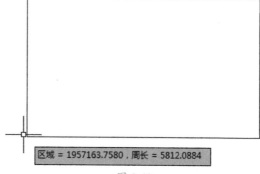

区域 = 1957163.7580，周长 = 5812.0884

图 8-48

在选择命令的过程中，命令行中各选项的含义如下。

◎ 对象：用于查询圆、椭圆、样条曲线、多段线、多边形、面域、实体和一些开放性的首尾相连能成为封闭图形的图形的面积和周长。

◎ 增加面积：选择该项后，继续定义新区域应保持总面积平衡。使用该选项可计算各定义区域和对象的面积、周长，也可计算所有定义区域和对象的总面积。

◎ 减少面积：从总面积中减去指定面积。

提示：对于线宽大于 0 的多段线，系统将按其中心线来计算面积和周长。

■ 8.3.3　查询点坐标

查询点坐标命令主要用于查询指定点的坐标。

在 AutoCAD 2020 中，选择该命令的方法有以下三种。

◎ 在【默认】选项卡的【实用工具】组中单击【点坐标】按钮 点坐标。

◎ 在菜单栏中选择【工具】|【查询】|【点坐标】命令。

◎ 在命令行中输入 ID 命令。

下面将通过实例讲解如何查询图形的坐标点，具体操作步骤如下。

01 打开【素材\Cha08\查询点坐标素材.dwg】文件，如图 8-49 所示。

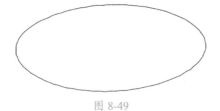

图 8-49

02 在命令行中输入 ID 命令，根据命令行的提示指定椭圆的中心点，即可显示坐标，如图 8-50 所示。

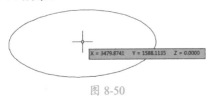

图 8-50

提示：在基于某个对象绘制另一个对象时，查询点坐标命令较为常用。

■ 8.3.4　查询时间

查询时间命令用于查询或设置图形文件的时间。

在 AutoCAD 2020 中，选择【查询时间】命令的方法有以下两种。

◎ 在菜单栏中选择【工具】|【查询】|【时间】命令。

◎ 在命令行中输入 TIME 命令。

选择上述命令后，都将打开如图 8-51 所示的文本窗口，在该窗口中可查看在选择查询时间命令后，窗口中显示的当前时间、创建时间、上次更新时间、累计编辑时间、消耗时间计时器和下次自动保存时间等信息。

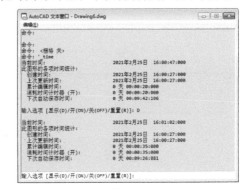

图 8-51

在选择命令的过程中，命令行中各选项的含义如下。

◎ 显示：重复显示上述时间信息，并自动适时更新时间信息。

◎ 开：打开用户计时器。

◎ 关：关闭用户计时器。

◎ 重置：将用户计时器复位清零。

■ 8.3.5　查询状态

查询状态命令主要用于查询当前图形中对象的数目和当前空间中各种对象的类型等信息，调用该命令的方法有以下两种。

◎ 在菜单栏中选择【工具】|【查询】|【状态】命令。

◎ 在命令行中输入 STATUS 命令。

选择上述命令后，都将打开如图 8-52 所示的文本窗口，在该窗口中可查看在选择查询状态命令后，窗口中显示的当前空间、布局、图层、颜色、线型、材质、线宽、图形中的对象的个数，以及对象捕捉模式等信息。

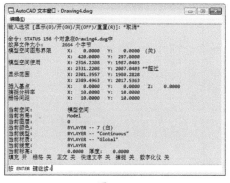

图 8-52

8.3.6 查询对象列表

查询对象列表命令主要用于查询 AutoCAD 图形对象各个点的坐标值、长度、宽度、高度、旋转、面积、周长，以及所在图层等信息。

在 AutoCAD 2020 中，选择该命令的方法有以下两种。

◎ 在菜单栏中选择【工具】|【查询】|【列表】命令。

◎ 在命令行中输入 LIST 命令。

选择上述命令后，根据命令行的提示操作选择查询对象列表对象，然后按 Enter 键确定，即可打开如图 8-53 所示的文本窗口。

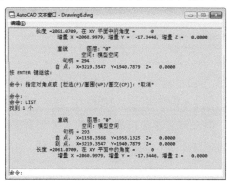

图 8-53

8.3.7 查询面域 / 质量特性

查询面域 / 质量特性命令主要用于查询所选对象（实体或面域）的质量、体积、边界框、惯性矩、惯性积和旋转半径等特征，并询问用户是否将分析结果写入文件，调用该命令的方法有以下两种。

◎ 在菜单栏中选择【工具】|【查询】|【面域 / 质量特性】命令。

◎ 在命令行中输入 MASSPROP 命令。

选择上述命令后，根据命令行的提示选择要查询的面域 / 质量特性的对象，然后按 Enter 键确定，打开如图 8-54 所示的窗口。

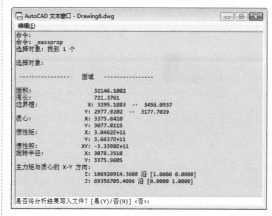

图 8-54

下面将通过实例讲解如何查询面域 / 质量特性，具体操作步骤如下。

01 打开 AutoCAD 2020 后创建一个新的文件，在命令行中输入 RECTANG 命令，绘制一个矩形，如图 8-55 所示。

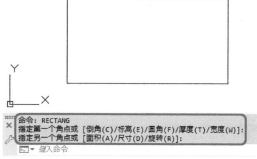

图 8-55

02 在命令行中输入 REGION 命令，选择矩形，按 Enter 键确认，即可创建面域，如图 8-56 所示。

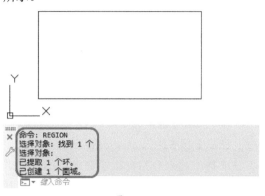

图 8-56

03 在命令行中输入 MASSPROP 命令，选择矩形，按 Enter 键确认，即可查询，如图 8-57 所示。

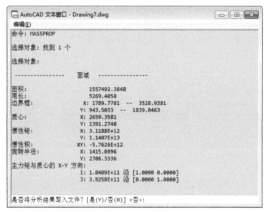

图 8-57

 【实战】查询图形对象

下面讲解如何查询图形对象。

素材：	素材 \Cha08\ 查询图形对象素材 .dwg
场景：	无
视频：	视频教学 \Cha08\【实战】查询图形对象 .mp4

01 打开【素材 \Cha08\ 查询图形对象素材 .dwg】文件，如图 8-58 所示。

02 在命令行中输入 DIST 命令，根据命令行

的提示操作，单击查询距离的第一点 B，然后单击查询距离的另一点 A，即可显示查询结果，如图 8-59 所示。

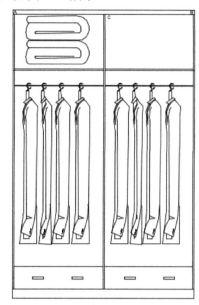

图 8-58

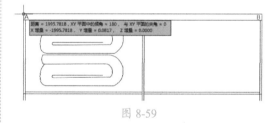

图 8-59

03 在命令行中输入 ID 命令，根据命令行的提示指定 C 点，即可显示查询结果，如图 8-60 所示。

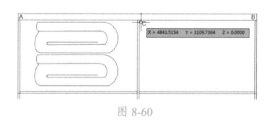

图 8-60

04 在命令行中输入 STATUS 命令，即可打开如图 8-61 所示的文本窗口，查看相关信息后，单击该文本窗口右上方的【关闭】按钮，关闭该文本窗口，最后关闭图形文件。

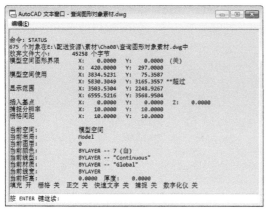

图 8-61

8.4 图形实用工具

使用以下工具可以帮助用户检测与修复图形的错误数据。

8.4.1 核查

核查功能主要用于对图形对象进行更正和检测错误。

在 AutoCAD 2020 中,选择【核查】命令的方法有以下两种。

◎ 在菜单栏中选择【文件】|【图形实用工具】|【核查】命令。

◎ 在命令行中输入 AUDIT 命令。

选择上述命令后,具体操作过程如下。

命令:AUDIT	// 选择 AUDIT 命令
是否更正检测到的任何错误? [是 (Y)/ 否 (N)] <N>: Y	// 选择【是】选项
核查表头	// 系统自动核查表头
核查表	// 系统自动核查表
第 1 阶段图元核查	// 系统进行第 1 阶段图元核查
阶段 1 已核查 100 个对象	// 系统提示核查的对象数
第 2 阶段图元核查	// 系统进行第 2 阶段图元核查
阶段 2 已核查 100 个对象	// 系统提示核查的对象数
核查块	// 系统自动核查块
已核查 1　个块	// 系统提示核查的块数
共发现 0 个错误,已修复 0 个	// 系统提示核查和修复结果
已删除 0 个对象	// 系统提示删除结果

8.4.2 修复

修复功能主要用于更正图形中的部分错误数据。

在 AutoCAD 2020 中,选择【修复】命令的方法有以下两种。

◎ 在菜单栏中选择【文件】|【图形实用工具】|【修复】命令。

◎ 在命令行中输入 RECOVER 命令。

8.4.3 清理图形中不用的对象

图形中不使用的对象可以将其删除。

在 AutoCAD 2020 中,选择该命令的方法有以下几种。

◎ 在菜单栏中选择【文件】|【图形实用工具】|【清理】命令。

◎ 在命令行中输入 PURGE 命令。

选择上述命令后,都将弹出如图 8-62 所示的【清理】对话框。在中间的列表框中选择要清理的对象,然后单击【清理】按钮即可将选择的对象清除。

【清理】对话框中各选项的含义如下。

◎ 【可清除项目】按钮:切换为树状图,

以显示当前图形中可以清理的命名对象的概要。

◎ 【查找不可清除项目】按钮：列出当前图形中未使用的、可被清理的命名对象。可以通过单击加号或双击对象类型列出任意对象类型的项目，然后通过选择要清理的项目来清理项目。

◎ 【确认要清理的每个项目】复选框：清理项目时会弹出【确认清理】对话框。

◎ 【清理嵌套项目】复选框：从图形中删除所有未使用的命名对象，即使这些对象包含在其他未使用的命名对象中或被这些对象所参照。弹出【确认清理】对话框，可以取消或确认要清理的项目。

图 8-62

8.5 光栅图像

本节将讲解如何加载、卸载与调整光栅图像的显示。

8.5.1 加载光栅图像

在 AutoCAD 2020 中，在图形中加载光栅图像的方法有以下三种。

◎ 在菜单栏中选择【插入】|【外部参照】命令。

◎ 单击【视图】选项卡【选项板】组中的【外部参照选项板】按钮，打开【外部参照】选项板，然后单击【附着 DWG】按钮

右侧的按钮，在弹出的菜单中选择【附着图像】命令，如图 8-63 所示。

图 8-63

◎ 在命令行中输入 IMAGEATTACH 命令。

8.5.2 卸载光栅图像

在 AutoCAD 2020 中，卸载光栅图像的方法有以下两种。

◎ 在【插入】选项卡的【参照】组中单击其右下角的【外部参照】按钮，弹出【外部参照】选项板，在其中卸载光栅图像即可。

◎ 在命令行中输入 ERASE 命令。

 【实战】卸载光栅图像

下面讲解如何卸载光栅图像。

素材：	无
场景：	无
视频：	视频教学 \Cha08\【实战】卸载光栅图像 .mp4

01 在【插入】选项卡的【参照】组中单击其右下角的【外部参照】按钮，弹出【外部参照】选项板，如图 8-64 所示。

02 在【文件参照】栏中选择需要卸载的光栅图像，然后在其上方右击，在弹出的快捷菜单中选择【卸载】命令即可，如图 8-65 所示。

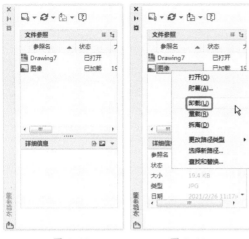

图 8-64   图 8-65

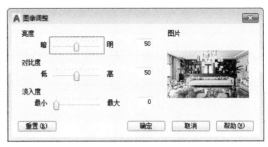

图 8-66

8.5.3 调整光栅图像

调整光栅图像的操作包括调整图像的亮度、对比度、淡入度，以及显示质量等，以使图像更符合图形文件的要求。

1. 调整亮度、对比度和淡入度

调整图像的亮度、对比度和淡入度可在【图像调整】对话框中进行。打开该对话框的方法有以下两种。

◎ 在菜单栏中选择【修改】|【对象】|【图像】|【调整】命令，选中图像后，按 Enter 键确认。

◎ 在命令行中输入 IMAGEADJUST 命令。

选择上述命令并选择图像后，将弹出如图 8-66 所示的【图像调整】对话框。在对话框的【亮度】选项组、【对比度】选项组和【淡入度】选项组中拖动滑块或在其后的文本框中输入相应的数值后，单击【确定】按钮，即可进行相应更改。

> 提示：在【图像调整】对话框中单击【重置】按钮，可将亮度、对比度和淡入度的各个参数恢复为设置前的状态，然后再对各个参数进行重新设置。

2. 调整图像的显示质量

为了不影响加载的光栅图像的显示质量，可以对图像的显示质量进行设置。调整图像显示质量的方法有以下两种。

◎ 在菜单栏中选择【修改】|【对象】|【图像】|【质量】命令。

◎ 在命令行中输入 IMAGEQUALITY 命令。

课后项目
练习

千斤顶

下面将通过实例讲解如何绘制剪式千斤顶，其效果如图 8-67 所示。

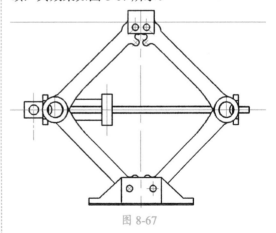

图 8-67

课后项目练习过程概要如下。

（1）通过矩形工具、多段线、圆、圆弧工具绘制剪式千斤顶。

（2）设置对象捕捉功能，捕捉辅助线的中点，从而完成千斤顶的制作。

素材:	素材 \Cha08\ 千斤顶素材 .dwg
场景:	场景 \Cha08\ 千斤顶 . dwg
视频:	视频教学 \Cha08\ 千斤顶 .mp4

`01` 按 Ctrl+O 组合键，打开【素材 \Cha08\ 千斤顶素材 .dwg】文件，如图 8-68 所示。

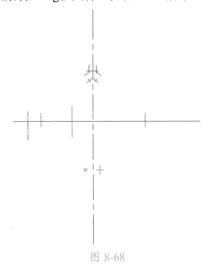

图 8-68

`02` 单击【确定】按钮，在命令行中输入 CIRCLE 命令，捕捉如图 8-69 所示辅助线的中点位置，根据命令行的提示，将圆的半径设置为 6。

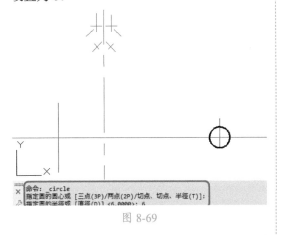

图 8-69

`03` 在命令行中输入 COPY 命令，选择绘制的圆形，沿着辅助线向左引导鼠标，输入 0.35，如图 8-70 所示。

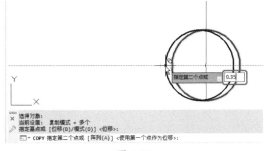

图 8-70

`04` 按 Enter 键确认，在命令行中输入 TRIM 命令，将对象修剪，效果如图 8-71 所示。

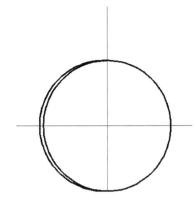

图 8-71

`05` 在命令行中输入 RECTANG 命令，在空白位置处单击鼠标，指定矩形的第一个角点，根据命令行的提示输入 @0.5,4，按 Enter 键确认，在命令行中输入 MOVE 命令，捕捉矩形的角点，将其调整至如图 8-72 所示的位置。

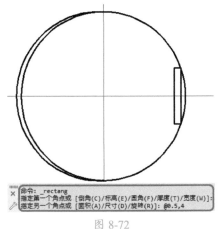

图 8-72

06 在命令行中输入 EXPLODE 命令，分解矩形对象，在命令行中输入 EXTEND 命令，延长如图 8-73 所示的线段。

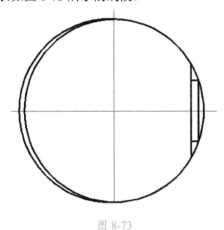

图 8-73

07 在命令行中输入 RECTANG 命令，在空白位置处单击鼠标指定矩形的第一个角点，根据命令行的提示输入 @1,7.5，按 Enter 键确认，在命令行中输入 MOVE 命令，捕捉矩形的角点，将其调整至如图 8-74 所示的位置。

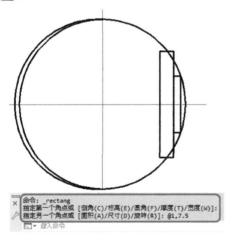

图 8-74

08 在命令行中输入 TRIM 命令，修剪对象，单击【默认】选项卡【绘图】组中的【圆弧】下三角按钮，在弹出的下拉列表中选择【起点，端点，方向】命令，指定圆弧的起点和端点，向左下方引导鼠标输入 -135，圆弧效果如图 8-75 所示。

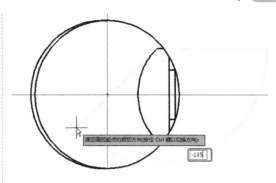

图 8-75

09 在命令行中输入 OFFSET 命令，选择如图 8-76 所示的圆形作为偏移对象，向上引导鼠标输入 4，偏移圆形。

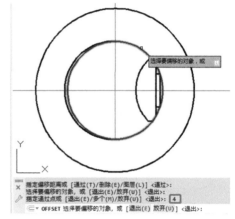

图 8-76

10 使用矩形工具、偏移工具、直线工具以及修剪工具制作如图 8-77 所示的图形。

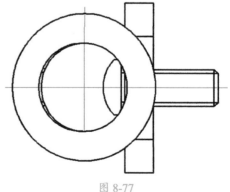

图 8-77

11 选择如图 8-78 所示的线段，在功能区中将当前图层更改为【细实线】图层。

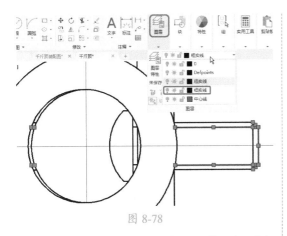

图 8-78

12 单击【特性】按钮，在弹出的下拉列表中将【线宽】设置为 0.25 毫米，如图 8-79 所示。

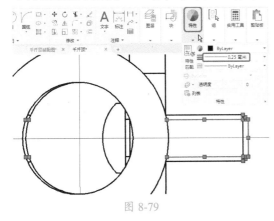

图 8-79

13 在命令行中输入 CIRCLE 命令，捕捉如图 8-80 所示的辅助线中点，绘制两个半径为 2.5 的圆形。

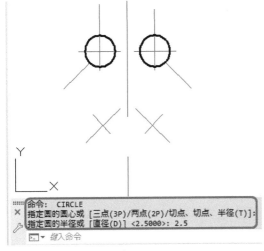

图 8-80

14 在命令行中输入 CIRCLE 命令，捕捉如图 8-81 所示的辅助线中点，绘制两个半径为 2.6 的圆形。

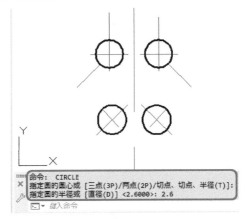

图 8-81

15 在命令行中输入 RECTANG 命令，在空白位置处单击鼠标指定矩形的第一个角点，根据命令行的提示输入 @21,18，按 Enter 键进行确认，如图 8-82 所示。

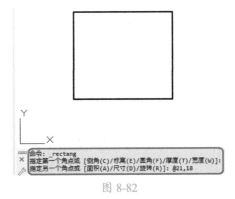

图 8-82

16 在命令行中输入 OFFSET 命令，选择水平辅助线作为偏移对象，向上引导鼠标，输入 68，按 Enter 键进行确认，效果如图 8-83 所示。

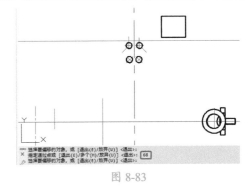

图 8-83

17 在命令行中输入 MOVE 命令，捕捉矩形的中心点，将其调整至如图 8-84 所示的位置。

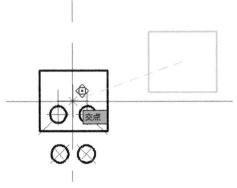

图 8-84

18 在命令行中输入 PLINE 命令，绘制如图 8-85 所示的多段线。

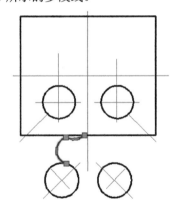

图 8-85

19 在命令行中输入 TRIM 命令，修剪对象，如图 8-86 所示。

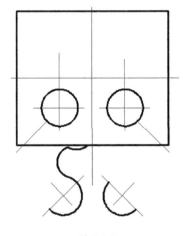

图 8-86

20 使用多段线工具、圆弧工具绘制如图 8-87 所示的对象。

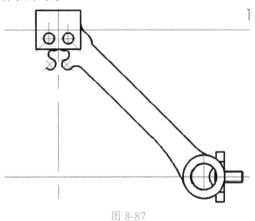

图 8-87

21 在命令行中输入 MIRROR 命令，选择需要镜像的对象，如图 8-88 所示。

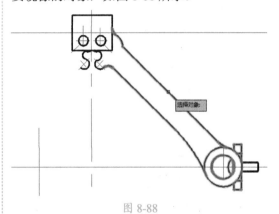

图 8-88

22 指定镜像的第一点和第二点，效果如图 8-89 所示，按 Enter 键进行确认。

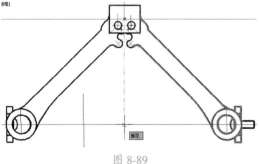

图 8-89

23 在命令行中输入 RECTANG 命令，在空白位置处单击鼠标指定矩形的第一个角点，根据命令行的提示输入 @15,-12.5，按 Enter 键进行确认，在命令行中输入 MOVE 命令，捕捉矩形的中心点，将其调整至如图 8-90 所示的位置。

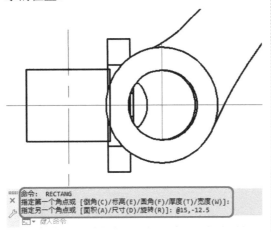

图 8-90

24 在命令行中输入 TRIM 命令，修剪对象，效果如图 8-91 所示。

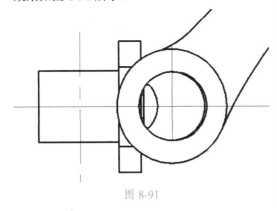

图 8-91

25 在命令行中输入 CIRCLE 命令，捕捉如图 8-92 所示的辅助线中心点，根据命令行的提示将【半径】设置为 3.75。

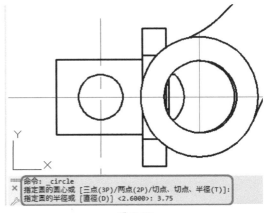

图 8-92

26 使用前面介绍过的方法制作如图 8-93 所示的图形。

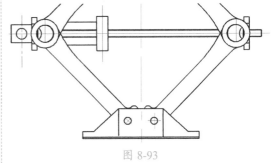

图 8-93

第 09 章
法兰盘——三维实体绘制

本章导读:

    本章所讲的重点是如何绘制三维图形,三维图形和二维图形的绘制相似,都有基本的绘制工具。

    三维图形绘制工具分两类:一类是直接绘制三维图形的工具,包括长方体、圆柱体等;另一类是通过二维图形创建三维图形的工具,包括拉伸、放样工具等。

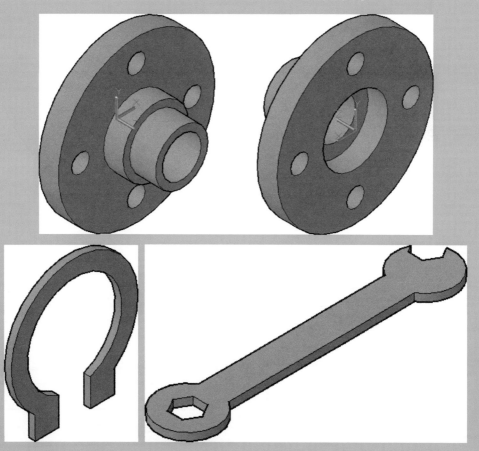

【案例精讲】
法兰盘

为了更好地完成本设计案例，现对制作要求及设计内容做如下规划，效果如图 9-1 所示。

作品名称	法兰盘
设计创意	（1）通过【圆柱体】【三维阵列】和【差集】命令制作法兰盘的底盘 （2）通过【圆柱体】和【并集】命令制作法兰盘的顶部零件
主要元素	圆柱体 三维阵列 差集、并集
应用软件	AutoCAD 2020
素材：	无
场景：	场景 \Cha09\【案例精讲】法兰盘 .dwg
视频：	视频教学 \Cha09\【案例精讲】法兰盘 .mp4
法兰盘效果欣赏	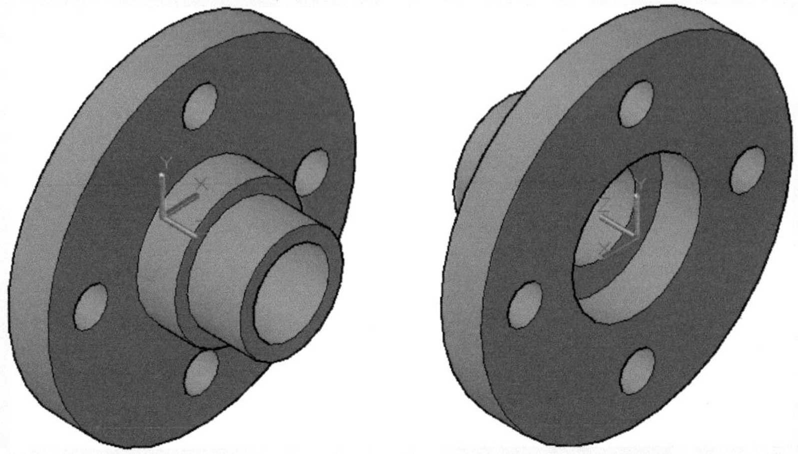 图 9-1
备注	

01 新建空白文档，使用【三维建模】工作空间，将【视图】更改为【西南等轴测】，在命令行中输入 UCS 命令，根据命令行的提示输入 X，输入 90，此时坐标系统绕 X 轴旋转 90°，如图 9-2 所示。

02 在功能区中切换至【常用】选项卡，在【建模】面板中单击【圆柱体】按钮，根据命令

行的提示输入 0,0，分别绘制半径为 60、25，高为 15 的圆柱体，如图 9-3 所示。

图 9-2

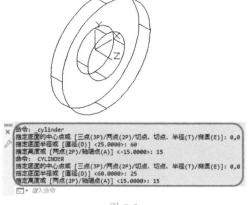

图 9-3

03 继续使用【圆柱体】以 43,0,0 为中心，绘制半径为 7、高为 15 的圆柱体，效果如图 9-4 所示。

图 9-4

04 切换至【前视】视图，单击【修改】面板中的【环形阵列】按钮，拾取半径为 7 的圆柱体，按 Enter 键进行确认，指定阵列中心点为 0,0,15，在功能区【阵列创建】选项卡中将【项目数】设置为 4，阵列对象，如图 9-5 所示。

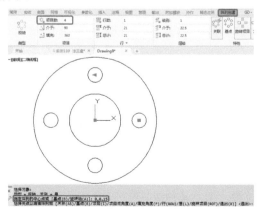

图 9-5

05 按 Enter 键确认操作，在命令行中输入 EXPLODE 命令，将阵列对象分解，切换至【西南等轴测】视图，将【视觉样式】设置为【概念】，单击【常用】选项卡【实体编辑】组中的【差集】按钮，选择最外侧的圆柱体，拾取内部的圆柱体，进行差集运算，如图 9-6 所示。

图 9-6

06 在【建模】面板中单击【圆柱体】按钮，根据命令行的提示输入 0,0,15 作为圆柱体的中心点，绘制半径为 25、高为 15 的圆柱体，如图 9-7 所示。

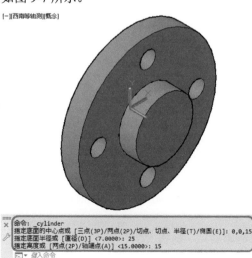

图 9-7

07 再次使用圆柱体工具，以 0,0,15 为中心

点，分别绘制半径为 20、15，高为 35 的圆柱
体，如图 9-8 所示。

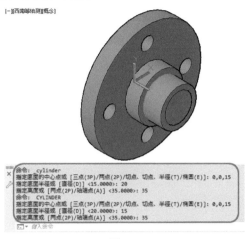

图 9-8

08　单击【常用】选项卡【实体编辑】组中的【并
集】按钮，拾取实体与半径为 25、20 的圆
柱体，进行并集运算，如图 9-9 所示。

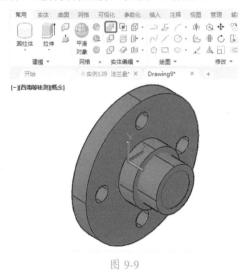

图 9-9

09　单击【常用】选项卡【实体编辑】组中的【差
集】按钮，选择实体，拾取半径为 15 的圆
柱体，如图 9-10 所示。

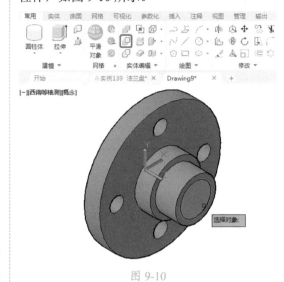

图 9-10

10　差集后的效果如图 9-11 所示。

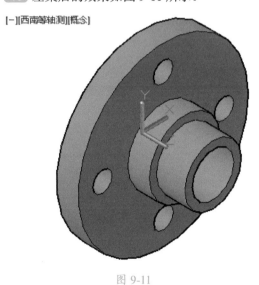

图 9-11

9.1　观察三维对象

本节将讲解如何观察三维对象，其中包括预置三维视点、三维动态观察器、三维视觉样式。

9.1.1　预置三维视点

三维视点是指在三维空间中观察三维模型的位置，调用【预置三维视点】命令的方法有以
下两种。

◎ 显示菜单栏，选择【视图】|【三维视图】|【视点预设】命令。

◎ 在命令行中输入 DDVPOINT 或 VP 命令。

下面将介绍如何通过视点预设来观察三维对象，其具体操作步骤如下。

01 按 Ctrl+O 组合键，打开【素材 \Cha09\ 三通接头 .dwg】文件，如图 9-12 所示。

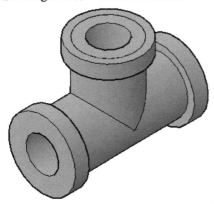

图 9-12

02 在命令行中输入 DDVPOINT 命令，按 Enter 键确认，在弹出的对话框中选中【相对于 USC】单选按钮，将【自】下方的【XY 平面】设置为 60，如图 9-13 所示。

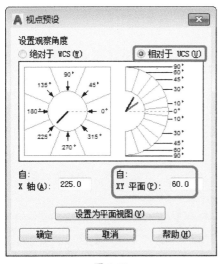

图 9-13

03 设置完成后，单击【确定】按钮，改变观察角度后的效果如图 9-14 所示。

图 9-14

9.1.2 三维动态观察器

在三维建模空间中，使用三维动态观察器可从不同的角度、距离和高度查看图形中的对象。其方法是：在【视图】选项卡的【视口工具】选项组中单击【导航栏】按钮，显示导航栏，在工作界面右侧弹出的下拉列表中选择需要的观察方式，如图 9-15 所示。其中包括受约束的动态观察、自由动态观察和连续动态观察 3 种方式。

图 9-15

1. 受约束的动态观察

受约束的动态观察是指沿 XY 平面或 Z 轴约束的三维动态观察，调用该命令的方法有以下两种。

◎ 在菜单栏中选择【视图】|【动态观察】|【受约束的动态观察】命令。

◎ 在命令行中输入 3DORBIT 命令。

输入上述任意命令后，当绘图区中的光标变为❖形状时，按住鼠标左键进行拖动，即可动态观察对象。

2. 自由动态观察

自由动态观察是指不参照平面，在任意方向上进行动态观察，调用该命令的方法有以下两种。

◎ 显示菜单栏，选择【视图】|【动态观察】|【自由动态观察】命令。

◎ 在命令行中输入 3DFORBIT 命令。

输入上述任意命令后，绘图区中的光标将变为❖形状，同时将显示一个导航球，如图 9-16 所示，它被小圆分为 4 个区域，用户拖动这个导航球便可以旋转视图。在绘图区中不同的位置单击鼠标并拖动，旋转的效果也会有所不同。

图 9-16

◎ ❖：将光标移动到转盘内的三维对象上时显示的形状。此时按住鼠标左键并拖动，可以沿水平、竖直和对角方向随意操作视图。

◎ ◉：将光标移动到转盘之外时显示的形状。此时按住鼠标左键并围绕转盘拖动，可以使视图围绕穿过转盘（垂直于屏幕）中心延伸的轴进行转动，称为滚动；将

光标拖动到转盘内部时，它将变成❖形状，同时视图可以随意移动；将光标向后移动到转盘外时，又可以恢复滚动。

◎ ⬦：将光标移动到转盘左侧或右侧的小圆上时显示的形状。此时按住鼠标左键并拖动，可以绕垂直轴通过转盘中心延伸的 Y 轴旋转视图。

◎ ⬦：将光标移动到转盘顶部或底部的小圆上时光标显示的形状。此时按住鼠标左键并拖动，可以绕水平轴通过转盘中心延伸的 X 轴旋转视图。

3. 连续动态观察

该动态观察可以让系统自动进行连续动态观察，其设置方法主要有以下两种。

◎ 显示菜单栏，选择【视图】|【动态观察】|【连续动态观察】命令。

◎ 在命令行中输入 3DCORBIT 命令。

输入上述任意命令后，绘图区中的光标将变为❖形状，在需要连续动态观察移动的方向上单击鼠标并拖动，使对象沿正在拖动的方向开始移动，然后释放鼠标，对象将在指定的方向上进行轨迹运动。

9.1.3 三维视觉样式

在绘制了三维图形后，可以为其设置视觉样式，以便更好地观察三维图形。AutoCAD 提供了二维线框、三维线框、三维隐藏、真实和概念等多种视觉样式。

下面将介绍如何应用不同的视觉样式，其具体操作步骤如下。

01 打开【素材\Cha09\三通接头.dwg】文件，在菜单栏中单击【视图】按钮，在弹出的下拉列表中选择【视觉样式】|【X 射线】命令，如图 9-17 所示。

02 执行该命令后，即可观看 X 射线视觉样式下的对象效果，如图 9-18 所示。

03 在绘图区中单击视觉样式空间，在弹出的快捷菜单中选择【灰度】命令，如图 9-19 所示。

图 9-17

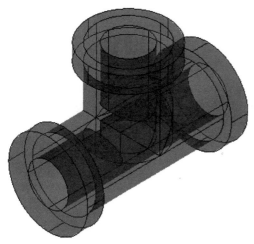

图 9-18

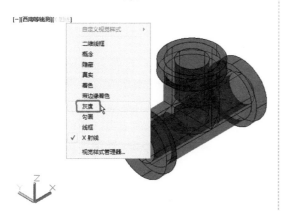

图 9-19

04 执行该命令后，即可以灰度视觉样式查看对象，效果如图 9-20 所示。

图 9-20

05 在命令行中输入 VSCURRENT 命令，按 Enter 键确认，根据命令提示输入 SK，如图 9-21 所示。

图 9-21

06 按 Enter 键确认，即可勾画视觉样式查看对象，效果如图 9-22 所示。

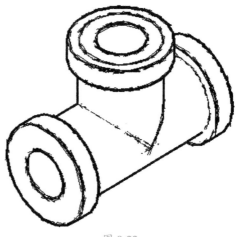

图 9-22

9.2 三维图形的绘制

下面讲解三维图形的绘制方法，其中包括多段体、长方体、楔体、圆柱体、球体、圆锥体、棱锥体的绘制方法，其次讲解如何通过拉伸、放样、旋转、扫掠创建三维实体。

9.2.1 绘制三维多段体

在 CAD 中，用户可以根据需要绘制三维多段体，绘制三维多段体的方法有以下两种。

◎ 显示菜单栏，选择【绘图】|【建模】|【多段体】命令。

◎ 在命令行中输入 POLYSOLID 命令。

 【实战】三维多段体

通过 POLYSOLID 命令绘制三维多段体，其具体操作步骤如下。

素材：	无
场景：	场景 \Cha09\【实战】三维多段体 . dwg
视频：	视频教学 \Cha09\【实战】三维多段体 .mp4

01 新建一个图纸文件，将当前视图设置为【前视】，在命令行中输入 POLYSOLID 命令，根据命令提示输入 h，按 Enter 键确认，输入 2000，输入 W，按 Enter 键确认，输入 180，按 Enter 键确认，如图 9-23 所示。

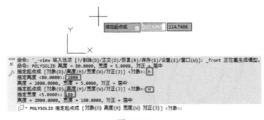

图 9-23

02 在绘图区中指定起点，根据命令提示输入（@5600,0），按 Enter 键确认，输入

（@0,4600），按 Enter 键确认，输入（@-5600,0），按两次 Enter 键完成多段体的绘制，如图 9-24 所示。

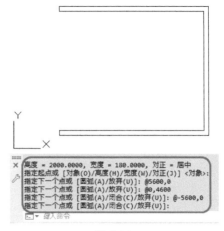

图 9-24

03 将当前视图转换为【东南等轴测】视图，再次观察效果，如图 9-25 所示。

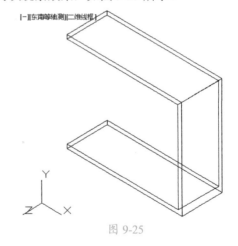

图 9-25

9.2.2 绘制长方体

长 方 体 是 常 用 的 基 本 实 体 之 一。AutoCAD 始终将长方体的底面绘制为与当前 UCS 的 XY 平面（工作平面）平行，而在 Z 轴方向上指定长方体的高度，高度值可以为正值或负值。在绘制长方体的过程中，可以使用一些选项来控制创建的长方体的大小和旋转，例如使用【立方体】选项创建等边长方体（即立方体），使用【中心点】选项创建使用指定中心点的长方体，在 XY 平面内

设定长方体的旋转，则可以使用【立方体】或【长度】选项。

下面将讲解如何创建长方体，其具体操作步骤如下。

`01` 新建空白文档，确保使用【三维建模】工作空间，切换至【西南等轴测】视图，【视觉控件】设置为【概念】。

`02` 在功能区的【常用】选项卡中单击【建模】面板中的【长方体】按钮🔳，指定第一个角点为 0,0,0，指定其他角点为 200,300,0，向上引导鼠标指定高度为 400，绘制的实心长方体如图 9-26 所示。

[-][西南等轴测][概念]

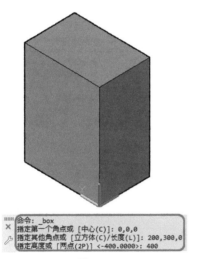

图 9-26

如果要创建实心立方体，那么可以在功能区的【常用】选项卡中单击【建模】面板中的【长方体】按钮🔳，接着指定第一个角点，或选择【中心】提示选项并指定底面的中心点，接着在命令行提示下选择【立方体】提示选项，然后指定立方体的长度等，长度值用于设定立方体的宽度和高度。请看以下创建实心立方体的一个操作实例，该实例绘制的实心立方体如图 9-27 所示。

命令：BOX
指定第一个角点或 [中心 (C)]:
指定其他角点或 [立方体 (C)/ 长度 (L)]: C
指定长度：380

[-][西南等轴测][概念]

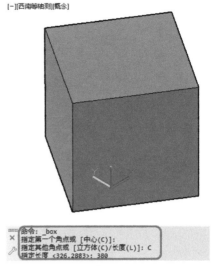

图 9-27

■ 9.2.3　绘制楔体

楔体的创建方法与长方体相似，它实际上是将长方体从两个对角线处剖切开来的实体。绘制楔体的方法有以下两种。

◎　在菜单栏中选择【绘图】|【建模】|【楔体】命令。

◎　在命令行中输入 WEDGE 命令。

下面将讲解如何创建楔体，其具体操作步骤如下。

`01` 新建空白文档，确保使用【三维建模】工作空间，切换至【西南等轴测】视图，【视觉控件】设置为【概念】。

`02` 在命令行中输入 WEDGE 命令，根据命令提示输入（68,297,40），按 Enter 键确认，再次根据命令提示输入（@-180,-30,135），按 Enter 键完成楔体的绘制，如图 9-28 所示。

图 9-28

9.2.4 绘制圆柱体

圆柱体也是较常用的基本实体模型之一，绘制圆柱体的方法有以下两种。

◎ 在菜单栏中选择【绘图】|【建模】|【圆柱体】命令。

◎ 在命令行中输入 CYLINDER 命令。

 【实战】创建圆柱体

下面将讲解如何创建圆柱体，其具体操作步骤如下。

素材：	无
场景：	场景 \Cha09\【实战】创建圆柱体 .dwg
视频：	视频教学 \Cha09\【实战】创建圆柱体 .mp4

01 新建空白图纸，将当前视图设置为【前视】视图，在命令行中输入 CYLINDER 命令，根据命令提示输入（0,0,0），按 Enter 键确认，输入底面半径为 40，按 Enter 键确认，输入高度为 100，按 Enter 键完成绘制，如图 9-29 所示。

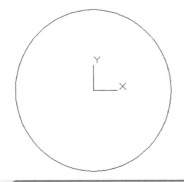

图 9-29

02 再次在命令行中输入 CYLINDER 命令，根据命令提示输入（0,0,100），按 Enter 键确认，在命令行中输入底面半径为 25，按 Enter 键确认，输入高度为 60，按 Enter 键完成圆柱体的绘制，如图 9-30 所示。

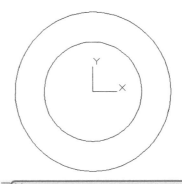

图 9-30

03 将当前视图设置为【东南等轴测】视图，将【视觉样式】设置为【概念】，在绘图区中观察绘制效果，如图 9-31 所示。

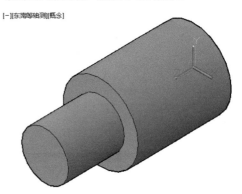

图 9-31

提示：在默认情况下，绘制出的圆柱体与实际的圆柱体形状有差别，这是由于 ISOLINES 值太小的缘故，可以在绘制圆柱体之前设置该值。

9.2.5 绘制球体

绘制球体的方法有以下两种。

◎ 显示菜单栏，选择【绘图】|【建模】|【球体】命令。

◎ 在命令行输入 SPHERE 命令。

下面将介绍如何绘制球体，其具体操作步骤如下。

01 新建图纸，在命令行中输入 SPHERE 命令，在绘图区中任意位置处单击鼠标指定中心点，如图 9-32 所示。

图 9-32

02 指定中心点后，根据命令提示输入 30，按 Enter 键完成球体的绘制，效果如图 9-33 所示。

图 9-33

■ 9.2.6　绘制圆环体

在功能区的【常用】选项卡中单击【建模】面板中的【圆环体】按钮◎，可以创建类似轮胎内胎的环形实体。圆环体具有两个半径值，一个半径值定义圆管，另一个半径值定义从圆环体的圆心到圆的圆心之间的距离。默认情况下，圆环体将绘制为与当前 UCS 的 XY 平面平行，且被该平面平分。注意：圆环体可以直交，直交的圆环体没有中心孔，这是因为圆管半径大于环体半径。

创建圆环体的典型实例如下。

01 在快速访问工具栏中单击【新建】按钮，选择 acadiso3D.dwt 图形样板，单击【打开】按钮，如图 9-34 所示。确保使用【三维建模】工作空间。

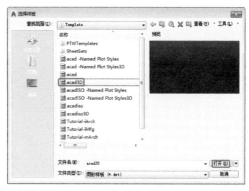

图 9-34

02 在命令行中输入 TORUS 命令，指定中心点为 0,0,0，指定半径为 500，指定圆管半径为 100。绘制的实心圆环体如图 9-35 所示。

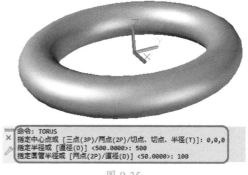

图 9-35

■ 9.2.7　绘制棱锥体

在功能区的【常用】选项卡中单击【建模】面板中的【棱锥体】按钮◎，可以创建最多具有 32 个侧面的实体棱锥体。在创建过程中可以使用相关的选项来控制棱锥体的大小、形状和旋转。同圆锥体类似，棱锥体也有尖头棱锥和实体棱台之分。

请看以下创建尖头棱锥体和实体棱台的操作实例。

01 在快速访问工具栏中单击【新建】按钮，选择 acadiso3D.dwt 图形样板，单击【打开】按钮。确保使用【三维建模】工作空间。在命令行中输入 PYRAMID 命令，指定底面的中心点为 0,0,0，指定底面半径为 400，指定高度为 700。绘制的棱锥体如图 9-36 所示。

图 9-36

02 在命令行中输入 PYRAMID 命令，根据命令行的提示输入 S，输入侧面数为 6，指定底面的中心点为 0,0,0，指定底面半径为 200，根据命令行的提示输入 t，指定顶面半径 110，指定高度为 300。绘制的棱台如图 9-37所示。

图 9-37

■ 9.2.8 通过拉伸创建三维实体

拉伸命令主要用于将二维封闭图形沿指定的路径拉伸为复杂的三维实体，调用【拉伸】命令的方法有以下两种。

◎ 显示菜单栏，选择【绘图】|【建模】|【拉伸】命令。

◎ 在命令行中输入 EXTRUDE 命令。

在输入命令的过程中，命令行中各选项的含义如下。

◎ 方向：默认情况下，对象可以沿 Z 轴方向拉伸，拉伸的高度可以为正值或负值，它们表示拉伸的方向。

◎ 路径：通过指定拉伸路径将对象拉伸为三维实体，拉伸的路径可以是开放的，也可以是封闭的。

◎ 倾斜角：通过指定的角度拉伸对象，拉伸的角度也可以为正值或负值，其绝对值不大于 90°。在默认情况下，倾斜角为 0°，表示创建的实体侧面垂直于 XY平面并且没有锥度。若倾斜角度为正，将产生内锥度，创建的侧面向里靠；若倾斜角度为负，将产生外锥度，创建的侧面则向外。

📹 【实战】拉伸创建三维对象

下面通过拉伸命令，将弹片机械零件二维图形拉伸为三维实体对象，效果如图 9-38所示。

素材:	素材 \Cha09\【实战】拉伸素材 .dwg
场景:	场景 \Cha09\【实战】拉伸创建三维对象 .dwg
视频:	视频教学 \Cha09\【实战】拉伸创建三维对象 .mp4

图 9-38

01 按 Ctrl+O 组合键，打开【素材 \Cha09\ 拉伸素材 .dwg】图形文件，如图 9-39 所示。

02 在命令行中输入 EXTRUDE 命令，在绘图区中选择要进行拉伸的对象，如图 9-40所示。

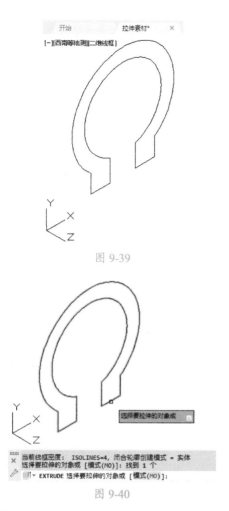

图 9-39

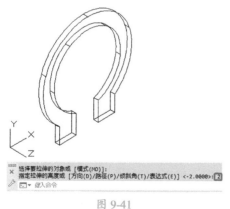

图 9-40

03 按 Enter 键确认，根据命令提示输入 2，按 Enter 键完成拉伸，效果如图 9-41 所示。

图 9-42

9.2.9　通过放样创建三维实体

放样命令可以通过指定一系列横截面来创建新的实体或曲面。横截面可以是开放的，也可以是闭合的，通常为曲线或直线。调用【放样】命令的方法有以下两种。

◎　显示菜单栏，选择【绘图】|【建模】|【放样】命令。

◎　在命令行中输入 LOFT 命令。

输入上述任意命令后，具体操作过程如下。

01 新建文档，在命令行中输入 RECTANG 命令，根据命令行的提示输入 F，将圆角半径设置为 1，在空白位置处单击指定矩形的第一个角点，根据命令行的提示输入 @20,15，按 Enter 键进行确认，如图 9-43 所示。

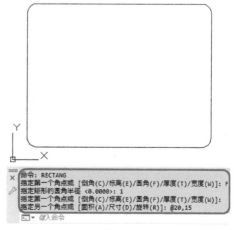

图 9-43

图 9-41

04 将视图样式设置为【概念】，观察效果如图 9-42 所示。

02 在命令行中输入CIRCLE命令，在俯视图中创建半径为3的圆形，如图9-44所示。

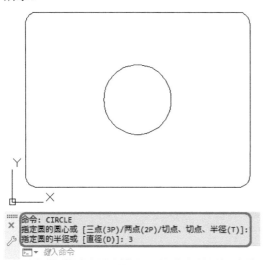

图 9-44

03 切换至【西南等轴测】视图，将【视觉样式】设置为【概念】，并将其沿Z轴向上调整一定的距离，如图9-45所示。

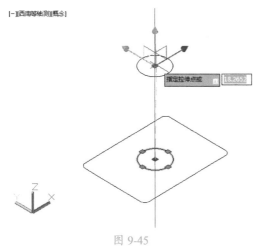

图 9-45

04 在命令行中输入LOFT命令，根据命令提示在绘图区中选择要进行放样的对象，如图9-46所示。

05 按Enter键确认，根据命令提示输入S，按Enter键确认，在弹出的对话框中选中【直纹】单选按钮，如图9-47所示。

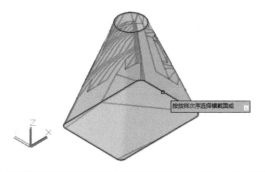

图 9-46

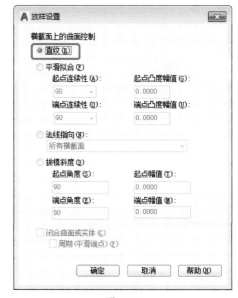

图 9-47

06 在【放样设置】对话框中单击【确定】按钮，完成放样，效果如图9-48所示。

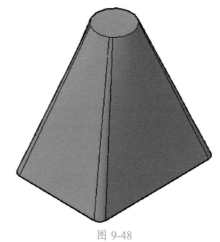

图 9-48

在输入命令的过程中，命令行中部分选项的含义如下。

◎ 导向：指定控制放样实体或曲面形状的导向曲线。导向曲线是直线或曲线，可以通过将其他线框信息添加至对象来进一步定义实体或曲面的形状。可以使用导向曲线来控制点如何匹配相应的横截面，以避免出现不希望看到的效果。

◎ 路径：指定放样实体或曲面的单一路径。

◎ 仅横截面：弹出【放样设置】对话框。

■ 9.2.10 通过旋转创建三维实体

在 AutoCAD 2020 中，也可使用旋转命令通过绕指定的轴旋转将对象旋转生成三维实体，调用【旋转】命令的方法有以下两种。

◎ 显示菜单栏，选择【绘图】|【建模】|【旋转】命令。

◎ 在命令行中输入 REVOLVE 或 REV 命令。输入上述任意命令后，具体操作过程如下。

01 按 Ctrl+O 组合键，打开【素材 \Cha09\ 旋转素材 .dwg】图形文件，如图 9-49 所示。

图 9-49

02 在命令行中输入 REVOLVE 命令，根据命令提示在绘图区中选择要进行旋转的对象，如图 9-50 所示。

03 按 Enter 键确认，在绘图中指定选择对象的垂直直线作为旋转轴，根据命令提示输入 360，按 Enter 键确认，切换至【西南等轴测】视图，将【视觉样式】设置为【概念】，效果如图 9-51 所示。

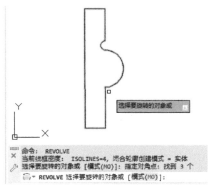

图 9-50

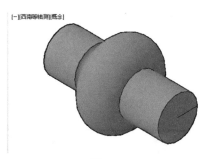

图 9-51

在输入命令的过程中，命令行中各选项的含义如下。

◎ 对象：选择现有的对象作为旋转对象时的参照轴，轴的正方向从该对象的最近端点指向最远端点，可以是直线、线性多段线、实体或曲面的线性边。

◎ X/Y/Z：使用当前 UCS 的正向 X、Y 或 Z 轴作为旋转参照轴的正方向。

◎ 起点角度：指定从旋转对象所在平面开始的旋转偏移。

■ 9.2.11 通过扫掠创建三维实体

通过扫掠方法可以将闭合的二维对象沿指定的路径创建三维实体。调用【扫掠】命令的方法有以下两种。

◎ 显示菜单栏，选择【绘图】|【建模】|【扫掠】命令。

◎ 在命令行中输入 SWEEP 命令。输入上述任意命令后，具体操作过程如下。

01 按 Ctrl+O 组合键，打开【素材 \Cha09\ 扫掠素材 .dwg】图形文件，效果如图 9-52 所示。

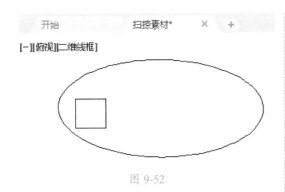

图 9-52

02 在菜单栏中选择【绘图】|【建模】|【扫掠】命令，在场景中选择需要扫掠的对象，在这里选择椭圆形，按 Space 键，然后选择扫掠的路径，在这里选择绘制的矩形，切换至【西南等轴测】视图，将【视觉样式】设置为【概念】，效果如图 9-53 所示。

图 9-53

在输入命令的过程中，命令行中各选项的含义如下。

◎ 对齐：指定是否对齐轮廓，以使其作为扫掠路径切向的方向，默认情况下为对齐。

◎ 基点：指定要扫掠对象的基点。如果指定的点不在选定对象所在的平面上，则该点将被投影到该平面上，将投影点作为基点。

◎ 比例：指定比例因子进行扫掠操作。从扫掠路径开始到结束，比例因子将统一应用到扫掠的对象。

◎ 扭曲：设置被扫掠对象的扭曲角度，即

扫掠对象沿指定路径扫掠时的旋转量。如果被扫掠的对象为圆，则无须设置扭曲角度。

课后项目练习

扳手

下面将通过实例讲解如何绘制扳手，其效果如图 9-54 所示。

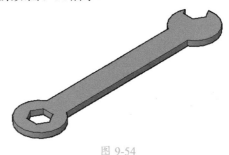

图 9-54

课后项目练习过程概要如下。

（1）通过【正多边形】【直线】【圆】【修剪】【删除】【镜像】命令制作出扳手二维图形。

（2）通过【拉伸】命令将对象拉伸为三维对象。

（3）通过【差集】拾取扳手外轮廓图形，完成最终效果。

素材：	无
场景：	场景 \Cha09\ 扳手 . dwg
视频：	视频教学 \Cha09\ 扳手 .mp4

01 新建空白文档，使用【三维建模】工作空间，切换至【俯视】视图，在命令行中输入 POLYGON 命令，根据命令行的提示输入 6，按 Enter 键进行确认，输入 E，按 Enter 键进行确认，在绘图区中的任意位置处单击鼠标，输入 25，绘制正多边形，效果如图 9-55 所示。

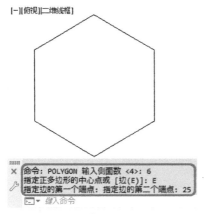

[-][俯视][二维线框]

图 9-55

02 在命令行中输入 CIRCLE 命令，捕捉正多边形的中心，绘制半径为 50 的圆，如图 9-56 所示。

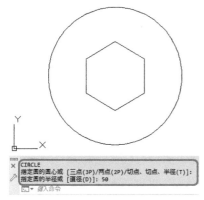

图 9-56

> 提示：按 F8 键开启正交模式，辅助用户绘制正多边形。

03 在命令行中输入 XLINE 命令，绘制水平构造线与垂直构造线，如图 9-57 所示。

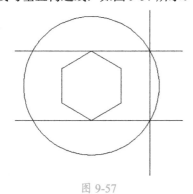

图 9-57

04 在命令行中输入 OFFSET 命令，拾取垂直构造线，向右偏移 157.5、315，如图 9-58 所示。

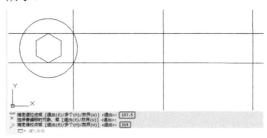

图 9-58

05 在命令行中输入 TRIM 命令，修剪线段，将多余的线段删除，如图 9-59 所示。

图 9-59

06 在命令行中输入 MIRROR 命令，拾取如图 9-60 所示需要镜像的图形。

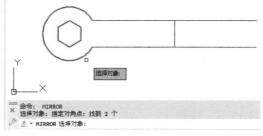

图 9-60

07 以垂直直线为镜像轴线，进行镜像，根据命令行的提示选择【否】选项，如图 9-61 所示。

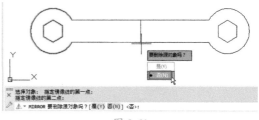

图 9-61

08 删除垂直直线，在命令行中输入 MOVE 命令，将右侧正多边形移动至合适位置，如图 9-62 所示。

图 9-62

09 在命令行中输入 TRIM 命令，修剪线段，如图 9-63 所示。

图 9-63

10 在命令行中输入 PEDIT 命令，根据命令行的提示输入 M，选择扳手外轮廓，按 Enter 键进行确认，输入 Y，按 Enter 键进行确认，输入 J，按三次 Enter 键进行确认，此时扳手外轮廓合并成多段线对象，如图 9-64 所示。

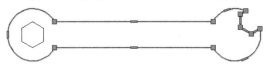

图 9-64

11 切换至【西南等轴测】视图，在命令行中输入 EXTRUDE 命令，拾取所有对象，根据命令行的提示将拉伸高度设置为 12，拉伸效果如图 9-65 所示。

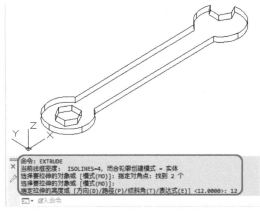

图 9-65

12 将【视觉样式】设置为【概念】，观察效果，如图 9-66 所示。

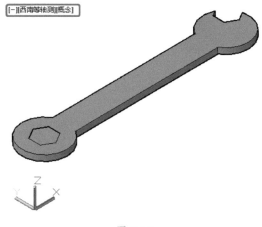

图 9-66

13 在命令行中输入 SUBTRACT 命令，拾取扳手外轮廓图形，按 Enter 键进行确认，拾取正多边形，进行差集运算，效果如图 9-67 所示。

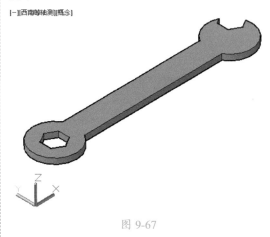

图 9-67

第 10 章

连接盘——三维对象的编辑

本章导读：

　　本章讲解的内容是编辑三维图形工具，其中部分编辑工具和二维图形编辑工具相似，例如，三维镜像工具和二维镜像工具相似。通过本章的学习，可以对三维对象的编辑有更深入的了解。

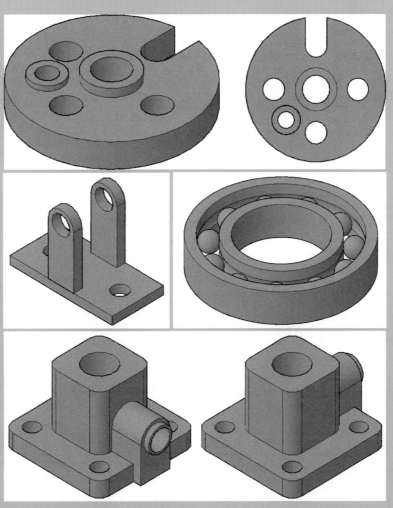

【案例精讲】
连接盘

为了更好地完成本设计案例，现对制作要求及设计内容做如下规划，效果如图 10-1 所示。

作品名称	连接盘
设计创意	（1）首先通过创建辅助线，为后面的绘制奠定基础 （2）绘制圆柱体，并对绘制的圆柱体对象进行并集以及差集运算 （3）对圆柱体进行阵列，对其进行差集运算，最后通过绘制长方体并进行差集运算完成连接盘的绘制
主要元素	（1）圆柱体 （2）长方体
应用软件	AutoCAD 2020
素材：	无
场景：	场景 \Cha10\【案例精讲】连接盘 .dwg
视频：	视频教学 \Cha10\【案例精讲】连接盘 .mp4
连接盘效果 欣赏	图 10-1
备注	

01 启动软件，新建一个空白文档，切换至【三维建模】工作空间，在命令行中输入 LAYER 命令，在弹出的【图层特性管理器】选项板中新建一个图层，将其重新命名为【辅助线】，将【颜色】设置为【红】，单击其右侧的线型名称，如图 10-2 所示。

02 在弹出的【选择线型】对话框中，单击【加载】按钮，在弹出的对话框中选择 HIDDEN 线型，如图 10-3 所示。

图 10-2

03 单击【确定】按钮，在返回的【选择线型】

对话框中选择 HIDDEN 线型，单击【确定】按钮，在【图层特性管理器】选项板中将【辅助线】图层置为当前图层，如图 10-4 所示。

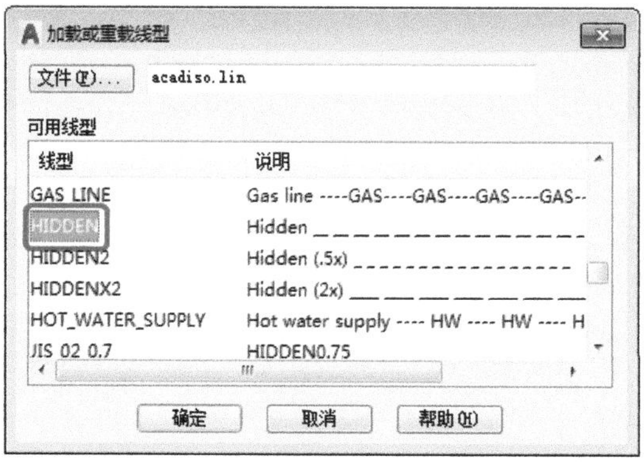

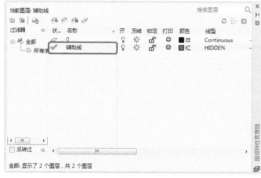

图 10-3

图 10-4

04 将当前视图设置为【俯视】视图，在命令行中输入 L 命令，在绘图区中指定第一点，输入 @0,134，如图 10-5 所示。

图 10-5

05 选中绘制的直线，在命令行中输入 RO 命令，指定直线的中点为基点，输入 C，按

Enter 键确认，输入 90，按 Enter 键完成旋转，如图 10-6 所示。

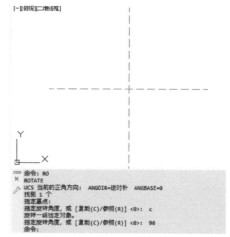

图 10-6

06 再次选中垂直直线，在命令行中输入 RO 命令，指定直线的中点为基点，输入 C，按 Enter 键确认，输入 -45，按 Enter 键完成旋转，如图 10-7 所示。

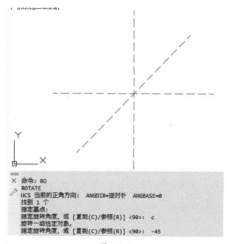

图 10-7

07 在命令行中输入 C 命令，在绘图区中指定直线的交点为圆形，输入 30，按 Enter 键完成圆形的绘制，如图 10-8 所示。

08 在【图层特性管理器】选项板中将【0】图层置为当前图层，在命令行中输入 CYLINDER 命令，在绘图区中指定圆心为圆柱体底面的中心点，根据命令提示输入 50，按 Enter 键确认，输入 15，按 Enter 键确认，如图 10-9 所示。

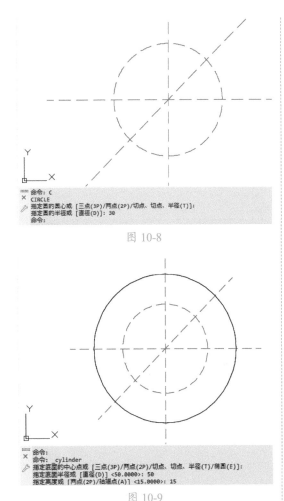

图 10-8

图 10-9

09 再次在命令行中输入 CYLINDER 命令，在绘图区中指定圆心为圆柱体底面的中心点，根据命令提示输入 15，按 Enter 键确认，输入 20，按 Enter 键确认，如图 10-10 所示。

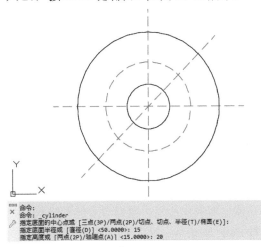

图 10-10

10 在命令行中输入 CYLINDER 命令，在绘图区中指定圆心为圆柱体底面的中心点，根据命令提示输入 10，按 Enter 键确认，输入 20，按 Enter 键确认，如图 10-11 所示。

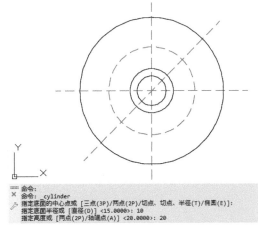

图 10-11

11 将当前视觉样式设置为【概念】，在命令行中输入 UNION 命令，在绘图区中选择两个较大的圆柱体，如图 10-12 所示。

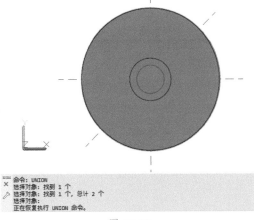

图 10-12

12 按 Enter 键完成对象的并集，在命令行中输入 SUBTRACT 命令，在绘图区中选择要从中减去的实体对象，如图 10-13 所示。

13 按 Enter 键，再在绘图区中选择要减去的实体对象，如图 10-14 所示。

14 按 Enter 键完成对象的差集，将当前视觉样式设置为【概念】，在命令行中输入 CYLINDER 命令，在绘图区中捕捉上方圆形与直线的交点为圆柱体底面的中心点，根据命令提示输入 8，按 Enter 键确认，输入 15，按 Enter 键确认，如图 10-15 所示。

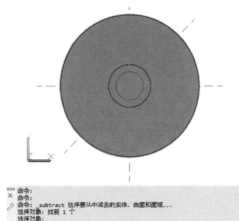

图 10-13

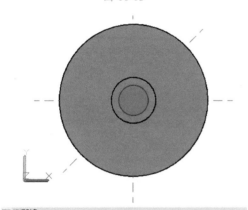

图 10-14

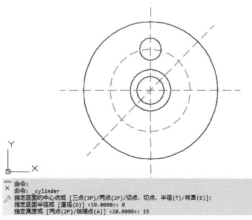

图 10-15

15 选中新绘制的圆柱体，在命令行中输入 ARRAYPOLAR 命令，以辅助线圆形的圆心

为基点，根据命令提示输入 I，按 Enter 键确认，输入 4，按 Enter 键确认，再次按 Enter 键完成阵列，如图 10-16 所示。

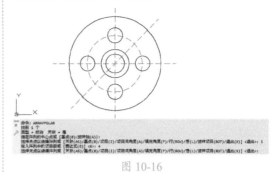

图 10-16

16 选择阵列后的对象，在命令行中输入 EXPLODE 命令，将阵列后的对象进行分解，如图 10-17 所示。

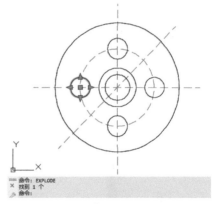

图 10-17

17 在命令行中输入 SUBTRACT 命令，在绘图区中选择要从中减去的实体对象，如图 10-18 所示。

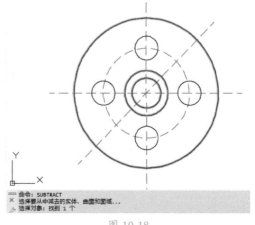

图 10-18

18 按 Enter 键，再在绘图区中选择要减去的实体，如图 10-19 所示。

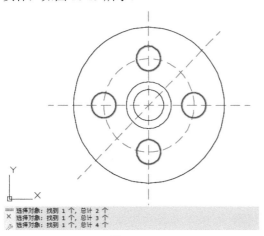

图 10-19

19 按 Enter 键完成差集，在命令行中输入 CYLINDER 命令，在绘图区中捕捉 45 度辅助线与圆形辅助线左侧的交点为圆柱体底面的中心点，根据命令提示输入 10，按 Enter 键确认，输入 18，按 Enter 键确认，如图 10-20 所示。

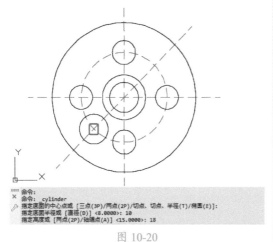

图 10-20

20 在命令行中输入 UNION 命令，在绘图区中选择要并集的对象，如图 10-21 所示。

21 按 Enter 键完成并集，在命令行中再次输入 CYLINDER 命令，在绘图区中捕捉 45 度辅助线与圆形辅助线左侧的交点为圆柱体底面的中心点，根据命令提示输入 6，按 Enter 键确认，输入 18，按 Enter 键确认，如图 10-22 所示。

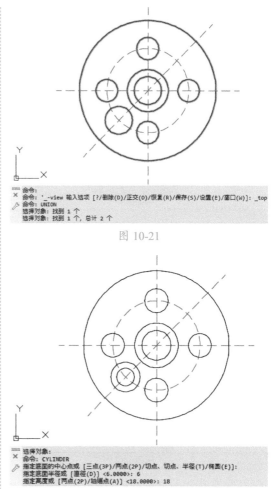

图 10-21

图 10-22

22 在命令行中输入 SUBTRACT 命令，在绘图区中选择要从中减去的实体对象，如图 10-23 所示。

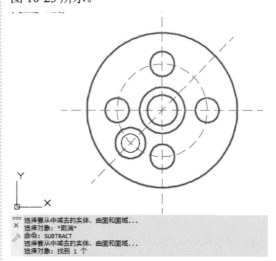

图 10-23

23 按 Enter 键，再在绘图区中选择要减去的
实体，如图 10-24 所示。

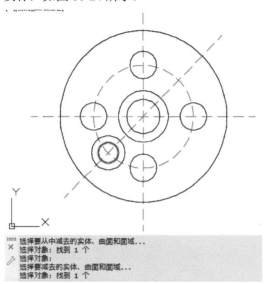

选择要从中减去的实体、曲面和面域...
选择对象：找到 1 个
选择对象：
选择要减去的实体、曲面和面域...
选择对象：找到 1 个

图 10-24

24 按 Enter 键完成差集，将当前视觉样式设
置为【概念】查看效果，如图 10-25 所示。

[-][俯视][概念]

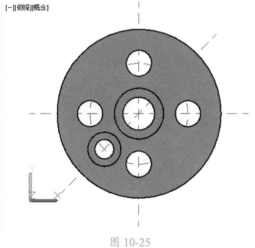

图 10-25

25 将当前视觉样式设置为【二维线框】，
在命令行中输入 BOX 命令，捕捉如图 10-26
所示圆柱体的象限点为角点，根据命令提示
依次输入 @16,30,15，然后按 Enter 键确认，
如图 10-26 所示。

26 在命令行中输入 SUBTRACT 命令，在
绘图区中选择要从中减去的实体对象，如
图 10-27 所示。

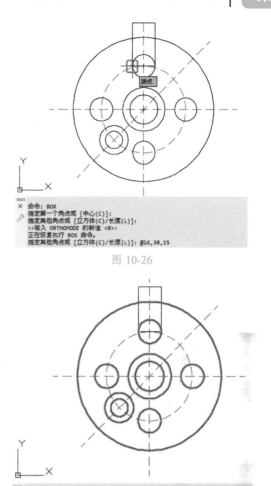

命令：BOX
指定第一个角点或 [中心(C)]：
指定其他角点或 [立方体(C)/长度(L)]：
>>输入 ORTHOMODE 的新值 <0>：
正在恢复执行 BOX 命令。
指定其他角点或 [立方体(C)/长度(L)]：@16,30,15

图 10-26

命令：SUBTRACT
选择要从中减去的实体、曲面和面域...
选择对象：找到 1 个

图 10-27

27 按 Enter 键确认，再在绘图区中选择要减
去的实体对象，如图 10-28 所示。

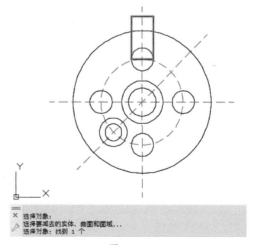

选择对象：
选择要减去的实体、曲面和面域...
选择对象：找到 1 个

图 10-28

28 按 Enter 键，完成对象的差集，在【图层特性管理器】选项板中将【辅助线】图层关闭，切换不同的视图查看效果，如图 10-29 所示。

图 10-29

10.1 三维基础操作

在 AutoCAD 2020 中，为了便于操作，提供了多种三维基础操作，其中包括三维对齐、三维镜像、三维旋转、三维阵列等。

10.1.1 三维对齐

三维对齐命令需要指定源对象和目标对象的对齐点，从而使源对象与目标对象对齐。

在 AutoCAD 2020 中，用户可以通过以下三种方法调用【三维对齐】命令。

◎ 功能区选项板：在【三维建模】工作空间中单击【常用】选项卡，在【修改】组中单击【三维对齐】按钮。

◎ 菜单：在菜单栏中选择【修改】|【三维操作】|【三维对齐】命令。

◎ 命令：在命令行中输入 3DALIGN 命令并按 Enter 键确认。

【实战】对齐对象

本例将介绍如何对齐对象，效果如图 10-30 所示。

素材：	素材 \Cha10\ 素材 01.dwg
场景：	场景 \Cha10\【实战】对齐对象 .dwg
视频：	视频教学 \Cha10\【实战】对齐对象 .mp4

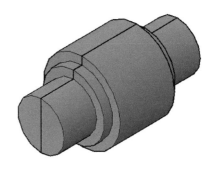

图 10-30

01 启动 AutoCAD 2020，打开【素材 \Cha10\ 素材 01.dwg】文件，如图 10-31 所示。

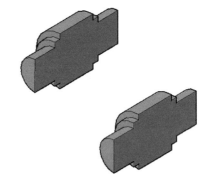

图 10-31

02 在命令行中输入 3DALIGN 命令，根据命令行提示，在绘图区中选择如图 10-32 所示的对象。

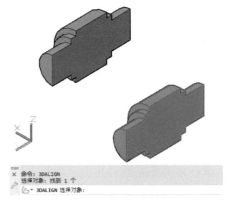

图 10-32

03 按 Enter 键确认，根据命令行提示，依次在 A、B 和 C 点上单击鼠标左键，指定源对象上的三个点，如图 10-33 所示。

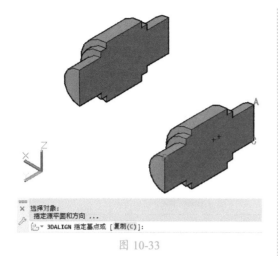

图 10-33

04 根据命令提示信息，依次在 A、B 和 C 点上单击鼠标左键，指定另外一个三维对象目标对象上的三个点，如图 10-34 所示。

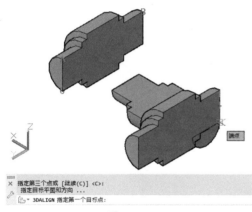

图 10-34

05 指定完成后，即可完成三维对齐，切换视图观察效果即可。

■ 10.1.2 三维镜像

三维镜像用于创建以镜像平面为对称面的三维对象，使用方法与二维镜像命令基本类似。

在 AutoCAD 2020 中，用户可以通过以下三种方法调用【三维镜像】命令。

◎ 功能区选项板：在【三维建模】工作空间中单击【常用】选项卡，在【修改】组中单击【三维镜像】按钮。

◎ 菜单：在菜单栏中选择【修改】|【三维操作】

|【三维镜像】命令。

◎ 命令：在命令行中输入 MIRROR3D 命令并按 Enter 键确认。

【实战】 镜像对象

本例将介绍如何镜像三维对象，效果如图 10-35 所示。

素材：	素材 \Cha10\ 素材 02.dwg
场景：	场景 \Cha10\【实战】镜像对象 .dwg
视频：	视频教学 \Cha10\【实战】镜像对象 .mp4

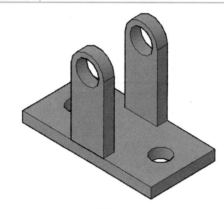

图 10-35

01 打开【素材 \Cha10\ 素材 02.dwg】文件，效果如图 10-36 所示。

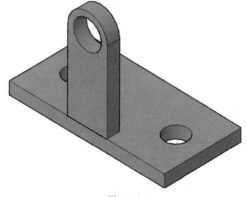

图 10-36

02 在命令行中输入 MIRROR3D 命令，根据命令行提示，在绘图区中选择要进行镜像的对象，如图 10-37 所示。

03 按 Enter 键确认。根据命令行提示，依次在 A、B、C 点上单击，指定镜像平面的 3 个点，如图 10-38 所示。

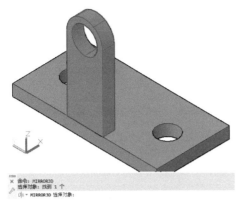

图 10-37

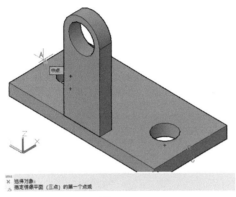

图 10-38

04 根据命令行提示，输入 N，并按 Enter 键确认，镜像后的效果如图 10-39 所示。

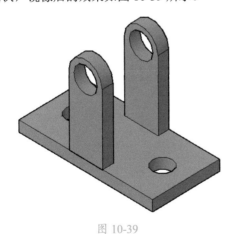

图 10-39

■ 10.1.3 三维旋转

三维旋转是利用在视图中显示的三维旋转控件，沿指定旋转轴（X 轴、Y 轴和 Z 轴）进行自由旋转。

在 AutoCAD 2020 中，用户可以通过以下三种方法调用【三维旋转】命令。

◎ 功能区选项板：在【三维建模】工作空间中单击【常用】选项卡，在【修改】组中单击【三维旋转】按钮 。

◎ 菜单：在菜单栏中选择【修改】|【三维操作】|【三维旋转】命令。

◎ 命令：在命令行中输入 3DROTATE 命令并按 Enter 键确认。

01 启动 AutoCAD 2020，打开【素材 \Cha10\ 素材 03.dwg】文件，在命令行中输入【3DROTATE】命令，根据命令行提示，选择如图 10-40 所示的对象作为旋转对象。

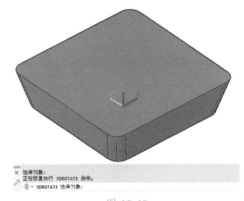

图 10-40

02 按 Enter 键确认，根据命令行提示，鼠标单击绿色圆圈，指定 Y 轴为旋转轴，此时会显示出一条绿色直线，如图 10-41 所示。

图 10-41

03 在命令行中根据提示输入旋转角度为 180，旋转后的效果如图 10-42 所示。

图 10-42

10.1.4 三维阵列

三维阵列与二维阵列相似，除了指定列数和行数以外，还要指定图层数（Z 方向），三维阵列也分为矩形阵列和环形阵列。

在 AutoCAD 2020 中，用户可以通过以下两种方法调用【三维阵列】命令。

◎ 菜单：在菜单栏中选择【修改】|【三维操作】|【三维阵列】命令。

◎ 命令：在命令行中输入 3DARRAY 命令并按 Enter 键确认。

【实战】 阵列对象

本例将介绍如何阵列三维对象，效果如图 10-43 所示。

素材：	素材 \Cha10\ 素材 04.dwg
场景：	场景 \Cha10\【实战】阵列对象 .dwg
视频：	视频教学 \Cha10\【实战】阵列对象 .mp4

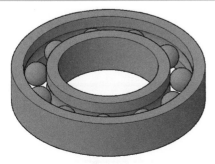

图 10-43

01 启 动 AutoCAD 2020，打 开【 素 材 \Cha10\ 素材 04.dwg】文件，如图 10-44 所示。

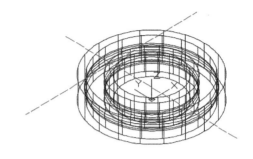

图 10-44

02 在命令行中输入 SPHERE 命令，捕捉辅助线的交点为中心点，输入 6，按 Enter 键，完成球体的绘制，如图 10-45 所示。

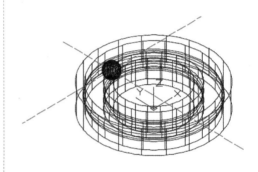

图 10-45

03 在命令行中输入 3DARRAY 命令，在绘图区中选择球体作为阵列对象，如图 10-46 所示。

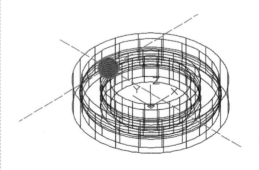

图 10-46

04 按 Enter 键确认，根据命令行提示依次输入 P、11、360、Y，如图 10-47 所示。

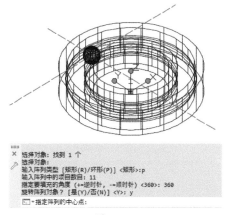

图 10-47

05 在绘图区中选择垂直直线的中点作为阵列的中心点，如图 10-48 所示。

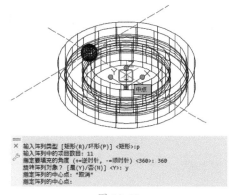

图 10-48

06 按 F8 键打开正交模式，向上引导光标至合适位置，单击鼠标确定旋转轴上的第二点，在【图层特性管理器】选项板中关闭 Defpoints 图层，将当前视觉样式设置为【概念】查看效果，如图 10-49 所示。

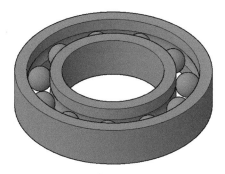

图 10-49

10.2 编辑三维实体

在三维空间中，可以对整个一维实体对象进行编辑操作。AutoCAD 2020 提供了如倒角、圆角、剖切和加厚等三维实体编辑命令。

■ 10.2.1 倒角

为三维实体进行倒角操作时，需要先选择三维实体的一条边，指定倒角距离。

在 AutoCAD 2020 中，用户可以通过以下三种方法调用【倒角边】命令。

◎ 功能区选项板：在【三维建模】工作空间中单击【实体】选项卡，在【实体编辑】组中单击【圆角边】按钮 下方的下三角按钮，在弹出的列表中选择【倒角边】命令。

◎ 菜单：在菜单栏中选择【修改】|【实体编辑】|【倒角边】命令。

◎ 命令：在命令行中输入 CHAMFEREDGE 命令并按 Enter 键确认。

🎥 【实战】倒角对象

本例将介绍如何倒角对象，效果如图 10-50 所示。

素材：	素材 \Cha10\ 素材 05.dwg
场景：	场景 \Cha10\【实战】倒角对象 .dwg
视频：	视频教学 \Cha10\【实战】倒角对象 .mp4

图 10-50

01 启动 AutoCAD 2020，打开【素材 \Cha10\ 素材 05.dwg】文件，如图 10-51 所示。

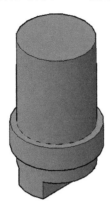

图 10-51

02 在命令行中输入 CHAMFEREDGE 命令，根据命令行提示在绘图区中选择如图 10-52 所示的三维实体边。

图 10-52

03 根据命令行提示输入 D，按 Enter 键确认，根据命令行提示在命令行中依次输入 2、4，按两次 Enter 键完成倒角对象，如图 10-53 所示。

图 10-53

■ 10.2.2 圆角

三维圆角用法与三维倒角用法相似，先选择三维实体一条边，设置圆角半径，再选择需要圆角的边。

在 AutoCAD 2020 中，用户可以通过以下三种方法调用【圆角边】命令。

◎ 功能区选项板：在【三维建模】工作空间中单击【实体】选项卡，在【实体编辑】组中单击【圆角边】按钮。

◎ 菜单：在菜单栏中选择【修改】|【实体编辑】|【圆角边】命令。

◎ 命令：在命令行中输入 FILLETEDGE 命令并按 Enter 键确认。

 【实战】圆角对象

本例将介绍如何圆角对象，效果如图 10-54 所示。

素材：	素材 \Cha10\ 素材 06.dwg
场景：	场景 \Cha10\【实战】圆角对象 .dwg
视频：	视频教学 \Cha10\【实战】圆角对象 .mp4

图 10-54

01 启动 AutoCAD 2020，打开【素材 \Cha10\ 素材 06.dwg】文件，如图 10-55 所示。

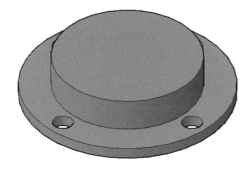

图 10-55

02 在命令行中输入 FILLETEDGE 命令，根据命令行提示在绘图区中选择要圆角的边，如图 10-56 所示。

图 10-56

03 根据命令提示输入 R，按 Enter 键确认，根据命令行提示输入圆角半径为 5，效果如图 10-57 所示。

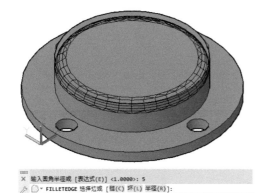

图 10-57

04 按两次 Enter 键完成圆角处理，使用同样的方法对其他边进行圆角，最终效果如

图 10-58 所示。

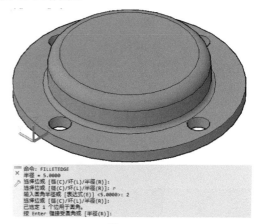

图 10-58

■ 10.2.3 剖切

剖切的作用是为了表现实体内部的结构。用作剖切平面的对象可以是曲面、圆、椭圆、圆弧、椭圆弧、二维样条曲线或二维多段线。在剖切实体时，可以选择剖切实体后保留一半或全部，剖切实体不保留创建它们的原始形式的记录，只保留原实体的图层和颜色特性。

在 AutoCAD 2020 中，用户可以通过以下三种方法调用【剖切】命令。

◎ 功能区选项板：在【三维建模】工作空间中单击【常用】选项卡，在【实体编辑】组中单击【剖切】按钮 。

◎ 菜单：在菜单栏中选择【修改】|【三维操作】|【剖切】命令。

◎ 命令：在命令行中输入 SLICE 命令并按 Enter 键确认。

【实战】 剖切对象

本例将介绍如何剖切对象，效果如图 10-59 所示。

素材：	素材 \Cha10\ 素材 07.dwg
场景：	场景 \Cha10\【实战】剖切对象 .dwg
视频：	视频教学 \Cha10\【实战】剖切对象 .mp4

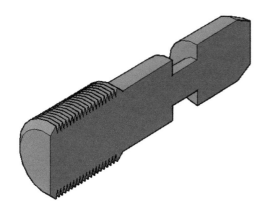

图 10-59

01 启 动 AutoCAD 2020，打开【素材 \Cha10\ 素材 07.dwg】文件，如图 10-60 所示。

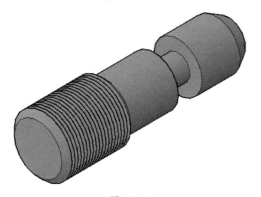

图 10-60

02 在命令行中输入 SLICE 命令，在绘图区中拾取对象，按 Enter 键确认，在绘图区中指定要剖切的点，如图 10-61 所示。

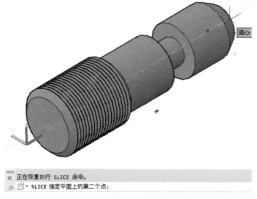

× 正在恢复执行 SLICE 命令。
▷ 曰▾ SLICE 指定平面上的第二个点:

图 10-61

03 选择要保留的面，执行该操作后，即可完成剖切效果。

■ 10.2.4 加厚

在三维建模中，AutoCAD 可以将曲面通过加厚命令的处理，形成新的三维实体。

在 AutoCAD 2020 中，用户可以通过以下三种方法调用【加厚】命令。

◎ 功能区选项板：在【三维建模】工作空间中单击【常用】选项卡，在【实体编辑】组中单击【加厚】按钮 。

◎ 菜单：在菜单栏中选择【修改】|【三维操作】|【加厚】命令。

◎ 命令：在命令行中输入 THICKEN 命令并按 Enter 键确认。

01 打开【素材 \Cha10\ 素材 08.dwg】文件，如图 10-62 所示。

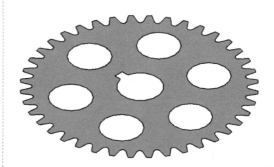

图 10-62

02 在命令行中输入 THICKEN 命令，在绘图区中选择要加厚的曲面，如图 10-63 所示。

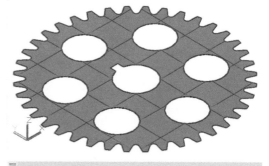

× 正在恢复执行 THICKEN 命令。
▷ ▾ THICKEN 选择要加厚的曲面:

图 10-63

03 按 Enter 键确认，根据命令提示输入 30，按 Enter 键确认，即可完成对曲面的加厚，如图 10-64 所示。

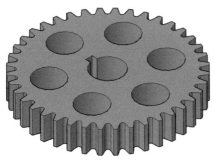

图 10-64

10.2.5 抽壳

抽壳命令是用指定的厚度创建一个空的薄层。同时还允许将某些指定面排除在壳外，一个三维实体只能有一个壳，在指定壳体的厚度时，若为正值，就从实体表面向内部抽壳，反之，则从实体内部向外抽壳。

在 AutoCAD 2020 中，用户可以通过以下三种方法调用【抽壳】命令。

◎ 功能区选项板：在【三维建模】工作空间中单击【常用】选项卡，在【实体编辑】组中单击【分割】按钮 ◍ ▾ 右侧的下三角按钮，在弹出的列表中选择【抽壳】命令。

◎ 菜单：在菜单栏中选择【修改】|【实体编辑】|【抽壳】命令。

◎ 命令：在命令行中输入 SOLIDEDIT 命令并按 Enter 键确认。

 【实战】 抽壳对象

本例将介绍如何抽壳对象，具体操作步骤如下。

素材：	无
场景：	场景\Cha05\【实战】抽壳对象 .dwg
视频：	视频教学 \Cha05\【实战】抽壳对象 .mp4

01 新建图纸，将当前视图设置为【俯视】，在命令行中输入 BOX 命令，在绘图区中单击鼠标指定第一个角点，输入 @300,300,300，按 Enter 键确认，如图 10-65 所示。

图 10-65

02 在命令行中输入 SOLIDEDIT 命令，根据命令提示输入 B，按 Enter 键确认，输入 S，按 Enter 键确认，在绘图区中选择前面所绘制的正方体，如图 10-66 所示。

图 10-66

03 按 Enter 键确认，根据命令提示输入 50，按 Enter 键确认，然后再按两次 Enter 键完成抽壳操作，如图 10-67 所示。

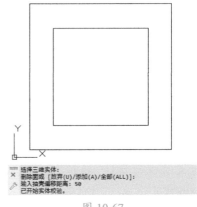

图 10-67

04 根据前面所介绍的方法对正方体进行剖切，切换至【西南等轴测】视图观察效果，如图 10-68 所示。

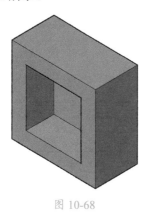

图 10-68

10.2.6 并集

并集运算可以将两个或多个三维实体、曲面或面域合并为一个组合的三维实体、曲面或面域。并集运算是删除相交的部分，将不相交的部分保留下来并组合为新的对象。

在 AutoCAD 2020 中，用户可以通过以下三种方法调用【并集】命令。

◎ 功能区选项板：在【三维建模】工作空间中单击【常用】选项卡，在【实体编辑】组中单击【实体，并集】按钮 。

◎ 菜单：在菜单栏中选择【修改】|【实体编辑】|【并集】命令。

◎ 命令：在命令行中输入 UNION 命令并按 Enter 键确认。

01 启动 AutoCAD 2020，打开【素材\Cha10\素材 09.dwg】文件，如图 10-69 所示。

图 10-69

02 在命令行中输入 UNION 命令，在绘图区中选中所有对象，如图 10-70 所示。

图 10-70

03 选择完成后，按 Enter 键确认，即可完成并集。

10.2.7 差集

差集运算是一个对象减去另一个对象而形成新的组合对象。在差集运算中，首先选择的对象为被修剪对象，后选择的对象为修剪对象。

在 AutoCAD 2020 中，用户可以通过以下三种方法调用【差集】命令。

◎ 功能区选项板：在【三维建模】工作空间中单击【常用】选项卡，在【实体编辑】组中单击【实体，差集】按钮 。

◎ 菜单：在菜单栏中选择【修改】|【实体编辑】|【差集】命令。

◎ 命令：在命令行中输入 SUBTRACT 命令并按 Enter 键确认。

【实战】 差集对象

本例将通过制作零件图来介绍如何差集对象，效果如图 10-71 所示。

素材:	素材 \Cha10\ 素材 10.dwg
场景:	场景 \Cha10\【实战】差集对象 .dwg
视频:	视频教学 \Cha10\【实战】差集对象 .mp4

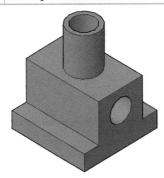

图 10-71

01 打开【素材 \Cha10\ 素材 10.dwg】素材文件，如图 10-72 所示。

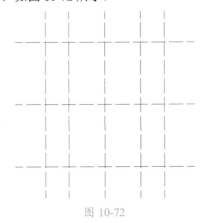

图 10-72

02 在命令行中输入 BOX 命令，在绘图区中指定辅助线交点为第一角点，输入 @100，-100,20，按 Enter 键完成长方体的绘制，如图 10-73 所示。

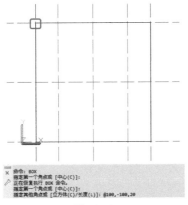

图 10-73

03 再在命令行中输入 BOX 命令，在绘图区中指定辅助线交点为第一角点，输入 @60，-100,50，按 Enter 键完成长方体的绘制，如图 10-74 所示。

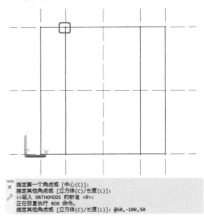

图 10-74

04 选中新绘制的长方体，在命令行中输入 3DMOVE 命令，指定长方体的端点为基点，输入 @0,0,20，如图 10-75 所示。

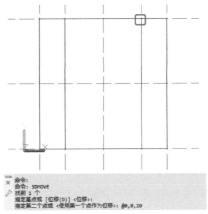

图 10-75

05 将当前视图切换至【西南等轴测】视图查看效果，如图 10-76 所示。

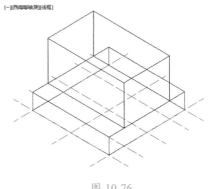

图 10-76

06 在命令行中输入 UNION 命令，在绘图区中选择要进行并集的对象，如图 10-77 所示。

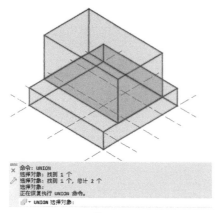

图 10-77

07 按 Enter 键确认，完成并集，将当前视图切换至【俯视】视图，在命令行中输入 CYLINDER 命令，在绘图区中捕捉辅助线的交点作为底面的中心点，输入 15，按 Enter 键确认，输入 120，按 Enter 键完成圆柱体的绘制，如图 10-78 所示。

图 10-78

08 再在命令行中输入 CYLINDER 命令，在绘图区中捕捉圆柱体顶面的圆心为底面的中心点，输入 20，按 Enter 键确认，输入 -50，按 Enter 键确认，如图 10-79 所示。

09 将当前视图切换至【西南等轴测】视图，在命令行中输入 UNION 命令，在绘图区中选择要进行并集的对象，如图 10-80 所示。

图 10-79

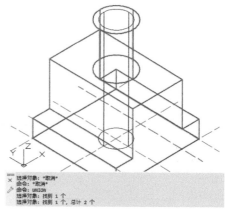

图 10-80

10 按 Enter 键完成并集，在命令行中输入 SUBTRACT 命令，在绘图区中选择要从中减去的实体对象，如图 10-81 所示。

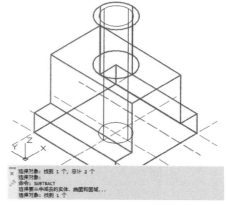

图 10-81

11 按 Enter 键确认，再在绘图区中选择要减去的实体对象，按 Enter 键完成差集对象，将当前视觉样式设置为【概念】查看效果，如图 10-82 所示。

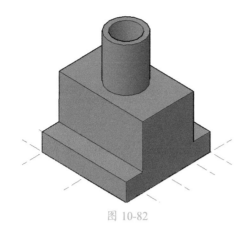

图 10-82

12 将当前视图切换至【前视】视图，在绘图区中选择水平的辅助线，在命令行中输入 OFFSET 命令，向上偏移 45，如图 10-83 所示。

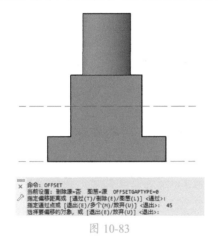

图 10-83

13 在命令行中输入 CYLINDER 命令，在绘图区中捕捉辅助线的中点作为底面的中心点，输入 15，按 Enter 键确认，输入 -100，按 Enter 键完成圆柱体的绘制，如图 10-84 所示。

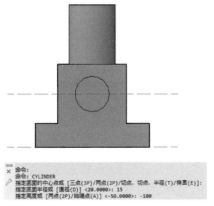

图 10-84

14 将当前视觉样式设置为【二维线框】，在命令行中输入 SUBTRACT 命令，在绘图区中选择要从中减去的实体对象，如图 10-85 所示。

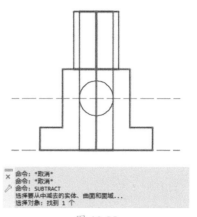

图 10-85

15 按 Enter 键确认，再在绘图区中选择要减去的实体对象，按 Enter 键完成差集对象，将当前视觉样式设置为【概念】查看效果，如图 10-86 所示。

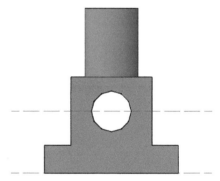

图 10-86

16 在【图层特性管理器】选项板中将【图层 1】关闭，取消显示，将当前视图切换至【西南等轴测】视图查看效果，如图 10-87 所示。

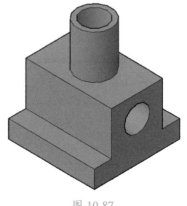

图 10-87

■ 10.2.8 交集

交集运算与并集运算功能相反，交集运算是删除不相交部分，而将相交部分保留下来，生成一个新的组合对象。

在 AutoCAD 2020 中，用户可以通过以下三种方法调用【交集】命令。

◎ 功能区选项板：在【三维建模】工作空间中单击【常用】选项卡，在【实体编辑】组中单击【实体，交集】按钮 ⬚。

◎ 菜单：在菜单栏中选择【修改】|【实体编辑】|【交集】命令。

◎ 命令：在命令行中输入 INTERSECT 命令并按 Enter 键确认。

10.3 编辑实体边

三维实体是由基本的面和边组成的，在 AutoCAD 2020 中，不仅提供了多种对三维实体的编辑工具，而且还可以根据需要对实体的边进行提取、压印、着色或复制操作。

■ 10.3.1 提取边

提取边命令是将从三维实体、曲面、网格、面域或子对象等对象的所有边提取出来，创建线框几何图形。

在 AutoCAD 2020 中，用户可以通过以下三种方法调用【提取边】命令。

◎ 功能区选项板：在【三维建模】工作空间中单击【常用】选项卡，在【实体编辑】组中单击【提取边】按钮 ⬚ ▾。

◎ 菜单：在菜单栏中选择【修改】|【三维操作】|【提取边】命令。

◎ 命令：在命令行中输入 XEDGES 命令并按 Enter 键确认。

01 启动 AutoCAD 2020，打开【素材\Cha10\素材11.dwg】文件，如图 10-88 所示。

图 10-88

02 在命令行中输入 XEDGES 命令，在绘图区中选择如图 10-89 所示的对象。

图 10-89

03 选择完成后，按 Enter 键确认，将三维实体对象移至另一侧，观察提取边后的效果，如图 10-90 所示。

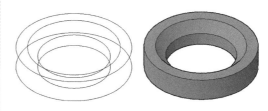

图 10-90

■ 10.3.2 压印边

压印边命令可以将对象压印到选定的实体上，被压印的对象必须与选定对象的一个或多个面相交。压印操作仅限于圆弧、圆、直线、多段线、椭圆、样条曲线、面域、体和三维实体对象。

在 AutoCAD 2020 中，用户可以通过以下三种方法调用【压印边】命令。

◎ 功能区选项板：在【三维建模】工作空间
中单击【常用】选项卡，在【实体编辑】
组中单击【提取边】按钮 ⬚ 右侧的下三
角按钮，在弹出的列表中选择【压印】选项。

◎ 菜单：在菜单栏中选择【修改】|【实体编辑】
|【压印边】命令。

◎ 命令：在命令行中输入 IMPRINT 命令并
按 Enter 键确认。

01 启 动 AutoCAD 2020， 打 开【 素 材
\Cha10\ 素材 12.dwg】文件，如图 10-91 所示。

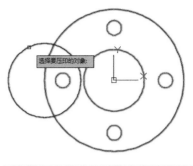

图 10-93

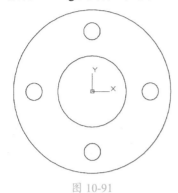

图 10-91

02 在【俯视】视图绘制一个半径为 30 的圆
形，在命令行中输入 IMPRINT 命令，根据命
令提示，在绘图区中选择三维实体对象，如
图 10-92 所示。

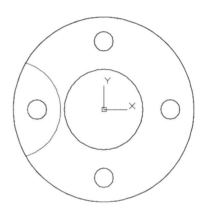

图 10-94

10.3.3 着色边

着色边命令用于更改实体边的颜色。

在 AutoCAD 2020 中，用户可以通过以下
三种方法调用【着色边】命令。

◎ 功能区选项板：在【三维建模】工作空
间中单击【常用】选项卡，在【实体编辑】
组中单击【提取边】按钮 ⬚ 右侧的下三
角按钮，在打开的列表中选择【着色边】
命令。

◎ 菜单：在菜单栏中选择【修改】|【实体编辑】
|【着色边】命令。

◎ 命令：在命令行中输入 SOLIDEDIT 命令
并按 Enter 键确认。

01 继续打开【素材 \Cha10\ 素材 12.dwg】
文件，并切换至【西南等轴测】视图，如
图 10-95 所示。

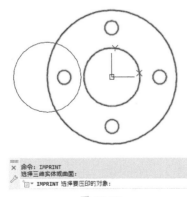

图 10-92

03 根据命令提示在绘图区中选择要压印的
对象，如图 10-93 所示。

04 根据命令提示输入 Y，按 Enter 键确认，
压印后的效果如图 10-94 所示。

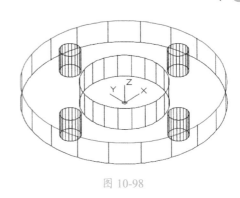

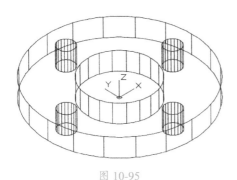

图 10-95

02 在命令行中输入 SOLIDEDIT 命令，根据命令提示输入 E，按 Enter 键确认，输入 L，按 Enter 键确认，根据提示在绘图区中选择要进行着色的边，如图 10-96 所示。

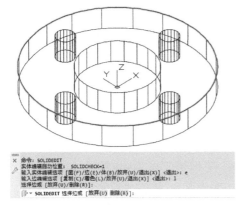

图 10-96

03 按 Enter 键确认，在弹出的【选择颜色】对话框中选择相应的颜色，如图 10-97 所示。

图 10-97

04 单击【确定】按钮，然后按两次 Enter 键即可完成着色边，效果如图 10-98 所示。

图 10-98

10.3.4　复制边

复制边命令可以将三维实体对象的边复制生成为直线、圆弧、圆、椭圆或样条曲线等图形。

在 AutoCAD 2020 中，用户可以通过以下三种方法调用【复制边】命令。

◎ 功能区选项板：在【三维建模】工作空间中单击【常用】选项卡，在【实体编辑】组中单击【提取边】按钮右侧的下三角按钮，在弹出的列表中选择【复制边】命令。

◎ 菜单：在菜单栏中选择【修改】|【实体编辑】|【复制边】命令。

◎ 命令：在命令行中输入 SOLIDEDIT 命令并按 Enter 键确认。

01 继续上一小节的操作，在命令行中输入 SOLIDEDIT 命令，根据命令提示输入 E，按 Enter 键确认，输入 C，按 Enter 键确认，在绘图区中选择要进行复制的边，如图 10-99 所示。

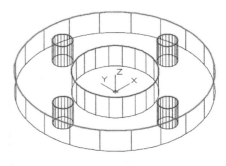

图 10-99

02 按 Enter 键确认，在绘图区中指定位移点，如图 10-100 所示。

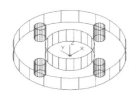

图 10-100

03 指定完成后，按两次 Enter 键即可完成复制边，效果如图 10-101 所示。

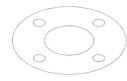

图 10-101

10.4 编辑实体面

在 AutoCAD 2020 三维空间中，不仅可以对整个三维实体和三维实体的边进行编辑，还可以对三维实体的面进行如拉伸、移动、偏移、删除、倾斜面等操作。

10.4.1 拉伸面

拉伸面命令可以通过指定的高度和倾斜角度或沿一条指定路径来拉伸实体的面，从而形成新的实体，一次可选择多个面进行拉伸。

01 启动 AutoCAD 2020，打开【素材\Cha10\素材 13.dwg】文件，如图 10-102 所示。

02 在命令行中输入 SOLIDEDIT 命令，根据命令提示输入 F，按 Enter 键确认，输入 E，按 Enter 键确认，在绘图区中选择要进行拉伸的面，如图 10-103 所示。

图 10-102

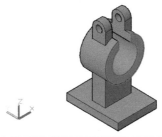

图 10-103

03 按 Enter 键确认，根据提示输入 5，按 Enter 键确认，输入 0，按 Enter 键确认，然后按两次 Enter 键完成拉伸，效果如图 10-104 所示。

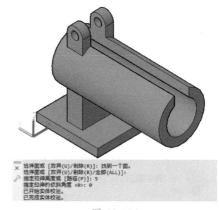

图 10-104

提示：拉伸面命令只拉伸平面，对球体面、圆柱、圆锥体的侧面等曲面无效，拉伸高度为正值时，沿面的正法向拉伸，为负值时，则沿面的反法向拉伸；倾斜角度为正角度时，向内倾斜选定的面，为负角度时，则向外倾斜选定的面。

10.4.2 移动面

移动面是通过指定的高度或距离移动选定的实体的面。

01 打开【素材 13.dwg】文件，在命令行中输入 SOLIDEDIT 命令，根据命令提示输入 F，按 Enter 键确认，输入 M，按 Enter 键确认，在绘图区中选择要进行移动的面，如图 10-105 所示。

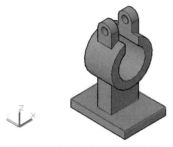

图 10-105

02 在绘图区中指定选中面右上角的端点为基点，输入 @0,0,1.5，按 Enter 键，即可完成移动，如图 10-106 所示。

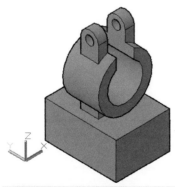

图 10-106

10.4.3 偏移面

偏移面命令是通过指定的距离或指定的点，将面均匀地偏移，当距离为正值时，增大三维实体的大小或体积，反之则减小三维实体的大小或体积。

01 打开【素材 13.dwg】文件，在命令行中输入 SOLIDEDIT 命令，根据命令提示输入 F，按 Enter 键确认，输入 O，按 Enter 键确认，在绘图区中选择要进行偏移的面，如图 10-107 所示。

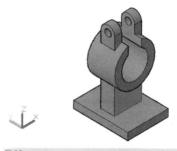

图 10-107

02 按 Enter 键确认，根据命令提示输入 0.5，按 Enter 键确认，偏移后的效果如图 10-108 所示。

图 10-108

10.4.4 删除面

删除面命令用于删除三维实体上指定的面，包括圆角和倒角面。

01 打开【素材 13.dwg】文件，在命令行中输入 SOLIDEDIT 命令，根据命令提示输入 F，按 Enter 键确认，输入 D，按 Enter 键确认，在绘图区中选择要删除的面，如图 10-109 所示。

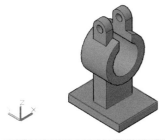

图 10-109

02 选择完成后，按 Enter 键确认，然后再按两次 Enter 键完成面的删除，如图 10-110 所示。

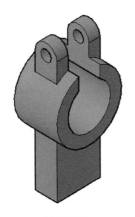

图 10-110

10.4.5 旋转面

旋转面命令可以将选择的三维实体面沿着指定的旋转轴和角度进行旋转，改变三维实体的形状。下面将介绍如何旋转面，其具体操作步骤如下。

01 打开【素材 \Cha10\ 素材 13.dwg】文件，在命令行中输入 SOLIDEDIT 命令，根据命令提示输入 F，按 Enter 键确认，输入 R，按 Enter 键确认，在绘图区中选择要旋转的面，如图 10-111 所示。

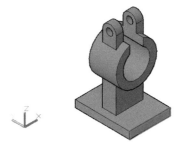

图 10-111

02 按 Enter 键确认，在绘图区中指定旋转轴第一点和第二点，如图 10-112 所示。

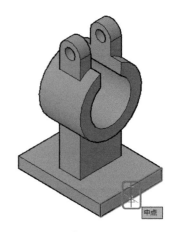

图 10-112

03 根据命令提示输入 15，按 Enter 键确认，按两次 Enter 键完成旋转，效果如图 10-113 所示。

图 10-113

■ 10.4.6 倾斜面

倾斜面命令可以使三维实体面产生倾斜或锥化的效果。下面将介绍如何倾斜面，其具体操作步骤如下。

01 打开【素材 13.dwg】文件，在命令行中输入 SOLIDEDIT 命令，根据命令提示输入 F，按 Enter 键确认，输入 T，按 Enter 键确认，在绘图区中选择要倾斜的面，如图 10-114 所示。

图 10-114

02 按 Enter 键确认，在绘图区中指定基点与倾斜轴，如图 10-115 所示。

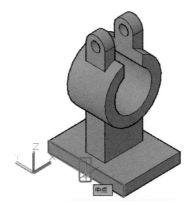

图 10-115

03 根据命令提示输入 -45，按 Enter 键确认，然后按两次 Enter 键完成倾斜，如图 10-116 所示。

■ 10.4.7 着色面

着色面命令用来修改三维实体面的颜色。

图 10-116

01 打开【素材 13.dwg】文件，在命令行中输入 SOLIDEDIT 命令，根据命令提示输入 F，按 Enter 键确认，输入 L，按 Enter 键确认，在绘图区中选择要着色的面，按 Enter 键确认，在弹出的对话框中选择相应的颜色，如图 10-117 所示。

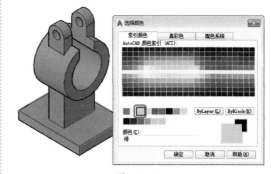

图 10-117

02 设置完成后，单击【确定】按钮，按两次 Enter 键完成着色，效果如图 10-118 所示。

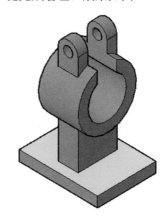

图 10-118

10.4.8 复制面

复制面命令可以将三维实体的面复制，生成面域或曲面模型。

01 打开【素材 13.dwg】文件，在命令行中输入 SOLIDEDIT 命令，根据命令提示输入 F，按 Enter 键确认，输入 C，按 Enter 键确认，在绘图区中选择要复制的面，如图 10-119 所示。

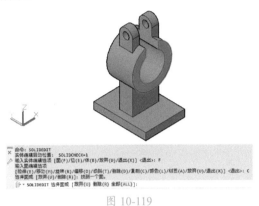

图 10-119

02 按 Enter 键确认，在绘图区中指定位移点，如图 10-120 所示。

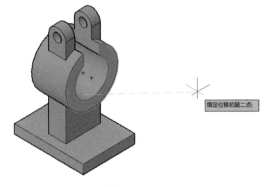

图 10-120

03 输入该操作后，按两次 Enter 键确认，复制后的效果如图 10-121 所示。

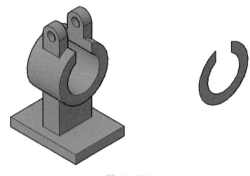

图 10-121

课后项目练习

阀体零部件

本例将介绍如何完成阀体零部件的制作，其效果如图 10-122 所示。

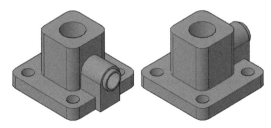

图 10-122

课后项目练习过程概要如下。

（1）首先创建辅助线，便于后面的操作。

（2）绘制长方体，为其添加圆角边效果，然后再绘制一个长方体，将两个长方体进行并集。

（3）绘制多个圆柱体，并对圆柱体进行阵列，将并集的长方体与圆柱体进行差集运算。

（4）绘制其他对象，取消辅助线的显示。

素材：	无
场景：	场景 \Cha10\ 阀体零部件 .dwg
视频：	视频教学 \Cha10\ 阀体零部件 .mp4

01 新建一个空白文档，切换至【三维建模】工作空间，在命令行中输入 LAYER 命令，在弹出的【图层特性管理器】选项板中新建一个图层，将其重新命名为【辅助线】，将【颜色】设置为【红】，单击其右侧的线型名称，在弹出的对话框中单击【加载】按钮，再在弹出的【加载或重载线型】对话框中选择 ACAD_ISO02W100，如图 10-123 所示。

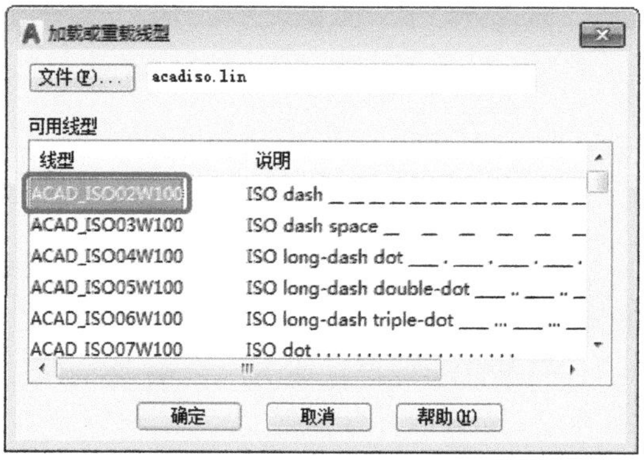

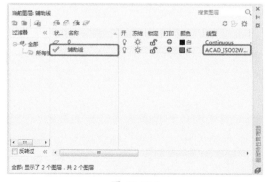

图 10-123

02 单击【确定】按钮，在返回的【选择线型】对话框中选择新加载的线型，单击【确定】按钮，将【辅助线】图层置为当前，如图 10-124 所示。

图 10-124

03 将当前视图设置为【俯视】视图，在命令行中输入 L 命令，在绘图区中指定第一点，输入 @0,150，如图 10-125 所示。

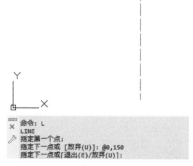

图 10-125

04 选中绘制的垂直直线，在命令行中输入 RO 命令，在绘图区中指定垂直直线的中点为基点，输入 C，按 Enter 键确认，输入 90，按 Enter 键完成旋转，如图 10-126 所示。

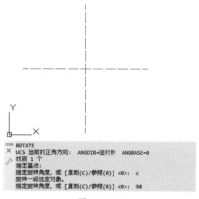

图 10-126

05 继续选中垂直直线，在命令行中输入 OFFSET 命令，输入 T，按 Enter 键确认，输入 M，按 Enter 键，将选中的直线分别向左、向右各偏移 15、27.5、35、50，如图 10-127 所示。

提示：在对选中的直线进行偏移时，向左引导鼠标则向左偏移直线，向右引导鼠标则向右偏移直线。

06 在绘图区中选择水平直线，在命令行中输入 OFFSET 命令，输入 T，按 Enter 键确认，输入 M，按 Enter 键，将选中的直线分别向上偏移 27.5、35、50，向下偏移 27.5、35、50、57.5，如图 10-128 所示。

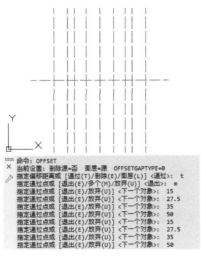

图 10-127

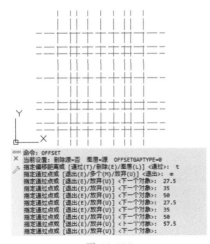

图 10-128

07 在【图层特性管理器】选项板中将【0】图层置为当前，在命令行中输入 BOX 命令，在绘图区中指定左侧上方辅助线的交点为第一角点，输入 @100,-100,15，按 Enter 键完成长方体的绘制，如图 10-129 所示。

08 将当前视图设置为【西南等轴测】视图，在命令行中输入 FILLETEDGE 命令，在绘图区中选择如图 10-130 所示的边。

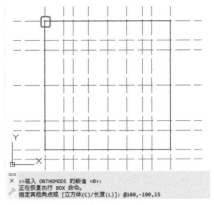

图 10-129

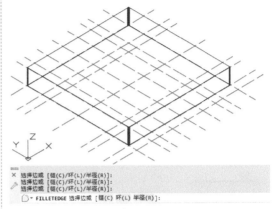

图 10-130

09 输入 R，按 Enter 键确认，输入 10，按 Enter 键确认，然后再按两次 Enter 键完成圆角处理，如图 10-131 所示。

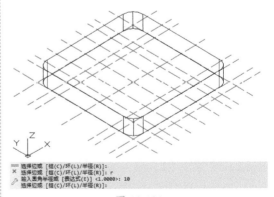

图 10-131

10 将当前视图设置为【俯视】视图，在命令行中输入 BOX 命令，指定辅助线的交点为第一角点，输入 @55,-55,55，按 Enter 键完成长方体的绘制，如图 10-132 所示。

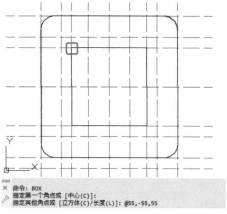

图 10-132

11 选中新绘制的长方体，在命令行中输入
3DMOVE 命令，指定长方体的任意一个端点
为基点，输入 @0,0,15，按 Enter 键完成移动，
切换至【西南等轴测】视图查看效果，如
图 10-133 所示。

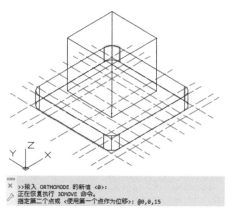

图 10-133

12 在命令行中输入 FILLETEDGE 命令，在
绘图区中选择如图 10-134 所示的边。

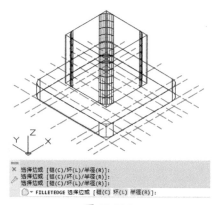

图 10-134

13 输入 R，按 Enter 键确认，输入 10，按
Enter 键确认，按两次 Enter 键完成圆角处理，
如图 10-135 所示。

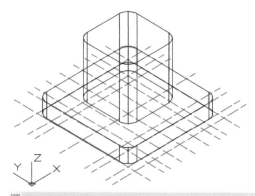

图 10-135

14 在命令行中输入 UNION 命令，在绘图
区中选择要进行并集的对象，如图 10-136
所示。

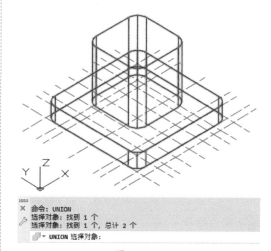

图 10-136

15 按 Enter 键完成并集，切换至【俯视】视图，
在命令行中输入 CYLINDER 命令，在绘图
区中指定水平直线的中点为圆柱体底面的中
心点，输入 15，按 Enter 键确认，输入 70，
按 Enter 键完成圆柱体的绘制，如图 10-137
所示。

16 在命令行中输入 CYLINDER 命令，在
绘图区中指定水平直线的中点为圆柱体底面
的中心点，输入 7.5，按 Enter 键确认，输入

15，按 Enter 键完成圆柱体的绘制，如图 10-138
所示。

图 10-137

图 10-138

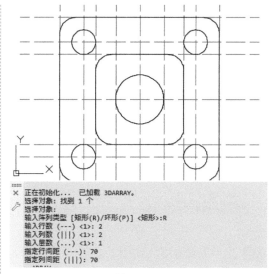

图 10-139

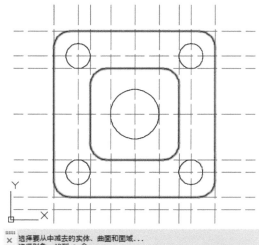

图 10-140

17 在命令行中输入 3DARRAY 命令，选中
新绘制的圆柱体，按 Enter 键完成选择，输入
R，按 Enter 键，输入 2，按 Enter 键确认，
输入 2，按 Enter 键确认，输入 1，按 Enter
键确认，输入 70，按 Enter 键确认，再次输
入 70，按 Enter 键完成阵列，如图 10-139
所示。

18 在命令行中输入 SUBTRACT 命令，在绘
图区中选择要从中减去的实体对象，如图 10-140
所示。

19 按 Enter 键确认，再在绘图区中选择要减
去的实体对象，如图 10-141 所示。

20 按 Enter 键完成差集，将当前视觉样式设
置为【概念】查看效果，如图 10-142 所示。

21 将当前视觉样式设置为【二维线框】，
在命令行中输入 BOX 命令，指定辅助线的交
点为第一个角点，输入 @30,30,35，按 Enter
键完成长方体的绘制，如图 10-143 所示。

22 将当前视图设置为【前视】，在命令行
中输入 CYLINDER 命令，在绘图区中指定新
绘制长方体上方的中点为圆柱体底面的中心

点，输入 15，按 Enter 键确认，输入 -35，按 Enter 键完成圆柱体的绘制，如图 10-144 所示。

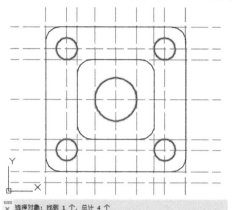

图 10-141

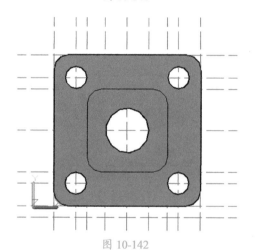

图 10-142

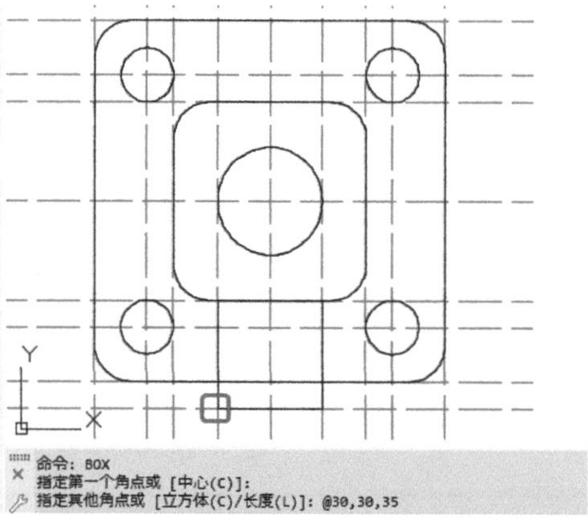

图 10-144

23 在命令行中输入 CYLINDER 命令，在绘图区中指定新绘制的圆柱体顶面的圆心为圆柱体底面的中心点，输入 12，按 Enter 键确认，输入 40，按 Enter 键完成圆柱体的绘制，如图 10-145 所示。

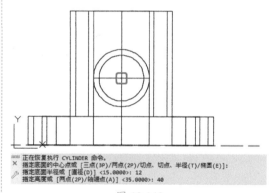

图 10-145

24 选中新绘制的圆柱体，在命令行中输入 3DMOVE 命令，指定圆柱体顶面的圆心为基点，输入 @0,0,-35，按 Enter 键完成移动，如图 10-146 所示。

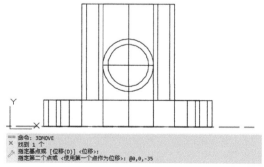

图 10-146

图 10-143

25 将当前视图切换至【西南等轴测】视图，将当前视觉样式设置为【概念】，在命令行中输入 UNION 命令，在绘图区中选择要进行并集的实体对象，如图 10-147 所示。

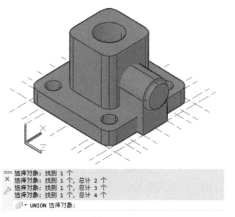

图 10-147

26 按 Enter 键完成并集，将当前视图设置为【前视】视图，在命令行中输入 CYLINDER 命令，在绘图区中指定圆柱体顶面的圆心为新圆柱体底面的中心点，输入 10，按 Enter 键确认，输入 -62.5，按 Enter 键完成圆柱体的绘制，如图 10-148 所示。

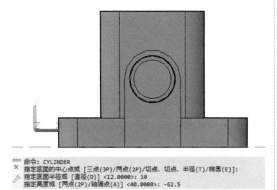

图 10-148

27 将当前视图切换至【西南等轴测】视图，在命令行中输入 SUBTRACT 命令，在绘图区中选择要从中减去的实体对象，如图 10-149 所示。

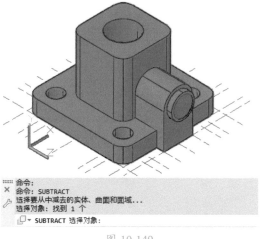

图 10-149

28 按 Enter 键确认，再在绘图区中选择要减去的实体对象，如图 10-150 所示。

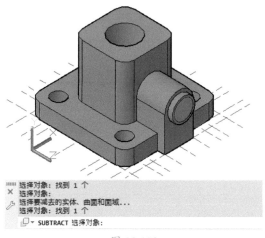

图 10-150

29 按 Enter 键确认，完成差集运算，并将【辅助线】图层关闭，取消其显示即可。

第11章
室内立面图 —— 打印与输出

本章导读：

　　AutoCAD 2020 提供了模型空间和图纸空间。在这两种空间中设计完成图形后，可以利用打印机将图形打印输出，施工人员根据输出的文件就可以进行施工。

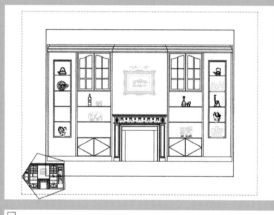

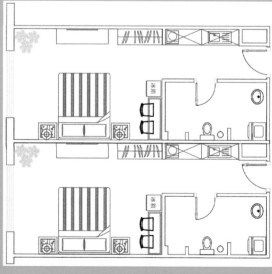

【案例精讲】
室内立面图

为了更好地完成本设计案例，现对制作要求及设计内容做如下规划，效果如图 11-1 所示。

作品名称	室内立面图
设计创意	（1）首先绘制五边形 （2）然后将五边形作为视口的对象
主要元素	（1）室内立面图 （2）五边形
应用软件	AutoCAD 2020
素材：	素材 \Cha11\ 素材 01.dwg
场景：	场景 \Cha11\【案例精讲】室内立面图 .dwg
视频：	视频教学 \Cha11\【案例精讲】室内立面图 .mp4
室内立面图 效果欣赏	图 11-1
备注	

01 打开【素材 \Cha11\ 素材 01.dwg】图形文件，如图 11-2 所示。

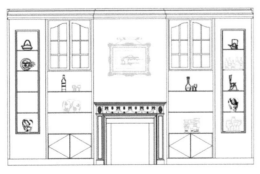

图 11-2

02 单击【布局 1】，在图纸空间空白处画出五边形，如图 11-3 所示。

图 11-3

03 在菜单栏中执行【视图】|【视口】|【对象】命令，如图 11-4 所示。

图 11-4

04 选择五边形图形对象，新视口建立完成，如图 11-5 所示。

图 11-5

11.1 特殊视口

本节将介绍 CAD 中的特殊视口。

■ 11.1.1 浮动视口

在设置布局时，可以将视口视为模型空间中的视图对象，对它进行移动和调整大小。

浮动视口可以相互重叠或者分离。因为浮动视口是 AutoCAD 对象，所以在图纸空间中排放布局时不能编辑模型，要编辑模型必须切换到模型空间。将布局中的视口设为当前后，就可以在浮动视口中处理模型空间对象了。在模型空间中的一切修改都将反映到所有图纸空间视口中。

在浮动视口中，还可以在每个视口选择性地冻结图层。冻结图层后，就可以查看每个浮动视口中的不同几何对象。通过在视口中平移和缩放，还可以指定显示不同的视图。

删除、新建和调整浮动视口：在布局空间中，选择浮动视口边界，然后按 Delete 键即可删除浮动视口。删除浮动视口后，执行【视图】|【视口】|【新建视口】或【一个视口】【两个视口】等命令，可以创建新的浮动视口，如图 11-6 所示为四个视口。

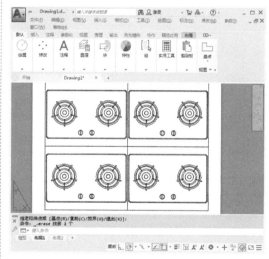

图 11-6

最大化与还原视图：在命令行中输入 VPMAX 命令或者 VPMIN 命令，并且选择要处理的视图即可，或者双击浮动视口的边界也可以，如图 11-7 所示。

设置视口的缩放比例：单击当前的浮动视口，在状态栏的【注释比例】列表框中选择需要的比例，如图 11-8 所示。

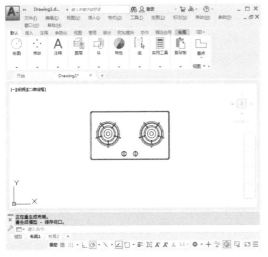

图 11-7

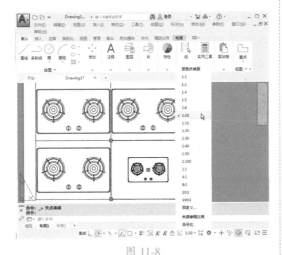

图 11-8

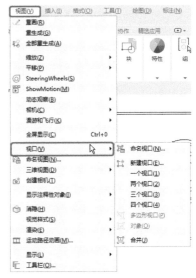

图 11-9

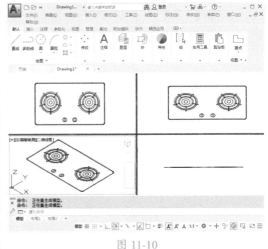

图 11-10

■ 11.1.2　多视口布局

在布局窗口，也可以将当前的一个视口分成多个视口。

选择【视图】|【视口】菜单命令，打开视口菜单，如图 11-9 所示。在各个视口中，用不同的比例、角度和位置来显示同一个模型。在视口内任意位置单击，视口转换为当前视口，可以进行编辑操作。可以把模型的主视图、俯视图、左视图和轴测图布置在各个视口上。多视口布局效果如图 11-10 所示。

11.2　打印设置

打印参数的设置，关系到打印图形的最终效果，本节将简单介绍打印设置。

■ 11.2.1　打印样式

为了使打印出的图形更符合要求，在对图形对象进行打印之前，应先创建需要的打印样式，在设置打印样式后还可以对其进行编辑。

1. 创建打印样式表

创建打印样式表是在【打印 - 模型】对话框中进行的，打开该对话框的方法有以下四种。

◎ 单击快速访问区中的【打印】按钮🖨。
◎ 单击【菜单浏览器】按钮🅰，在弹出的下拉列表中选择【打印】命令。
◎ 直接按 Ctrl+P 组合键。
◎ 在命令行中执行 PLOT 命令。

创建打印样式表的具体操作过程如下。

01 单击快速访问区中的【打印】按钮🖨，弹出【打印 - 模型】对话框，在【打印样式表】下拉列表中执行【新建】命令，如图 11-11 所示。

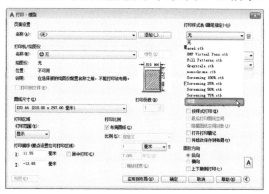

图 11-11

02 弹出【添加颜色相关打印样式表 - 开始】对话框，选中【创建新打印样式表】单选按钮，如图 11-12 所示。

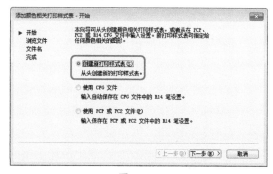

图 11-12

03 单击【下一步】按钮，弹出【添加颜色相关打印样式表 - 文件名】对话框，在【文件名】文本框中输入【样式 1】，如图 11-13 所示。

04 单击【下一步】按钮，弹出【添加颜色相关打印样式表 - 完成】对话框，如图 11-14

所示，单击【完成】按钮，完成打印样式表创建。

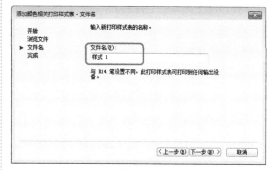

图 11-13

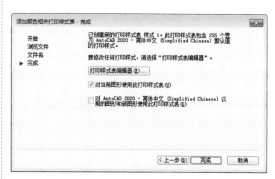

图 11-14

2. 编辑打印样式表

编辑打印样式表的具体操作步骤如下。

01 在菜单栏中选择【文件】|【打印样式管理器】命令，打开系统保存打印样式表的文件夹，双击要修改的打印样式表，这里双击前面所创建的名为【样式 1】的打印样式表，如图 11-15 所示。

图 11-15

02 弹出【打印样式表编辑器 - 样式 1.ctb】对话框,切换至【表视图】选项卡,将颜色 1 下的【线型】设置为【短划】,如图 11-16 所示。

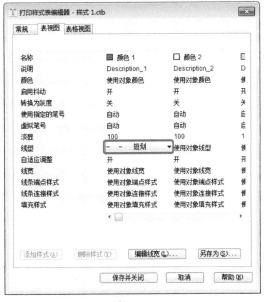

图 11-16

03 切换至【表格视图】选项卡,在【特性】选项组中可以设置对象打印的颜色、抖动、灰度等,在此将【线宽】设置为【0.7000 毫米】,如图 11-17 所示,然后单击【保存并关闭】按钮。

图 11-17

在【打印样式表编辑器】对话框的【表格视图】选项卡中,部分选项的含义如下。

◎ 【颜色】选项:指定对象的打印颜色。打印样式颜色的默认设置为【使用对象颜色】。如果指定打印样式颜色,在打印时,该颜色将替代使用对象的颜色。

◎ 【抖动】选项:打印机采用抖动来靠近点图案的颜色,使打印颜色看起来似乎比 AutoCAD 颜色索引(ACI)中的颜色要多。如果绘图仪不支持抖动,将忽略抖动设置。为避免由细矢量抖动所带来的线条打印错误,抖动通常是关闭的。关闭抖动还可以使较暗的颜色看起来更清晰。在关闭抖动时,AutoCAD 将颜色映射到最接近的颜色,从而导致打印时颜色范围较小,无论使用对象颜色还是指定打印样式颜色,都可以使用抖动。

◎ 【灰度】选项:如果绘图仪支持灰度,则将对象颜色转换为灰度。如果关闭【灰度】选项,AutoCAD 将使用对象颜色的 RGB 值。

◎ 【笔号】选项:指定打印使用该打印样式的对象时要使用的笔。可用笔的范围为 1 ~ 32。如果将打印样式颜色设置为【使用对象颜色】,或正编辑颜色相关打印样式表中的打印颜色,则不能更改指定的笔号,其设置为【自动】。

◎ 【虚拟笔号】选项:在 1 ~ 255 之间指定一个虚拟笔号。许多非笔式绘图仪都可以使用虚拟笔模仿笔式绘图仪。对于许多设备而言,都可以在绘图仪的前面板上对笔的宽度、填充图案、端点样式、合并样式和颜色淡显进行设置。

◎ 【淡显】选项:指定颜色强度。该设置确定打印时 AutoCAD 在纸上使用的墨的多少。有效范围为 0 ~ 100。选择 0 将显示为白色;选择 100 将以最大的浓度显示颜色。要启用淡显,则必须将【抖动】选项设置为【开】。

◎ 【线型】选项:用样例和说明显示每种线型的列表。打印样式线型的默认设置为【使用对象线型】。如果指定一种打印样式线型，则打印时该线型将替代对象的线型。

◎ 【自适应】选项：调整线型比例以完成线型图案。如果未将【自适应】选项设置为【开】，直线将有可能在图案的中间结束。如果线型缩放比例更重要，那么应先将【自适应】选项设为【关】。

◎ 【线宽】选项：显示线宽及其数字值的样例。可以毫米为单位指定每个线宽的数值。打印样式线宽的默认设置为【使用对象线宽】。如果指定一种打印样式线宽，打印时该线宽将替代对象的线宽。

◎ 【端点】选项：提供线条端点样式，如柄形、方形、圆形和菱形。线条端点样式的默认设置为【使用对象端点样式】。如果指定一种直线端点样式，打印时该直线端点样式将替代对象的线端点样式。

◎ 【连接】选项：提供线条连接样式，如斜接、倒角、圆形和菱形。线条连接样式的默认设置为【使用对象连接样式】。如果指定一种直线合并样式，打印时该直线合并样式将替代对象的线条合并样式。

◎ 【填充】选项：提供填充样式，如实心、棋盘形、交叉线、菱形、水平线、左斜线、右斜线、方形点和垂直线。填充样式的默认设置为【使用对象填充样式】。如果指定一种填充样式，打印时该填充样式将替代对象的填充样式。

◎ 【添加样式】按钮：向命名打印样式表添加新的打印样式。打印样式的基本样式为【普通】，它使用对象的特性，不默认使用任何替代样式。创建新的打印样式后必须指定要应用的替代样式。颜色相关打印样式表包含 255 种映射到颜色的打印样式，不能向颜色相关打印样式表中添加新的打印样式，也不能向包含转换表的命名打印样式表添加打印样式。

◎ 【删除样式】按钮：从打印样式表中删除选定样式。被指定了这种打印样式的对象将以【普通】样式打印，因为该打印样式已不再存在于打印样式表中。不能从包含转换表的命名打印样式表中删除打印样式，也不能从颜色相关打印样式表中删除打印样式。

◎ 【编辑线宽】按钮：单击此按钮将弹出【编辑线宽】对话框。共有 28 种线宽可以应用于打印样式表中的打印样式。如果存储在打印样式表中的线宽列表不包含所需的线宽，可以对现有的线宽进行编辑。不能在打印样式表的线宽列表中添加或删除线宽。

11.2.2 设置打印参数

打印参数的设置关系到打印图形的最终效果，其操作也是在【打印 - 模型】对话框中进行的。

1. 设置打印区域

当只需打印绘图区中的某部分图形对象时，可以对打印区域进行设置，在【打印区域】选项组的【打印范围】下拉列表中包含窗口、范围、图形界限和显示 4 个选项，如图 11-18 所示。

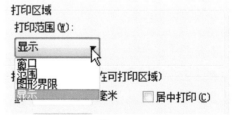

图 11-18

其中各选项的含义如下。

◎ 【窗口】选项：用于定义要打印的区域，选择该选项后，要返回绘图区选择打印区域。

◎ 【范围】选项：将打印图形中的所有可见对象。

◎ 【图形界限】选项：将按照设置的图形

界限，打印图形界限内的图形对象。

◎ 【显示】选项：将打印图形中显示的所有对象。

2. 设置打印比例

打印比例的设置尤为重要，若打印比例过小，会使打印输出后的图形对象在图纸上的显示比例很小，导致看不清楚；若打印比例过大，会导致图纸无法装满图形对象，无法查看。【打印比例】选项组如图 11-19 所示。

图 11-19

其中各选项的含义如下。

◎ 【布满图纸】复选框：选择该复选框，将缩放打印图形以布满所选图纸尺寸。

◎ 【比例】下拉列表框：指定打印的比例。

◎ 【毫米】文本框：指定与单位数等价的英寸数、毫米数或像素数。当前所选图纸尺寸决定单位是英寸、毫米还是像素。

◎ 【单位】文本框：指定与单位数等价的英寸数、毫米数。

◎ 【缩放线宽】复选框：用于设置在打印时是否缩放线宽。

3. 设置图形方向

在【打印 - 模型】对话框的【图形方向】选项组中可以设置图形的打印方向，如图 11-20 所示。

其中各选项的含义如下。

◎ 【纵向】单选按钮：选中该单选按钮，图形以水平方向放置在图纸上。

◎ 【横向】单选按钮：选中该单选按钮，图形以垂直方向放置在图纸上。

◎ 【上下颠倒打印】复选框：选择该复选

框，则系统会将图形旋转 180° 后再进行打印。

图 11-20

> 提示：【图形方向】选项组中右侧的图标，即图形在图纸上打印的缩影，A 简单地表示了图形对象。

4. 设置图纸尺寸

设置图纸尺寸即选择打印图形时的纸张大小，在如图 11-21 所示的【图纸尺寸】下拉列表中进行选择即可。

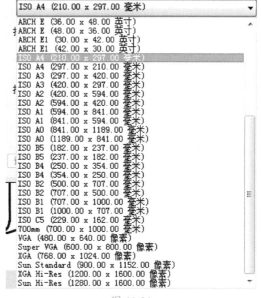

图 11-21

5. 设置打印样式

打印样式就像一个打印模子一样，是系统预设好的样式，通过设置打印样式，即可间接地设置图形对象打印输出时的颜色、线型或线宽等特性。

01 在【打印样式表】下拉列表中选择需要的打印样式，这里选择前面所创建的【样式1.ctb】选项，如图 11-22 所示。

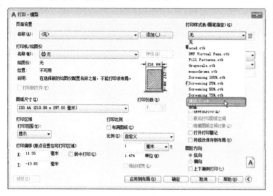

图 11-22

02 系统自动弹出【问题】对话框，询问是否将此打印样式表指定给所有布局，单击【是】按钮，表示确定将此打印样式表指定给所有布局，如图 11-23 所示。

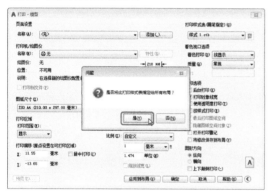

图 11-23

6. 设置打印偏移

打印偏移可以控制打印输出图形对象时，图形对象位于图纸的哪个位置。【打印偏移】选项组如图 11-24 所示。

该选项组中各选项的含义如下。

◎ X 文本框：指定打印原点在 X 轴方向上的偏移量。

◎ Y 文本框：指定打印原点在 Y 轴方向上的偏移量。

◎ 【居中打印】复选框：选择该复选框后将图形打印到图纸的正中间，系统自动计算出 X 和 Y 的偏移值。

图 11-24

7. 打印着色后的三维模型

当打印着色后的三维模型时，需在【着色视口选项】选项组的【着色打印】下拉列表中选择需要的打印方式，如图 11-25 所示。

图 11-25

其中部分选项的含义如下。

◎ 按显示：按对象在屏幕上显示的效果进行打印。

◎ 传统线框：用线框方式打印对象，不考虑它在屏幕上的显示方式。

◎ 传统隐藏：打印对象时消除隐藏线，不考虑它在屏幕上的显示方式。

◎ 渲染：按渲染后的效果打印对象，不考虑它在屏幕上的显示方式。

课后项目
练习

打印平面图

下面将介绍如何打印平面图，其效果如图 11-26 所示。

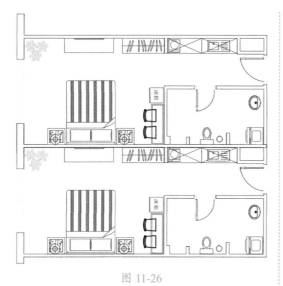

图 11-26

课后项目练习过程概要如下。

（1）首先打开【打印 - 模型】对话框，并进行打印设置。

（2）然后将图形打印输出为 PDF 文件。

素材：	配送资源 \ 素材 \Cha11\ 素材 02.dwg
场景：	无
视频：	视频教学 \Cha11\ 打印平面图 .mp4

01 打开【素材 02.dwg】文件，如图 11-27 所示。

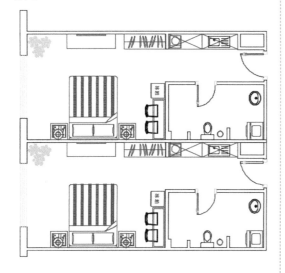

酒店房间平面图

图 11-27

02 按 Ctrl+P 快捷组合键，弹出【打印 - 模型】对话框，在【打印机 / 绘图仪】选项组的【名称】下拉列表框中选择所需的打印设备，这里选择 DWG To PDF.pc3，在【图纸尺寸】下拉列表框中选择 A4 选项，如图 11-28 所示。

图 11-28

03 在【打印区域】选项组的【打印范围】下拉列表框中选择【窗口】选项，返回绘图区，绘制如图 11-29 所示的矩形。

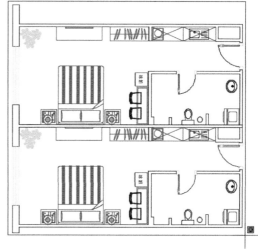

图 11-29

04 绘制完成后，返回【打印 - 模型】对话框，单击【打印样式表（画笔指定）】选项组下方的【无】按钮，在弹出的下拉列表中选择 acad.ctb，系统自动弹出【问题】对话框，单击【是】按钮，如图 11-30 所示。

05 在【打印偏移】选项组中勾选【居中打印】复选框，将【图形方向】设置为【横向】，如图 11-31 所示。

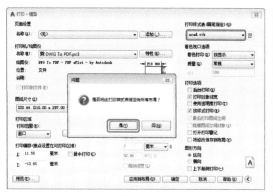

图 11-30

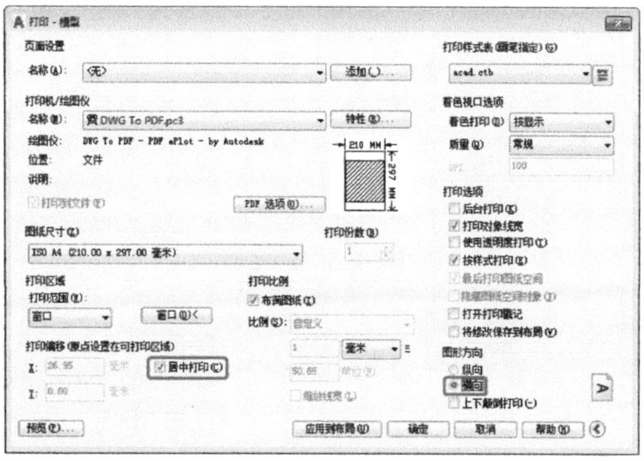

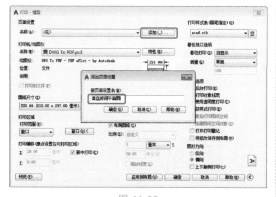

图 11-31

06 在【页面设置】选项组中单击【添加】按钮。弹出【添加页面设置】对话框，在【新页面设置名】文本框中输入文本【酒店房间平面图】，如图 11-32 所示。

图 11-32

07 单击【确定】按钮，返回【打印 - 模型】对话框，单击【确定】按钮，弹出【浏览打印文件】对话框，设置保存路径与文件名，如图 11-33 所示。

图 11-33

08 设置完成后，单击【保存】按钮，保存图形文件，打印参数即随图形文件一起保存，保存成 PDF 文件后的效果如图 11-34 所示。

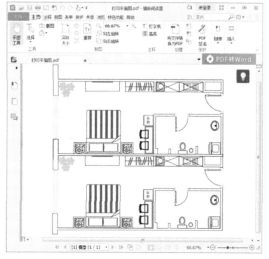

图 11-34

第 12 章

课程设计

本章导读:

　　本章将通过前面所学的知识来制作家居平面图、盘盖剖视图以及变速器齿轮效果,通过本章的案例,可以巩固、加深前面所学的内容,通过练习,可以举一反三,制作出其他案例效果。

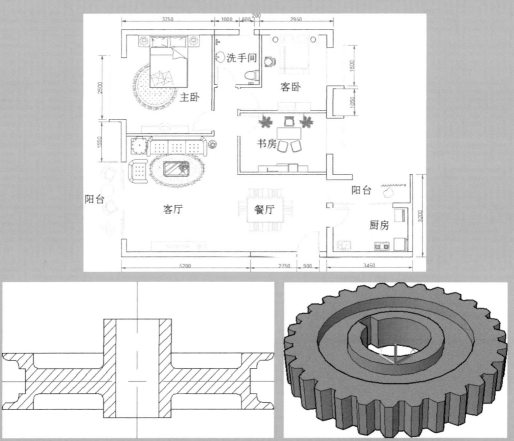

12.1 家居平面图

效果展示：

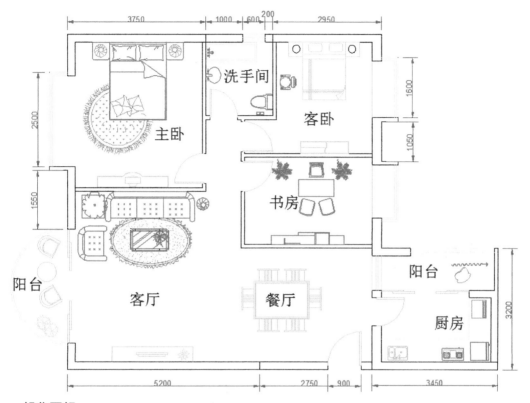

操作要领：

（1）新建空白文档，首先使用直线工具绘制出辅助线，设置多线样式，新建【墙线】图层，沿着辅助线绘制出墙体轮廓，通过修剪工具修剪墙体多余的线段。

（2）新建【门】图层，将颜色设置为绿色，通过矩形工具和圆弧工具绘制出单开门和推拉门，通过【复制】和【旋转】复制调整门的位置和旋转角度。

（3）新建【窗】图层，将颜色设置为青色，通过直线工具、多段线工具绘制出窗。

（4）新建【阳台】图层，将颜色设置为黄色，绘制阳台和厨房的线段。

（5）打开【家居素材.dwg】文件，将家居复制粘贴至家居平面图文档中，并调整素材的位置。

（6）新建【文字标注】图层，通过单行文字工具制作文字标注。

（7）新建【标注】图层，首先设置标注样式，然后通过【线性标注】和【连续标注】对平面图进行标注。

12.2 盘盖剖视图

效果展示:

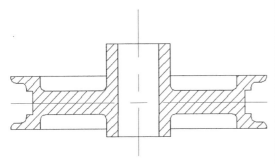

操作要领:

(1)新建空白文档,新建【辅助线】图层,将颜色设置为红色,设置线型为CENTER,在绘图区中绘制红色辅助线。

(2)新建【轮廓】图层,通过多段线工具、直线工具、镜像工具、修剪工具制作出盘盖剖视图。

(3)通过【图案填充图案】设置图案为ANSI31,【比例】为0.75,对盘盖进行填充。

12.3 变速器齿轮

效果展示:

操作要领:

(1)新建空白文档,通过圆柱体工具以原点为底面的中心点,绘制圆柱体。

(2)通过多段线工具绘制出齿轮的二维图形,通过拉伸工具将多段线拉伸,通过阵列工具将拉伸后的齿轮对象进行阵列。

(3)通过圆柱体工具以原点为中心,绘制齿轮内部的圆柱体。

(4)通过并集、移动、镜像、长方体以及差集工具制作齿轮内槽。

附　录

AutoCAD 常用快捷键

功能键

F1：获取帮助	F2：实现作图窗口和文本窗口的切换	F3：控制是否实现对象自动捕捉
F4：三维对象捕捉	F5：等轴测平面切换	F6：动态 UCS
F7：栅格显示模式控制	F8：正交模式控制	F9：栅格捕捉模式控制
F10：极轴模式控制	F11：对象追踪模式控制	

快捷键

ALT+TK：快速选择	ALT+NL：线性标注	ALT+V4：快速创建四个视口
Ctrl+B：栅格捕捉模式控制（F9）	Ctrl+C：将选择的对象复制到剪贴板上	Ctrl+F：控制是否实现对象自动捕捉（F3）
Ctrl+G：栅格显示模式控制（F7）	Ctrl+J：重复执行上一步命令	Ctrl+K：超级链接
Ctrl+N：新建图形文件	Ctrl+M：重复上一个命令	Ctrl+O：打开图像文件
Ctrl+P：打印当前图形	Ctrl+Q：打开关闭保存对话框	Ctrl+S：保存文件
Ctrl+U：极轴模式控制（F10）	Ctrl+V：粘贴剪贴板上的内容	Ctrl+W：选择循环
Ctrl+X：剪切所选择的内容	Ctrl+Y：重做	Ctrl+Z：取消前一步的操作
Ctrl+1：打开【特性】选项板	Ctrl+2：打开图像资源管理器	Ctrl+3：打开工具选项板
Ctrl+6：打开图像数据原子	Ctrl+8 或 QC：快速计算器	双击中键：显示里面所有的图像
P：移动视图	Z：缩放视图	D：标注样式管理器

尺寸标注

DLI：线性标注	DRA：半径标注	DDI：直径标注
DAL：对齐标注	DAN：角度标注	DCO：连续标注
DCE：圆心标注	LE：引线标注	TOL：公差标注

基本快捷命令

AA：测量区域和周长	ID：指定坐标	LI：指定集体（个体）的坐标
AP：加载 *lsp 程序	SE：打开对象自动捕捉对话框	ST：打开字体设置对话框
SO：绘制二维面（2d solid)	SP：拼写检查	SN：栅格捕捉模式设置

（续　表）

DI：测量两点间的距离	IO：插入外部对象	RE：更新显示
Shift+Ctrl+A：编组	U：撤销上一次操作	V：设置当前坐标

绘图命令

L：直线	PL：多段线	C：画圆
A：圆弧	REC：矩形	POL：多边形
EL：圆心、椭圆弧	ELLIPSE：轴，端点	H：填充
GRADIENT：渐变色	BO：边界	SPL：样条曲线拟合、样条曲线控制点
XL：构造线	RAY：射线	PO：多点
DIV：定数等分	ME：定距等分	REG：面域
WIPEOUT：区域封盖	3DPOLY：三维多段线	HELIX：螺旋
DO：圆环	REVCLOUD：矩形修订云线、多边形修订云线、徒手画修订云线	

修改命令

M：移动	RO：旋转	TR：修剪
EX：延伸	E：删除	CO：复制
MI：镜像	F：圆角	CHA：倒角
BLEND：光顺曲线	EXPLODE：分解	S：延伸
SC：缩放	AR：矩形阵列	ARRAYPATH：路径阵列
ARRAYPOLAR：环形阵列	O：偏移	LEN：拉长
PE：编辑多段线	SPLINEDIT：编辑样条曲线	HATCHEDIT：编辑图案填充
ARRAYEDIT：编辑阵列	AL：对齐	BR：打断、打断于点
J：合并	OVERKILL：删除重复对象	

注释命令

MT：多行文字	TEXT：单行文字	DIM：标注
DIMLIN：线性标注	DIMALI：对齐标注	DIMANG：角度标注

（续 表）

DIMARC：弧长注释	DIMRAD：半径标注	DIMRAD：直径标注
DIMORD：坐标标注	DIMJOGGED：折弯标注	MLD：引线
AIMLEADEREDITADD：添加引线	AIMLEADEREDITREMOVE：删除引线	AIMLEADEREDITREMOVE：对齐多重引线
MLEADERCOLLECT：合并多重引线	TABLE：插入表格	ST：文字样式的设置
DIMSTY：标注样式的设置	MLEADERSTYLE：多重引线样式的设置	TABLESTYLE：表格样式的设置

图层命令

LA：图层特性管理器	LAYOFF：关闭图层	LAYISO：隔离图层
LAYLCK：锁定图层	LAYMCUR：置为当前	LAYON：打开所有图层
LAYUNISO：取消隔离	LAYULK：解锁图层	LAYERP：放弃上一个图层更改
LAYCUR：更改为当前图层	COPYTOLAYER：将对象复制到其他图层	LAYMRG：合并图层
LAYDEL：删除图层		

块定义

B：定义块	BE：编辑块	

组定义

GROUP：创建组	UNGROUP：接触编组	GROUPEDIT：编辑组
CLASSICGROUP：编组管理器		

参 考 文 献

[1] CAD/CAM/CAE 技术联盟 . AutoCAD 2014 室内装潢设计自学视频教程 [M]. 北京：清华大学出版社，2014.

[2] CAD 辅助设计教育研究室 . 中文版 AutoCAD 2014 建筑设计实战从入门到精通 [M]. 北京：人民邮电出版社，2015.

[3] 姜洪侠，张楠楠 . Photoshop CC 图形图像处理标准教程 [M]. 北京：人民邮电出版社，2016.